高等职业教育公共课程"十三五"规划教材

计算机应用基础任务教程

主　编　崔　强　罗南林

副主编　张燕丽　陈玉琴　杨善友

　　　　吴伟姣　洪文圳　李　梅

中国铁道出版社有限公司

CHINA RAILWAY PUBLISHING HOUSE CO., LTD.

内 容 简 介

本书以任务为主线，通过切合实际的任务分析与实现，全面细致地介绍了计算机应用基础的相关知识内容，主要包括计算机基础知识、Windows 7 的应用、Word 2010 的应用、Excel 2010 的应用、PowerPoint 2010 的应用以及计算机网络应用等。在全书的结构上，采用任务描述、任务分析、任务分解、任务实施、任务拓展的流程，以实际任务为载体，循序渐进地培养学生的各种计算机应用能力。

本书结构合理、思路清晰、任务真实、步骤分解详细、目的明确、即学即用，适合作为高职院校所有专业学生的计算机应用能力培养教材，同时也可作为学习计算机基本操作技能以及全国计算机等级考试一级 MS Office 的参考书。

图书在版编目（CIP）数据

计算机应用基础任务教程/崔强，罗南林主编. —北京：
中国铁道出版社，2017.12（2020.1 重印）
高等职业教育公共课程"十三五"规划教材
ISBN 978-7-113-24185-8

Ⅰ.①计… Ⅱ.①崔…②罗… Ⅲ.①Windows 操作系统-高等
职业教育-教材②办公自动化-应用软件-高等职业教育-教材
③Office 2010 Ⅳ.①TP316.7②TP317.1

中国版本图书馆 CIP 数据核字（2017）第 319753 号

书　　名：计算机应用基础任务教程
作　　者：崔　强　罗南林　主编

策　　划：唐　旭　周海燕　　　　　　　　　读者热线：（010）63550836
责任编辑：周海燕　包　宁
封面设计：刘　颖
责任校对：张玉华
责任印制：郭向伟

出版发行：中国铁道出版社有限公司（100054，北京市西城区右安门西街 8 号）
网　　址：http://www.tdpress.com/51eds/
印　　刷：三河市兴达印务有限公司
版　　次：2017 年 12 月第 1 版　2020 年 1 月第 6 次印刷
开　　本：880mm×1230mm　1/16　印张：17　字数：534 千
书　　号：ISBN 978-7-113-24185-8
定　　价：46.00 元

随着计算机技术的发展与普及，计算机在人们的工作和生活中变得越来越重要，已经成为一种必不可缺的工具，在如今的社会中，不会使用计算机，将寸步难行。同时随着信息教育的大力推广，大学新生计算机知识的起点也越来越高，大学计算机基础课程的教学已经不再是零起点，很多学生在中学或者高中阶段都系统地学习了计算机基础知识，并具备相当的操作和应用能力，新一代大学生对大学计算机基础课程教学提出了更新、更高、更具体的要求。

计算机应用基础是一门实践性很强的公共基础课，是一门融理论、技能、实训于一体的课程。根据教育部的最新规定，结合公共课为专业课服务的宗旨，我们特意编写这本书。本书的一大特点是为学生提供一种案例式情景学习氛围，通过结合实际的案例，采用案例驱动、任务分解的模式来安排教材内容。实现理论与实践相结合，由浅入深、循序渐进地介绍计算机相关知识与操作技能。另外，为了加强学生的理论水平和实践能力，在每个案例的任务拓展后还加入了知识链接，为学生全面学习计算机相关知识奠定基础，扩大了知识面。

本书共分为 6 个单元（23 个任务），单元 1 介绍了计算机基础知识，使学生了解计算机，特别是计算机硬件知识，培养学生能够简单维护计算机的能力；单元 2 介绍了 Windows 7 操作系统，培养学生优化计算机、管理计算机的能力；单元 3 介绍了 Word 2010 的基础知识和技能，培养学生使用 Word 进行文字处理的能力；单元 4 介绍了 Excel 2010 的基础知识和技能，培养学生使用 Excel 进行数据管理的能力；单元 5 介绍了 PowerPoint 2010 的基础知识和技能，培养学生使用 PowerPoint 制作演示文稿的能力；单元 6 介绍了网络基础知识和应用，培养学生配置和管理局域网的能力以及使用网络浏览器、管理网页的能力。

本书由崔强、罗南林任主编，张燕丽、陈玉琴、杨善友、吴伟姣、洪文圳、李梅任副主编。各单元的主要编写人员分工如下：杨善友负责编写单元 1，张燕丽负责编写单元 2，洪文圳负责编写单元 3，崔强、李梅负责编写单元 4，陈玉琴负责编写单元 5，吴伟姣负责编写单元 6。全书由罗南林、崔强策划、审稿、统稿并定稿。

为了方便教学，本书配有电子教案，以及各个单元的素材和习题答案，读者登录 http://www.tdpress.com/51eds/ 下载相关资料。

本书结合学生、企业的实际案例，整合各个专业学生的不同需求，集合有丰富教学经验的一线教师完成编写，在本书的编写过程中，得到了许多专家和同仁的大力支持，谨此向他们表示最真挚的感谢。由于计算机技术发展迅速以及编者水平有限，书中难免存在疏漏和不足之处，恳请专家和广大读者不吝批评指正。

编 者

2017 年 11 月

単元 ① 计算机基础知识

【学习目标】

在计算机出现之初，人们对于计算机并不是很了解，毕加索就曾经说过"Computers are useless. They can only give you answers."那个时候的计算机只具有简单的数据处理功能。

现如今，计算机已经广泛应用到各个领域之中，与人们日常工作、学习生活息息相关。计算机现在已经在金融、物流、通信、网络、监控、教育、传媒、医疗、电子政务和电子商务等各个领域中发挥着很重要的作用，成为人们生活中不可取代的工具。

通过本单元的学习，读者将掌握以下知识及技能：

- 现代计算机的特点、发展及应用
- 进位计数制及其转换方法
- 计算机系统组成的基本知识
- 计算机常用安全设置和杀毒软件的使用

1.1 任务 1 认识计算机

任务描述

计算机已经是家喻户晓，计算机的使用规模也在不断扩大。它是 20 世纪人类最伟大的科学技术发明之一，是现代科学技术与人类智慧的结晶，对人类社会的生产和生活产生了极其深刻的影响。我们有必要深入认识计算机。

任务分析

认识计算机主要从计算机的发展历史、计算机的特点、计算机的应用领域、计算机中的数制和编码等方面去认识。

任务分解

本任务可以分解为以下 4 个子任务。

子任务 1：了解计算机的发展简史
子任务 2：了解计算机的特点及分类
子任务 3：了解计算机的应用领域
子任务 4：了解计算机中的数制和编码

任务实施

1.1.1　了解计算机的发展简史

步骤 1：认识计算机的发展

世界上第一台通用计算机于 1946 年 2 月 14 日在美国宾夕法尼亚大学诞生，取名叫"电子数字积分计算机（Electronic Numerical Integrator and Calculator）"，简称 ENIAC。这台计算机使用了约 18 000 个电子管，质量超过 30 t，功率为 150 kW，长 30.48 m，宽 6 m，高 2.4 m，占地面积约 170 m^2，每秒执行 5 000 次加法或 400 次乘法指令，是手工计算的 20 万倍，造价 48 万美元。它的诞生有着划时代的意义，宣告了计算机时代的到来。

ENIAC 是第一台正式投入运行的计算机，但它并不具备现代计算机"在机内存储程序"的主要特征。在 ENIAC 的研制过程中，美籍匈牙利数学家冯·诺依曼提出了著名的冯·诺依曼思想，并在此基础上成功地研制出了第一台"存储程序式"计算机——离散变量自动电子计算机 EDVAC（Electronic Discrete Variable Automatic Computer），这一思想奠定了现代计算机的基础。

冯·诺依曼思想主要包括以下 3 个方面的内容。

（1）计算机由五大基本部件组成。五大基本部件包括运算器、控制器、存储器、输入设备和输出设备。

（2）计算机内部采用二进制。二进制只有"0"和"1"两个数码，具有运算规则简单、物理实现简单、可靠性高和运算速度快等特点。

（3）采用存储程序控制计算机工作的原理。事先把需要计算机运行的程序和处理的数据以二进制形式存入计算机的存储器中，运行时在控制器的控制下，计算机从存储器中依次取出指令并执行指令。从而完成人们安排的工作，这就是存储程序控制的工作原理。

自第一台计算机诞生以来，根据计算机所采用的电子元器件的不同，计算机的发展经历了四个阶段：电子管时代（1946—1958 年）、晶体管时代（1959—1964 年）、小规模集成电路时代（1965—1970 年）、大规模集成电路时代（1971 年至今）。可以说，电子元器件技术的发展尤其是硅集成电路集成度的日益提高，使得计算机性能不断提高，体积不断缩小，而价格却不断下降，见表 1-1。

表 1-1　计算机的发展简史

代　次	起止年份	电子器件	运算速度	应用领域
电子管时代	1946—1958	电子管	几千次/秒～几万次/秒	国防军事及科研
晶体管时代	1959—1964	晶体管	几万次/秒～几十万次/秒	数据处理、事务管理
小规模集成电路时代	1965—1970	小规模集成电路	几十万次/秒～几百万次/秒	工业控制、信息管理
大规模集成电路时代	1971 年至今	大规模集成电路	几百万次/秒～上亿次/秒	工作及生活各方面

步骤 2：认识微型计算机的发展

IBM 公司于 1981 年推出第一台真正意义上的个人计算机（Personal Computer），型号为 PC/XT，采用的 CPU（中央处理器）型号为 Intel 8088。自此以后，PC 系列的微机机型得到了巩固和加强，并取得了迅速的发展，见表 1-2。

表 1-2　微机发展简表

典型机型	推出时间	CPU	字长/位	主频/MHz
IBM PC/XT	1981 年	Intel 8088	8	4.77
IBM PC/AT	1983 年	Intel 80286	16	6～25
IBM PS/2-80	1987 年	Intel 80386	32	16～40
486 微机	1989 年	80486	32	25～100
Pentium 微机	1993 年	Pentium	32	60～233
Pentium II 微机	1997 年	Pentium II	32	133～450

续表

典型机型	推出时间	CPU	字长/位	主频/MHz
Pentium 4 微机	2000 年	Pentium 4	32	1400～3000
64 位微机	2004 年	Athlon 64 3200 +	64	2000
双核微机	2005 年	Pentium D 820	64	2800
四核微机	2007 年	Core 2 Quad Q6600	64	2400
融合处理器微机	2011 年	AMD APU E-350	64	1600

从表 1-2 中可以看出，微机的发展取决于微机中核心部件 CPU 技术的发展。CPU 更新换代，则微机也更新换代。

1.1.2　了解计算机的特点及分类

步骤 1：认识计算机的特点

一般计算机具有以下几个显著特点：

1. 运算速度快

运算速度是指计算机每秒能执行多少条指令。常用单位是 MIPS，即每秒执行多少个百万条指令。例如：主频为 3.1 GHz 的酷睿 i5 微机的运算速度为每秒 31 亿次，即 3100 MIPS。

2. 计算精确度高

例如：如今微机内部数据位数为 64 位（二进制），可精确到 19 位有效数字（十进制）。圆周率 π 的计算，有人曾利用计算机算到小数点后 200 万位。

3. "记忆"能力强

计算机的存储器（内存储器和外存储器）类似于人的大脑，能够"记忆"大量的信息。它能把数据、程序存入，进行数据处理和计算，并把结果保存起来。

4. 逻辑判断能力强

逻辑判断是计算机的又一基本能力，在程序执行过程中，计算机能够进行各种基本的逻辑判断，并根据判断结果来决定下一步该执行哪条指令。这种能力，保证了计算机信息处理的高度自动化。

5. 支持人-机交互

计算机具有多种输入/输出设备，配上适当的支持软件后，可支持用户进行方便的人-机交互，并且界面友好，操作方便。

步骤 2：认识计算机的分类

计算机按其功能和规模，一般可分为五大类。

1. 巨型机

这类计算机价格昂贵，功能最强，主要用于战略武器的计算、空间技术、石油勘探、天气预报等领域，仅有少数国家能够生产。我国于 20 世纪 80 年代末、90 年代中先后推出了自行研制的银河-Ⅰ、银河-Ⅱ、银河-Ⅲ等巨型机。2016 年 11 月公布的世界超级计算机排名中，居首位的是我国自主芯片制造的"神威·太湖之光"，其浮点运算速度为每秒 12.5 亿亿次，也是全球唯一一台计算速度超过 10 亿亿次的超算。另外，我国的"天河二号"排名第二。

2. 中型机

中型机一般以大型主机的形式存在，具有很强的数据处理能力，一般应用于大中型企事业单位的中央主机。例如：IBM 公司生产的 IBM 4300、3090 及 9000 系列都属于这种类型。

3. 小型机

其功能略逊于中型机，但它结构简单、成本较低、维护方便，适用于中、小企业用户。例如：美国 DEC 公司的 VAX 系列机型，IBM 公司的 AS/400 系列等都属于小型机。

4．微型计算机

微型计算机又称个人计算机（Personal Computer），简称 PC。价格便宜、功能齐全，广泛应用于个人用户，是最普及的机种。

5．工作站

工作站是一种高档微机，性能介于 PC 机和小型机之间。工作站一般配有高分辨率的大屏显示器及大容量存储器，具有较强的图形处理功能。

1.1.3　了解计算机的应用领域

随着计算机技术的飞速发展，计算机的应用领域也不断地得到拓展。其主要应用领域为：

1．科学计算

科学计算是计算机应用最早的领域之一，同人工计算相比，计算机不仅速度快，而且精度高。科学计算是指在科学研究和工程技术中所提出的数值计算问题。例如：导弹弹道的计算、人造卫星轨迹的计算、天气预报等。

2．事务数据处理

事务数据处理是目前计算机应用最广泛的领域。例如：银行管理系统、财务管理系统、人事管理系统。大大提高了管理质量和管理效率。

3．实时控制

实时控制又称过程控制，是指计算机通过各种传感器及时采集数据，然后对被控对象进行自动调节或自动控制。例如：水泥生产自动控制、高炉炼铁自动控制等。

4．计算机辅助系统

计算机辅助设计（Computer Aided Design，CAD）是工程技术人员利用计算机进行相关设计的技术，它需要专门的应用软件来支持。例如：AutoCAD 设计软件。

计算机辅助制造（Computer Aided Manufacturing，CAM）是指在机械制造业中，利用计算机通过各种数值控制机床和设备，自动完成离散产品的加工、装配、检测和包装等制造过程。

计算机集成制造系统（Computer Integrated Manufacturing System，CIMS）是通过计算机软硬件，并综合运用现代管理技术、制造技术、信息技术、自动化技术、系统工程技术，将企业生产全部过程中有关的人、技术、经营管理三要素及其信息与物流有机集成并优化运行的复杂的大系统。

计算机辅助教学（Computer Aided Instruction，CAI）是利用计算机进行辅助教学的技术。它是一个新的应用领域。利用计算机开展多媒体教学，具有直观、图文并茂、能调动学生学习兴趣等特点，具有广阔的应用前景。

5．计算机网络通信

计算机网络是计算机技术与现代通信技术结合的产物，它使不同地区的计算机之间实现软、硬件资源共享，大大促进各地区计算机间信息传输和处理，对现代社会人类的生活产生了深远的影响。例如：现代远程教育的开展、交通订票系统、电子商务活动等。可以说，现代计算机的应用已离不开计算机网络。

1.1.4　了解计算机中的数制和编码

步骤 1：了解信息和数据

信息（Information）在现实世界中是广泛存在的，例如：数字、字母、各种符号、图表、声音、图片等。但是，所有的信息计算机都不能直接处理，因为计算机内部采用二进制，也就是说，计算机内部只认识"0"和"1"两种信息。因此，任何形式的信息都必须通过一定的转换方式转变成计算机能直接处理的数据，我们将这个过程称为"数字化"。

数据（Data）是在计算机内部存储、处理和传输的各种"值"，对用户来说是信息。换句话说，数据是信息在计算机内部的表示形式。信息处理也就是数据处理。

信息技术（IT）就是对信息进行采集、转换、加工、处理、存储、传输的技术，它是由计算机技术和现代通信技术共同演绎的，其中计算机技术充当着核心角色。

步骤 2：了解进位计数制

1. 进位计数制

数制是人们对数量计数的一种统计规律。将数字符号按顺序排列成数位并遵照某种从低位到高位的进位方式计数来表示数制的方法称为进位计数制，简称计数制。进位计数制是一种计数方法，日常生活中广泛使用的是十进制，此外还大量使用其他进位计数制，如二进制、八进制、十六进制等。

那么，不同计数进位制的数怎么表示呢？为区分不同的数制，约定对于任一 R 进制的数 N 记作"$(N)_R$"。如 $(1100)_2$ 表示二进制数 1100，$(567)_8$ 表示八进制数 567，$(89AC)_{16}$ 表示十六进制数 89AC。不用括号及下标的数默认为十进制数。此外还有一种表示数制的方法，即在数字的后面使用特定的字母表示该数的进制。具体方法是 D（Decimal）表示十进制，B（Binary）表示二进制，O（Octal）表示八进制，H（Hex）表示十六进制。若某数码后面未加任何字母，则默认为十进制数。

无论使用哪种计数制，数制的表示都包含基数和位权两个基本的要素。

（1）基数：指某种进位计数制中允许使用的基本计数符号的个数。

（2）位权：指在某种进位计数制表示的数中用于表明不同数位上数值大小的一个固定常数。不同数位有不同的位权，某一个数位的数值等于这一位的数字符号与该位对应的位权相乘。R 进制数的位权是 R 的整数次幂。例如，十进制数的位权是 10 的整数次幂，其个位的位权是 10^0，十位的位权是 10^1。

2. 十进制

在日常生活中，人们习惯于采用十进制记数。看下面的例子：

例如，一个十进制数：999.99

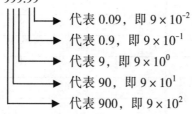

代表 0.09，即 9×10^{-2}
代表 0.9，即 9×10^{-1}
代表 9，即 9×10^0
代表 90，即 9×10^1
代表 900，即 9×10^2

通过上面的例子，我们可以总结出十进制记数的规律：

（1）一个十进制数字有 10 个记数的数码：0、1、2、3、4、5、6、7、8、9，称为基数为 10。

（2）逢十进一。

（3）数码在数字中所处的位置不同，则它所代表的数值是不同的。如上例的数码 9，在个位数上表示 9，在十位数上表示 90，在百位数上表示 900……这里的个（10^0）、十（10^1）、百（10^2）……称为位权。可见位权的大小是以基数为底，以数码所在位置序号为指数的整数次幂。

因此，一个十进制数可以写成按位权展开的一个多项式。例如：

$999.99 = 9 \times 10^2 + 9 \times 10^1 + 9 \times 10^0 + 9 \times 10^{-1} + 9 \times 10^{-2}$

3. 二进制

计算机内部主要采用二进制处理信息，任何信息都必须转换成二进制形式后才能由计算机处理。

二进制所用到的数码个数有两个，分别是 0、1，称为基数为 2，逢二进一。二进制数的位权是 2 的整数次幂。例如，一个二进制数 11010.001 按位权展开的多项式为

$(11010.001)_2 = 1 \times 2^4 + 1 \times 2^3 + 0 \times 2^2 + 1 \times 2^1 + 0 \times 2^0 + 0 \times 2^{-1} + 0 \times 2^{-2} + 1 \times 2^{-3}$

二进制数的运算规则见表 1-3。

表 1-3　二进制数的运算规则

加法运算	0+0=0	0+1=1	1+0=1	1+1=10（逢 2 进 1）
减法运算	0-0=0	1-0=1	1-1=0	0-1=1（借 1 作 2）
与运算	0∧0=0	0∧1=0	1∧0=0	1∧1=1
或运算	0∨0=0	0∨1=1	1∨0=1	1∨1=1

由此可见，二进制具有运算规则简单且物理实现容易等优点。因为二进制中只有 0 和 1 两个数字符号，因此可以用电子器件的两种不同状态来表示二进制数。例如，可以用晶体管的截止和导通，或者电平的高和低表示 1 和 0 等，因此在计算机系统中普遍采用二进制。

但是二进制又具有明显的缺点，即数的位数太长且字符单调，使得书写、记忆和阅读不方便。为了克服二进制的缺点，人们在书写指令，以及输入和输出程序等时，通常采用八进制数和十六进制数作为二进制数的缩写。

4．八进制

八进制所用到的数码个数有 8 个，分别是 0、1、2、3、4、5、6、7，称为基数为 8，逢八进一。

5．十六进制

十六进制所用到的数码个数为 16 个，分别是 0、1、2、3、4、5、6、7、8、9、A、B、C、D、E、F，称为基数为 16，逢十六进一。

步骤 3：了解计数制间的转换

各计数制之间可以相互转换，表 1-4 所列为各进制间数制对照表。

表 1-4　进制间数值对照表

十进制	二进制	八进制	十六进制	十进制	二进制	八进制	十六进制
0	0	0	0	9	1001	11	9
1	1	1	1	10	1010	12	A
2	10	2	2	11	1011	13	B
3	11	3	3	12	1100	14	C
4	100	4	4	13	1101	15	D
5	101	5	5	14	1110	16	E
6	110	6	6	15	1111	17	F
7	111	7	7	16	10000	20	10
8	1000	10	8				

每个二进制数、八进制数或十六进制数都可以写成按位权展开的一个多项式。

【例 1】写出二进制数 $(1011.01)_2$ 的按位权展开式。

解：$(1011.01)_2 = 1 \times 2^3 + 0 \times 2^2 + 1 \times 2^1 + 1 \times 2^0 + 0 \times 2^{-1} + 1 \times 2^{-2}$

其中，2^3，2^2，2^1，2^0，2^{-1}，2^{-2} 是二进制数相应位的位权值。

【例 2】写出八进制数 $(516)_8$ 的按位权展开式。

解：$(516)_8 = 5 \times 8^2 + 1 \times 8^1 + 6 \times 8^0$

其中，8^2，8^1，8^0 是八进制数相应位的位权值。

【例 3】写出十六进制数 $(8AE)_{16}$ 的按位权展开式。

解：$(8AE)_{16} = 8 \times 16^2 + A \times 16^1 + E \times 16^0$

其中，16^2，16^1，16^0 是十六进制数相应位的位权值。

1．其他进制数转换成十进制

方法：将其他进制数按位权展开后再相加即可。

【例 4】把二进制数$(1011.01)_2$转换成十进制数。

解：$(1011.01)_2 = 1 \times 2^3 + 0 \times 2^2 + 1 \times 2^1 + 1 \times 2^0 + 0 \times 2^{-1} + 1 \times 2^{-2}$

$\qquad\qquad\quad = (11.25)_{10}$

【例 5】把八进制数$(516)_8$转换成十进制数。

解：$(516)_8 = 5 \times 8^2 + 1 \times 8^1 + 6 \times 8^0$

$\qquad\qquad = (334)_{10}$

【例 6】把十六进制数$(8AE)_{16}$转换成十进制数。

解：$(8AE)_{16} = 8 \times 16^2 + A \times 16^1 + E \times 16^0$

$\qquad\qquad\ = 8 \times 256 + 10 \times 16 + 14 \times 1$

$\qquad\qquad\ = (2222)_{10}$

2．十进制数转换成二进制数

方法：将一个十进制数（包含整数部分和小数部分）转换成二进制数时，先将十进制数的整数部分转换成二进制整数，采用的方法是"除 2 取余逆序"的方法，再将十进制数的小数部分转换成二进制小数，采用的方法是"乘 2 取整顺序"的方法。

【例 7】将十进制数$(202.375)_{10}$转换成二进制数。

解：第一步，先将十进制整数部分$(202)_{10}$转换成二进制数，采用"除 2 取余逆序"的方法。

```
  2 | 202
  2 | 101 …………… 0      低位
  2 |  50 …………… 1       ↑
  2 |  25 …………… 0       |
  2 |  12 …………… 1     由下向上读
  2 |   6 …………… 0       |
  2 |   3 …………… 0       |
  2 |   1 …………… 1       |
        0 …………… 1      高位
```

所以$(202)_{10} = (11001010)_2$

第二步，再将十进制小数$(0.375)_{10}$转换成二进制小数，采用"乘 2 取整顺序"的方法。

```
    0.375
   ×    2
   ─────────
    0.75 …………… 0      高位
   ×    2                ↑
   ─────────             |
    1.5  …………… 1      由上向下读
    0.5                   |
   ×    2                 ↓
   ─────────
    1.0  …………… 1      低位
      0
```

所以$(0.375)_{10} = (0.011)_2$

故$(202.375)_{10} = (11001010.011)_2$

特别提示：多数情况下，很多十进制小数连续乘以 2 取整后，结果仍不为 0，此时只取二进制近似值到指定位数。

3．二进制数与八进制数之间的转换

1）将二进制数转换成八进制数

方法：三位并一位。以小数点为中心，分别向左、向右，每 3 位二进制数为一组用一个八进制数码来表示（不足 3 位的用 0 补足，其中整数部分左补 0，小数部分右补 0）。

【例 8】将二进制数$(10010010.10001)_2$转换成八进制数。

解：二进制数　　010 010 010 . 100 010

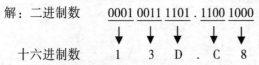

　　　　八进制数　　2　2　2　.　4　2

故$(10010010.10001)_2 = (222.42)_8$

2）将八进制数转换成二进制数

方法：一位拆三位。将每个八进制数码用 3 位二进制数来书写。

【例 9】将八进制数$(516.75)_8$转换成二进制数。

解：八进制数　　5　1　6　.　7　5

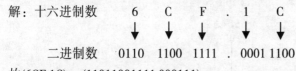

　　　二进制数　　101　001　110　.　111　101

故$(516.75)_8 = (101001110.111101)_2$

4．二进制数与十六进制数之间的转换

1）二进制数转换成十六进制数

方法：四位并一位。从小数点开始，分别向左、向右，每 4 位二进制数为一组用一个十六进制数码来表示（不足 4 位的用 0 补足，其中整数部分左补 0，小数部分右补 0）。

【例 10】将二进制数$(100111101.11001)_2$转换成十六进制数。

解：二进制数　　0001 0011 1101 . 1100 1000

　　　十六进制数　　1　3　D　.　C　8

故$(100111101.11001)_2 = (13D.C8)_{16}$

2）十六进制数转换成二进制数

方法：一位拆四位。将每个十六进制数码用 4 位二进制数来表示。

【例 11】将十六进制数$(6CF.1C)_{16}$转换成二进制数。

解：十六进制数　　6　C　F　.　1　C

　　　二进制数　　0110　1100　1111　.　0001　1100

故$(6CF.1C)_{16} = (11011001111.000111)_2$

步骤 4：了解计算机的数据单位

在计算机内部，常用的数据单位有位、字节和字等。

1．位（bit，b）

它是指二进制数的一个位，音译为比特。位是表示计算机数据的最小单位。一个位就是二进制数的一个"0"

或一个"1"。

2. 字节（Byte，B）

字节是表示计算机数据的基本单位，通常把 8 个二进制位作为一个字节（B），即 1B=8bit 或 1B=8b。

3. 字（Word）

字是指计算机内部一次存储、传送、处理操作的信息单位。字所含有的二进制位数称为字长，它直接关系到计算机的计算精度、功能和速度。例如：字长为 64 位的计算机，即指该计算机内部一次能够传送和运算 64 位的二进制数。

4. 其他数据单位

为表示存储器容量大小，除了以字节（Byte）为单位外，常用的容量单位还有：KB（KiloByte）、MB（MegaByte）、GB（GigaByte）、TB（TeraByte）、PB（PetaByte）、EB（ExaByte）、ZB（ZettaByte）和 YB（YottaByte）。它们之间的换算关系为：

$1\ \text{KB} = 1\ 024\ \text{B} = 2^{10}\ \text{B}$ $\qquad$ $1\ \text{MB} = 1\ 024\ \text{KB} = 1\ 024^2\ \text{B} = 2^{20}\ \text{B}$

$1\ \text{GB} = 1\ 024\ \text{MB} = 1\ 024^3\ \text{B} = 2^{30}\ \text{B}$ $\qquad$ $1\ \text{TB} = 1\ 024\ \text{GB} = 1\ 024^4\ \text{B} = 2^{40}\ \text{B}$

　　……

步骤 5：了解计算机常用信息编码

1. ASCII 码

ASCII 码全名为 American Standard Code for Information Interchange，即美国国家信息交换标准码，原为美国国家标准，现已成为在世界范围内通用的字符编码标准。

ASCII 码由 7 位二进制数组成，因此一共定义了 $2^7=128$ 个符号，其中有 33 个控制码，位于表的左首两列和右下角位置上，其余 95 个为数字、大小写英文字母和专用符号的编码。例如：字母 A 的 ASCII 码为 1000001（十进制为 65）。表 1-5 列出了 ASCII 码的编码表。

表 1-5　ASCII 编码表

高三位 低四位	000	001	010	011	100	101	110	111
0000	NUL	DLE	SP	0	@	P	`	p
0001	SOH	DC1	!	1	A	Q	a	q
0010	STX	DC2	"	2	B	R	b	r
0011	ETX	DC3	#	3	C	S	c	s
0100	EOT	DC4	$	4	D	T	d	t
0101	ENQ	NAK	%	5	E	U	e	u
0110	ACK	SYN	&	6	F	V	f	v
0111	BEL	ETB	'	7	G	W	g	w
1000	BS	CAN	(	8	H	X	h	x
1001	HT	EM	)	9	I	Y	i	y
1010	LF	SUB	*	:	J	Z	j	z
1011	VT	ESC	+	;	K	[	k	{
1100	FF	FS	,	〈	L	\	l	|
1101	CR	GS	–	<	M	]	m	}
1110	SO	RS	.	>	N	↑	n	~
1111	SI	VS	/	?	O	↓	o	DEL

2．汉字的编码

1）汉字交换码（国标码）

1981 年，我国颁布了"中华人民共和国国家标准信息交换汉字编码"，代号为 GB 2312—1980。它是汉字交换码的国家标准，又称"国标码"。该标准收录了汉字和图形符号 7 445 个，包括 6 763 个常用汉字和 682 个图形符号，其中常用汉字又分为两个等级，一级汉字有 3 755 个，二级汉字有 3 008 个。一级汉字按拼音排序，二级汉字按部首排序。

国标码规定，每个字符由一个 2 字节的二进制代码组成。其中，每个字节的最高位恒为"0"，其余 7 位用于组成各种不同的编码。因此，2 个字节的代码共可表示 128×128=16 384 个符号。目前国标码仅使用了其中 7 000 多个编码，还可扩充。

2）汉字机内码

汉字机内码，简称内码，是计算机内部存储汉字时所用的编码。计算机既要处理汉字，又要处理西文。为了在计算机中区别某个编码值是汉字还是西文，可以利用一个字节编码的最高位来区别，若最高位为"0"，则视为 ASCII 码字符；若最高位为"1"，则视为汉字字符。

所以，在计算机内部要能同时处理汉字和西文，就必须在国标码的基础上，把 2 个字节的最高位分别由"0"改为"1"，由此构成了汉字机内码。汉字机内码与国标码的关系是（H 表示十六进制）：

汉字机内码第一字节 ＝ 国标码第一字节 ＋80H

汉字机内码第二字节 ＝ 国标码第二字节 ＋80H

例如：汉字"吧"的国际码为 3049H，即它的国际码第一字节为 00110000，国际码第二为 01001001。那么，汉字"吧"的机内码为 B0C9H，即它的机内码第一字节为 10110000，机内码第二字节为 11001001。

3）汉字输入码（外码）

汉字输入码是指从键盘上输入的代表汉字的编码，又称汉字外码。例如：区位码、五笔字型码、拼音码、表形码等。

当用户向计算机输入汉字时，存入计算机内部的总是它的机内码，与所采用的输入法无关。输入码仅是供用户选用的编码，即"外码"，而机内码则是计算机识别的"内码"，其码值是唯一的。

为了便于使用，GB 2312—1980 的国家标准将其中的汉字和其他符号按照一定的规则排列成为一个大的表格，在这个表格中，每一（横）行称为一个"区"，每一（竖）列称为一个"位"，整个表格共有 94 区，每区有 94 位，并将"区"和"位"用十进制数字进行编号：即区号为 01～94，位号为 01～94。

根据汉字的国家标准，用两个字节（16 位二进制数）表示一个汉字。但使用 16 位二进制数容易出错，比较困难，因而在使用中都将其转换为十六进制数使用。国标码是一个四位十六进制数，区位码则是一个四位的十进制数，每个国标码或区位码都对应着唯一的汉字或符号，但因为十六进制数人们很少用到，所以大家常用的是区位码，它的前两位称为区码，后两位称为位码。

汉字区位码与国标码的关系是（H 表示十六进制）：

汉字国标码第一字节 ＝ 区位码第一字节 ＋20H

汉字国标码第二字节 ＝ 区位码第二字节 ＋20H

4）汉字字形码

在输出汉字（如显示或打印汉字）时要用到汉字字形码。一个汉字的字形点阵数据构成了该汉字的字形码，所有汉字字形码的集合称为汉字字形库，简称汉字库。例如，汉字"你"的字形码如图 1-1 所示。

汉字的字形码分为 16×16 点阵、24×24 点阵、32×32 点阵、48×48 点阵等，甚至还有 108×108 点阵、576×576 点阵的字库。表示一个汉字字形的点数越多，打印的字体越美观，但汉字占用的存储空间也越大。例如：一个 16×16 点阵的汉字占用 32 个字节（Byte），则两级汉字共占用约 256 KB。其他点阵字库占用存储空间的情况，读者可自行计算。

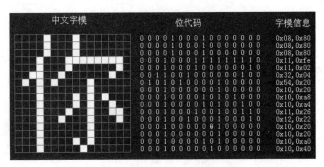

图 1-1　汉字"你"的字形码

一般情况下，显示汉字使用 16×16 点阵，打印汉字可选用 24×24、32×32 或 48×48 点阵的字库，而 108×108 点阵、576×576 点阵字库，主要用于精密照排系统中，且需要庞大的存储容量。

各种汉字编码的关系如图 1-2 所示。

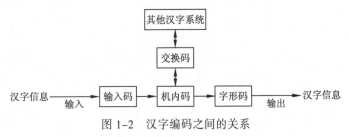

图 1-2　汉字编码之间的关系

任务拓展

任务：认识超级计算机

任务描述：了解超级计算机的应用，以及我国在超级计算机领域的发展，如神威·太湖之光、天河二号。

1.2　任务 2　购买与组装微型计算机

任务描述

小陈是一名大学一年级新生，为了大学学习的方便，需要购买一台学生用计算机，计划花费 4 200 元左右。要求购买的计算机能做文字处理、表格处理、网页制作等工作，并对一般病毒有防毒和杀毒功能。

任务分析

实现本任务，首先要进行市场调查，了解硬件的行情，列出合理的采购计划及软硬件配置清单，采购后安装相应的应用软件。

任务分解

本任务可以分解为以下 3 个子任务。

子任务 1：认识计算机系统的组成

子任务 2：购买并配置计算机硬件

子任务 3：安装计算机软件系统

任务实施

1.2.1 认识计算机系统的组成

一般来说，一个完整的计算机系统是由硬件系统和软件系统两大部分组成的。硬件系统是指构成计算机的电子线路和各种机电装置的物理实体。软件系统是指为了运行、管理和维护计算机所编制的各种程序和相关数据的集合。没有配备任何软件的计算机称为"裸机"，裸机是无法正常工作的。计算机系统的基本组成如图 1-3 所示。

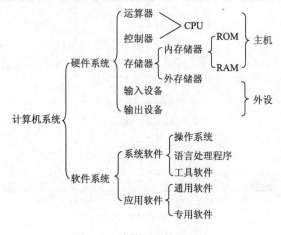

图 1-3　计算机系统的组成

从图 1-3 可以看出，计算机的硬件系统由运算器、控制器、存储器、输入设备和输出设备五大部分组成。其中，运算器和控制器常常集成在一块集成电路芯片内，合称为中央处理器（Center Process Unit），简称 CPU，它是计算机的核心部件。CPU 和内存储器合称为计算机的主机，而外存储器和输入设备、输出设备一起，合称为外围设备，简称外设。五大部件之间的联系如图 1-4 所示。

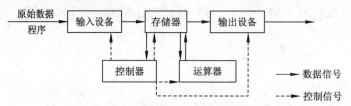

图 1-4　计算机五大部件之间的联系示意图

控制器是计算机的指挥中枢，其作用是统一指挥和协调各个部件的工作。控制器从存储器中将程序取出并根据程序的要求向各部件发出操作命令。

运算器又称为算术逻辑单元（Arithmetic Logic Unit），简称 ALU。其功能是完成各种算术运算和逻辑运算，运算时从存储器中取得原始数据，并将运算结果送回存储器中，整个过程都在控制器的指挥下进行工作。

存储器主要用来存放数据和程序，是计算机的记忆部件。存储器分为内存储器和外存储器。

输入设备的作用是接收用户输入的数据和程序，并将其数字化后保存到存储器中。常用的输入设备有键盘、鼠标、扫描仪、摄像头等。

输出设备的作用是将存储器中存放的运算结果（二进制代码）转换成相应的字符或图形。常用的输出设备有显示器、打印机、绘图仪、投影仪等。

1.2.2 购买并配置计算机硬件

步骤 1：选购 CPU

CPU 又称微处理器，主要由运算器和控制器两大部件组成，它是微型计算机的核心部件，如图 1-5 所示。

CPU 的主要任务就是取出指令，解释指令并执行指令。可以说 CPU 的性能决定了一台微机的性能，CPU 的主要技术指标有字长和主频。

1．字长

指 CPU 内部一次基本操作所包含的二进制代码的长度。一般来说，字长越长，计算机的精度越高，处理速度越快。目前主流 CPU 的字长一般为 64 位。

2．主频

指 CPU 工作时的时钟频率。一般来说，CPU 主频越高，则工作节拍越快，计算机运行速度也越高。目前主流 CPU 的主频一般在 3GHz 以上。表 1-6 列出了目前主流 CPU 的主要技术指标。

图 1-5 CPU

表 1-6 目前主流 CPU 的主要技术指标

规　　格	生产厂家	核 心 数	主频/GHz	字长/位	三级 Cache/MB
Core i3 7350K	Intel	双核	4.2	64	4
Core i5 7500	Intel	四核	3.4	64	6
AMD FX–8300	AMD	八核	3.3	64	8
Ryzen 5 1500X	AMD	四核	3.5	64	16

根据市场调查，为小陈选购的 CPU 为：Intel 酷睿 i3 7350K。

步骤 2：选购主板

微机的主机箱内有一块较大的电路板，称为主板或母板。它是微机最基本的也是最重要的部件之一，如图 1-6 所示。

图 1-6 主板

主板一般为矩形电路板，上面安装了组成计算机的主要电路系统，一般有 BIOS 芯片、I/O 控制芯片、键盘和面板控制开关接口、指示灯插接件、扩充插槽、主板及插卡的直流电源供电接插件等元件。

主板采用了开放式结构。主板上大都有 6～15 个扩展插槽，供 PC 机外围设备的控制卡（适配器）插接。通过更换这些插卡，可以对微机的相应子系统进行局部升级，使厂家和用户在配置机型方面有更大的灵活性。总之，主板在整个微机系统中扮演着举足轻重的角色。可以说，主板的类型和档次决定着整个微机系统的类型和档次，主板的性能影响着整个微机系统的性能。

根据市场调查，为小陈选购的主板为：华硕 PRIME B250M-PLUS。

步骤 3：选购内存储器

内存储器简称内存，又称主存储器，如图 1-7 所示。

图 1-7　内存

内存的主要功能是直接与 CPU 进行数据交换，主要存放当前运行的程序、待处理的数据及运算结果。内存的存取速度和辅助存储器相比要快得多。

内存储器一般按字节分成许多个存储单元，每个存储单元都有一个编号，称为存储单元地址。CPU 在内存中存取数据时可通过地址找到相应的存储单元。对存储单元进行存/取数据的操作称为写/读操作。

1. 分类

内存一般分为随机存取存储器（RAM）和只读存储器（ROM）。

1）RAM（Random Access Memory）

RAM 中信息既可以读，又可以写，主要用来存放用户的数据和程序，在计算机断电以后，RAM 中存放的信息就会丢失。

RAM 一般采用半导体存储器，半导体存储器由于结构上的不同又分为静态存储器（SRAM）和动态存储器（DRAM）。静态存储器体积大、功耗高、速度更快，但价格贵；而动态存储器体积小、功耗低、速度相对较慢，价格便宜，因此现在的主流 RAM 大都采用 DRAM。

2）ROM（Read Only Memory）

ROM 中的信息只能读，不能写入，它一般是由制造厂家一次性写入的，在计算机断电后，ROM 中存放的信息不会丢失。

ROM 中存放的是一段系统程序，称为基本输入/输出系统，简称 BIOS。它的主要功能是启动计算机，完成加电自检并引导操作系统；提供许多设备的驱动程序，如键盘、显示器、硬盘、打印机、串口等。

2. Cache

Cache 称为高速缓冲存储器，简称缓存，是一种速度更快的特殊的内存储器，它一般采用半导体存储器中存取速度更快的静态存储器（SRAM）。Cache 的引入是为了协调高速的 CPU 与低速的 RAM 之间的速度差，以提高系统的整体性能。Cache 一般分为三级，有一级 Cache、二级 Cache 和三级 Cache。早期的一级 Cache 集成在 CPU 内部，容量较小；二级 Cache 在主板上，容量相对大些，但从 Pentium Pro 开始，Cache 已全部集成在 CPU 芯片中，Cache 的容量一般在 3～16 MB，见表 1-6。

3. 主要技术指标

1）内存容量

主要指 RAM 容量，一般来说，内存容量越大，它所存储的数据及程序就越多，计算机运行速度就越快。目前常见的微机内存配置一般在 2～16 GB。

2）存取周期

存取周期是指对内存进行一次读/写操作所需的时间，显然，存取周期越短，则存取速度越快。

3）内存频率

内存频率是与存取周期相关的一个技术指标。内存频率越高，则存取周期越短，存取速度越快，实际上"内存频率"这个参数更常用。例如：目前的主流内存 DDR4 DRAM，其内存频率一般在 1333～3000 MHz。

根据市场调查，为小陈选购的内存为：金士顿骇客神条 Fury DDR4 2400 8GB。

步骤 4：选购外存储器

外存储器简称外存，又称辅助存储器。辅助存储器一般存储容量较大，且关机断电后存放在其中的数据不会丢失，但存取速度相对较慢。正因为其存储速度较慢，所以，CPU 并不直接与外存打交道。需要时先将外存中的信息调入内存，然后再与内存交换信息。

因此，目前微机中实际上采用了三个层次的存储体系，如图 1-8 所示，它是为解决存储器容量、速度与价格的矛盾提出来的。其中，Cache 的读/写速度最快，RAM 次之，辅助存储器再次之；从存储容量来看，辅助存储器容量最大，RAM 次之，Cache 再次之。

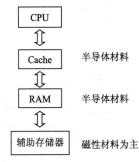

图 1-8　微机的三级存储体系

微机常用的外存储器有：磁盘存储器、光盘存储器或其他一些可移动存储器。磁盘存储器又分为软盘存储器和硬盘存储器。

1．软盘存储器

常用的软盘直径为 3.5 英寸，简称 3 寸盘。如图 1-9 所示。软盘盘片上涂有一层磁性材料，可由软盘驱动器中的磁头来读/写盘片上的信息。

软盘必须经过格式化才可使用。所谓格式化就是在软盘上划分磁道和扇区。3 寸盘一般为双面，每面有 80 个磁道（从外向内，从 0 开始编号），每道 18 个扇区。软盘存储器容量可由下式计算：

软盘容量 = 磁道数 × 每磁道扇区数 × 每扇区字节数 × 磁盘面数

一般每扇区存放的字节数是固定的，都是 512 B（字节），因此，3 寸盘的容量为 1 474 560 B（即 1.44 MB）。

3 寸盘上有一个写保护口。若推动保护口上的滑块使保护口打开时，3 寸盘就处于写保护状态，此时只能对该盘片进行读操作而不能进行写操作。软盘现已被淘汰。

2．硬盘驱动器

硬盘也是一种磁记录存储器，其存储原理与软盘存储器相似，只不过它是由多个金属盘片和多个磁头全部密封在一个容器内组成的，采用这种技术的硬盘称为温盘，如图 1-10 所示。

图 1-9　软盘

图 1-10　硬盘

硬盘的主要技术指标有：容量、转速、尺寸等。

1）容量

硬盘的容量越来越大，目前主流硬盘的容量已达 500 GB～2 TB，其容量比内存大得多。

2）转速

指磁头读/写信息时围绕盘片旋转的速度。目前主流硬盘的转速都在 7 200 r/min，而软盘的转速一般是 300 r/min，故硬盘不仅容量大，且读/写速度也比软盘快得多。

3）缓存

缓存是硬盘上的一块内存芯片，具有极快的存取速度，它是硬盘内部存储和外界接口之间的缓冲器。由于硬盘的内部数据传输速度和外部数据传输速度不同，缓存在其中起到一个缓冲的作用。缓存的大小与速度是直接关系到硬盘的传输速度的重要因素，能够大幅度地提高硬盘整体性能。目前硬盘的缓存大小有：8 MB、16 MB、32 MB、64 MB 等几种。

3. 固态硬盘

固态硬盘（Solid State Drives）简称固盘，如图 1-11 所示。

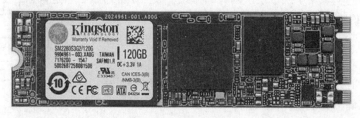

图 1-11 固态硬盘

固态硬盘是用固态电子存储芯片阵列而制成的硬盘，由控制单元和存储单元（Flash 芯片、DRAM 芯片）组成。

固态硬盘具有传统机械硬盘不具备的快速读/写、质量轻、能耗低以及体积小等特点，但其价格较为昂贵，容量较低。

4. 光盘存储器

光盘存储器是一种新型存储设备，具有容量大、寿命长、价格低等特点。目前，一张 CD 光盘的容量约为 700 MB；DVD 光盘单面 4.7 GB，双面 8.5GB；蓝光光盘（BD）的容量则比较大，BD 单面单层 25 GB、双面 50 GB、三层 75 GB、四层 100 GB。光盘的读/写是通过光盘驱动器来实现的。

光盘驱动器（简称光驱）的一个重要指标是光驱的"倍速"，即数据传输率。单倍速传输速度 CD 为 150 KB/s，DVD 为 1 350 KB/s，BD 为 4 500 KB/s。光驱倍速越大，存取速度越快。一般而言，光驱的读/写速度比硬盘慢。

光盘一般分为：只读型光盘（CD-ROM、DVD-ROM、BD-ROM）、一次写入光盘（CD-R、DVD-R、BD-R）和可擦写光盘（CD-RW、DVD-RW、DVD-RAM、BD-RW）三种类型。

5. 可移动存储器

可移动存储器是指可方便携带的存储器，软盘就是一种可移动存储器。除软盘外，常用的可移动存储器还有移动硬盘、U 盘等。

目前应用最广的可移动存储器要数 U 盘（通过 USB 接口接入），它是一种新型的半导体存储器，具有体积小、质量轻、容量较大、使用方便等特点，其存储容量一般为 64 GB～2 TB。

根据市场调查，为小陈选购的硬盘：固态硬盘为金士顿 G2 120G M.2 2280；机械硬盘为希捷的 ST1000DM003，容量为 1TB。

步骤 5：选购基本输入设备

在微机中，最常用的输入设备是键盘和鼠标。

1. 键盘

键盘是微机中最基本的输入设备，它主要提供字符、数字的数字化输入。目前，微机上常用的键盘有 101 键或 104 键。

键盘一般分为四个区域：打字键区、编辑键区、功能键区和数字键区。

（1）打字键区。与标准英文打字机的键盘相似，包括数字、字母、各种符号及一些控制键。

（2）编辑键区。位于打字键区和数字键区之间，主要用于光标定位的编辑操作。

（3）功能键区。键盘最上一排，有【F1】～【F12】共 12 个功能键，它们的功能由具体的应用软件来确定。

（4）数字键区。位于键盘最右面，主要为录入大量的数字提供方便。

2．鼠标

在 Windows 操作系统等图形界面环境下，鼠标已成为微机的另一必备的输入设备，它通过在屏幕上的坐标定位完成输入操作。

常用的鼠标有机械式和光电式两种，它们的定位机理不同，但在使用操作上是一样的。鼠标上有左、右两个按键，称为左键、右键，鼠标的基本操作有移动、单击（左键、右键）、双击（左键）、拖动等。

根据市场调查，为小陈选购的键盘、鼠标为：罗技 MK260 套装。

步骤 6：选购基本输出设备

微机中常用的输出设备有显示器和打印机。

1．显示器

微机中常用的显示器有阴极射线管（CRT）显示器和液晶显示器（LCD）。如图 1-12 和图 1-13 所示。显示器的尺寸以屏幕对角线长度来表示，常用的有 22 英寸及 27 英寸等。

图 1-12　CRT 显示器

图 1-13　液晶显示器

1）CRT 显示器

CRT 显示器通过显示适配器（显卡）与计算机相连。显卡由字符库、刷新存储器、控制电路和接口组成，以实现将计算机中的信息转换成模拟信号并在显示器上显示。常见的显卡有 VGA（视频图形阵列）显卡和增强型 VGA 卡。

CRT 显示器的显示质量不仅与 CRT 显示器有关，还与显卡有关。有关的技术因素有：CRT 显示器点距、分辨率、扫描频率等。

（1）点距。指一种给定颜色的一个发光点与它相邻的同色发光点之间的距离，这种距离不能用软件来更改。在相同分辨率下，点距越小，图像越清晰。目前显示器常见的点距有 0.20 mm 和 0.21 mm。

（2）分辨率。指屏幕上水平方向和垂直方向所显示的像素数，例如：分辨率 1 024×768 表示显示器在水平方向能显示 1 024 个点，在垂直方向能显示 768 个点，分辨率越高，则屏幕显示的像素点越多，图像也越清晰。

（3）扫描频率。指屏幕在一秒内刷新的次数。一般而言，分辨率高的图像最好用 75Hz 以上的扫描频率才能达到屏幕稳定、不闪烁的画面效果。

由于 CRT 显示器块头大、功率高、发热大，刷新率不高有明显的闪烁感，不利于保护视力等缺点，如今基本被淘汰。

2）液晶显示器

LCD（Liquid Crystal Display）由液晶显示屏及相关控制电路组成，其核心部件就是液晶显示屏，简称液晶屏。液晶屏的基本结构是由两片玻璃基板与中间的液晶体组成的薄形盒，因此，它具有超薄、体积小、功耗低、无电磁辐射、显示质量高等优点。

目前市场上常用的液晶显示器为 TN-LCD 显示器，尺寸为 22 英寸、23 英寸、24 英寸等。液晶显示器有一个重要指标，即它的观看角度（视角）。一般而言，液晶显示器必须从正前方观看才能获得最佳视觉效果，若从其他角度观看，则画面的亮度会发暗、颜色会改变，甚至某些产品会由正像变为负像。目前效果最好的 LCD 显示器，其水平可视角度可达 176°，垂直可视角度可达 170°。

根据市场调查，为小陈选购的显示器为：三星 S24E360HL。

2. 打印机

打印机是以纸为介质的一种输出设备，它的输出结果称为硬拷贝。目前微机中应用最多的打印机有针式打印机、喷墨打印机和激光打印机。

1）针式打印机

针式打印机主要由走纸机构、打印头和色带等部件组成，它是通过所打印出来的点阵来组成字符或图形的，如图 1-14 所示。

目前使用最多的是 24 针打印机，即打印头上有 24 根钢针。针式打印机结构简单，价格相对便宜，适用于打印量大、精度低的场合，尤其适应于多层纸打印场合，其缺点是打印速度较慢，噪音大，印字质量不高。

图 1-14　针式打印机

2）喷墨打印机

喷墨打印机是用喷墨代替针打，即通过精细的喷头将特制墨水喷在纸上产生字符或图形，如图 1-15 所示。

喷墨打印机价格便宜，打印质量高，具有彩色打印功能，但耗材昂贵。

3）激光打印机

激光打印机是激光技术和电子照相技术相结合的产物，如图 1-16 所示。它具有高速、高精度、低噪音等特点，但价格昂贵。

图 1-15　喷墨打印机

图 1-16　激光打印机

激光打印机的打印质量一般以其分辨率（dpi）来表示（每英寸点数）。目前激光打印机的分辨率一般为 600 dpi。

最终，建议小陈的个人计算机的硬件配置如表 1-7 所示。

表 1-7　建议个人计算机硬件配置清单

硬　　件	型　　号	主要技术指标	参考价格/元
CPU	Intel 酷睿 i3 7350K	主频：4.2 GHz 三级缓存：4 MB 字长：64 位双核	1000

硬　　件	型　　号	主要技术指标	参考价格/元
内存	金士顿骇客神条 Fury DDR4 2400 8GB	内存类型：DDR 4 内存主频：DDR4 2400 内存总容量：8 GB	349
硬盘	希捷 ST1000DM003 1TB	容量：1 TB 转速：7200 r/min	399
固态硬盘	金士顿 G2 120GB M.2 2280	容量：120 GB	429
键盘	罗技 MK260 套装	接口：USB 与计算机连接方式：有线 是否人体工程键盘：是	120
鼠标	罗技 MK260 套装	鼠标类型：光电鼠标 接口类型：USB	/
液晶显示器	三星 S24E360HL	尺寸：24 英寸 分辨率：1920×1080	849
主板	华硕 PRIME B250M-PLUS	支持 CPU 类型：intel 处理器 内存插槽数量：4 DDR4 DIMM 最大支持内存容量：32 GB	729
电源	游戏悍将 80+ S500	额定功率：500 W	199
机箱	大水牛瑞廷		209
合计			4283

（来源：太平洋电脑网　2017 年 5 月数据）

1.2.3　安装计算机软件系统

步骤 1：认识计算机软件系统

微型计算机中的软件系统是整个计算机系统中的重要组成部分，没有配备任何软件的计算机是无法正常工作的。软件分为系统软件和应用软件两大类。

系统软件是管理、监控和维护计算机软硬件资源的软件。常见的系统软件有操作系统、程序设计语言处理程序、系统实用程序和工具软件等。

应用软件是为解决各种具体的应用问题而编制的程序，如文字处理软件、财务处理软件。

步骤 2：安装操作系统

操作系统是最基本、最重要的系统软件，它是用户和计算机的接口，换句话说，用户通过操作系统来使用计算机。

操作系统是对计算机软硬件资源进行全面管理的一种系统软件，它一般具有五大功能：CPU 管理、存储管理、外围设备管理、文件管理和作业管理。

操作系统的分类方法很多。若按用户数分，可分为单用户操作系统和多用户操作系统；若按任务数分，可分为单任务操作系统和多任务操作系统；若按使用功能分，可分为批处理操作系统、分时操作系统、实时操作系统、网络操作系统和分布式操作系统。

常见的微机操作系统有 MS-DOS（单用户单任务操作系统）、Windows 7/8/10（单用户多任务操作系统）、Windows Server 2016（网络操作系统）、Xenis（多用户分时操作系统）、Linux（多用户多任务操作系统）等。

根据小陈的要求，为计算机安装操作系统：Windows 7。

步骤 3：安装应用软件

应用软件是指某一应用领域具有特定功能的软件。应用软件可分为通用应用软件和专用应用软件。如 WPS、MS Office 2016 可称为通用应用软件；而某单位的财务管理软件则是专用应用软件。

正是由于应用软件的极大丰富，才使得计算机的应用日益广泛。

根据小陈的要求，为计算机安装的应用软件有：MS Office2016、Dreamweaver CS6、Flash CS6、Photoshop CS6、WinRAR V5.40、腾讯 QQ 8.9、暴风影音 5.70、金山词霸 2016、Foxit Reader 7.1。

任务拓展

任务一：配置一台 6 000 元左右的计算机

任务描述：写出硬件和软件的配置清单。要求购买的计算机能做文字处理、表格处理、网页制作、图形图像处理、软件开发、大型 3D 游戏等工作和娱乐，并对一般病毒有防毒和杀毒功能。

任务二：了解智能手机的硬件和软件系统

任务描述：了解当今最主流的 Android 和苹果手机的硬件和软件系统。

知识链接

1．总线

总线是一组用于信息传送的公共信号线，用于连接组成计算机的各主要部分：中央处理器、存储器和输入/输出设备。总线按其上面所传送的信息种类分为：地址总线、数据总线和控制总线。

总线是有标准的，常用微机主板上支持的总线类型有：ISA 总线、PCI 总线、AGP 总线和 PCI Express 总线。

（1）ISA 总线。ISA 总线采用 16 位数据总线，20 位地址总线，最高数据传输率为 8 Mbit/s。

（2）PCI 总线。PCI 总线采用 32 位数据总线，32 位地址总线，最高数据传输率为 133 Mbit/s。

（3）AGP 总线。AGP 总线数据传输率达 533 Mbit/s，具有图形加速功能。

（4）PCI Express 总线。PCI Express 是新一代的总线接口。PCI Express X16 支持双向数据传输，每向数据传输带宽高达 4 GB/s，双向数据传输带宽可达 8GB/s，相比之下，AGP 8X 数据传输只提供 2.1 GB/s 的数据传输带宽。

2．接口

当增加外围设备时，不能直接将外设挂在总线上，必须通过各种接口电路来转换信号，使外设能正常工作。微机中常用的接口类型有：总线接口、串行口、并行口、USB 接口。

（1）总线接口。主板一般能提供多种总线类型，如 ISA、PCI、AGP、PCI Express 的扩展槽，供用户插入相应的功能适配卡，如显卡、声卡、网卡等。

（2）串行口。串行口采用串行方式来传送信号（一位一位地传送）。主板上一般提供 COM1、COM2 两个串行口。

（3）并行口。并行口采用并行方式来传送信号（一次传送一个字节）。针式打印机一般连接在并行口上。

（4）USB 接口。通用串行总线（USB）是一种新型接口标准。目前 USB 接口有 3 个标准：USB 1.1、USB 2.0 和 USB 3.0，USB 1.1 接口标准的最高数据传输率为 12 Mbit/s，是串行口的 100 多倍，USB 2.0 接口标准的数据传输率已达 480 Mbit/s，而 USB 3.0 接口标准的数据传输率已高达 5 Gbit/s。

3．程序设计语言

利用计算机解决问题的基本手段是编制程序和运行程序。编制程序的过程称为程序设计。要进行程序设计，必须采用一定的语言，称为计算机语言或者程序设计语言。

从计算机语言的发展来看，计算机语言一般分为三类：机器语言、汇编语言和高级语言。其中机器语言和汇编语言属于低级语言。

1）机器语言

机器语言是由二进制序列组成的、CPU 能直接识别的程序设计语言。机器语言的每一条语句都是二进制形式的指令代码。因此，机器语言是从属于硬件的，随 CPU 的不同而不同。

因为机器语言的语句都是二进制指令码，所以，使用机器语言编程难度很大，不好记忆，容易出错，可读性差。目前几乎没有人使用机器语言直接编码。

2）汇编语言

汇编语言是对机器语言的改进。汇编语言采用助记符来代替机器语言的二进制指令代码，大大方便了记忆，增强了可读性。

显然，计算机不能直接识别和执行汇编语言编写的程序（称为汇编语言源程序），需要将汇编语言源程序"翻译"成机器语言程序，计算机才能识别和执行。把这一"翻译"过程称为"汇编"。当然，完成"汇编"的任务也是由程序自动进行的，完成汇编的程序称为汇编程序。

汇编语言和机器语言相比，尽管有了改进，但仍然离不开具体的机器，编程效率不高，很少人使用。有个别人用它来编写一些系统软件。

3）高级语言

20 世纪 50 年代中期，人们创造了高级语言。高级语言与人类自然语言接近，通用性、易用性好，而且不依赖于具体的机器。

显然，用高级语言编写的程序（称为高级语言源程序），计算机也不能直接识别并执行，必须经过"翻译"。翻译的方式有两种：一是编译方式；二是解释方式。它们所采用的翻译程序分别称为编译程序和解释程序。

编译方式是将整个高级语言源程序全部转换成机器指令，并生成目标程序，再将目标程序和所需的功能库等连接成一个可执行程序。这个可执行程序可以独立于源程序和编译程序而直接运行。

解释方式是将高级语言源程序逐句地翻译、解释，逐条执行，执行完后不保存解释后的机器代码，下次运行此源程序时还要重新解释。

高级语言种类很多，目前常用的多是面向对象的程序设计语言。例如：Visual Basic、C、C++、C#、Java 等，常用于编写应用软件。另外，C 语言因其编程效率高，常用于系统软件的编写。

1.3　任务 3　计算机的智能化发展

任务描述

1997 年，国际象棋世界冠军卡斯帕罗夫对 IBM 开发的国际象棋计算机"深蓝"拱手称臣；2006 年，浪潮天梭击败 5 位中国象棋特级大师；2016 年，谷歌围棋人工智能 AlphaGo 连续战胜当今围棋大师李世石、柯洁。由此可见，计算机的发展已经有了新的突破，我们有必要认识计算机的智能化发展。

任务分析

计算机智能化就是要求计算机能模拟人的感觉和思维能力。智能化的研究领域很多，其中最有代表性的领域是专家系统和机器人。本任务主要从人工智能、机器人和智能生活等方面认识计算机的智能化发展。

任务分解

本任务可以分解为以下 3 个子任务。

子任务 1：理解人工智能

子任务 2：了解机器人

子任务 3：了解智能生活

任务实施

1.3.1　理解人工智能

人工智能（Artificial Intelligence，AI）是研究、开发用于模拟、延伸和扩展人的智能的理论、方法、技术及应用系统的一门新的技术科学。人工智能是计算机科学的一个分支，它企图了解智能的实质，并生产出一种新的能以人类智能相似的方式做出反应的智能机器，该领域的研究包括机器人、语言识别、图像识别、自然语言处理和专家系统等。

人工智能的实际应用包括机器视觉、指纹识别、人脸识别、视网膜识别、虹膜识别、掌纹识别、专家系统、自动规划、智能搜索、定理证明、博弈、自动程序设计、智能控制、机器人学习、语言和图像理解、遗传编程等。

人工智能的主要成果包括人机对弈、模式识别（指纹识别、人像识别、文字识别、图像识别、车牌识别、语音识别）、自动工程（自动驾驶、印钞工厂、猎鹰系统 YOD 绘图）、知识工程（专家系统、智能搜索引擎、计算机视觉和图像处理、机器翻译和自然语言理解、数据挖掘和知识发现）。

1.3.2　了解机器人

机器人集新材料、机械、微电子、传感器、计算机、智能控制等多学科于一体，是高端装备制造业的重要组成部分。国际上常把机器人分为工业机器人和服务机器人两类。随着机器人技术的不断发展，机器人正在被应用到生产和生活的各个方面。

1. 工业机器人

工业机器人是面向工业领域的多关节机械手或多自由度的机器装置，它能自动执行工作，是靠自身动力和控制能力来实现各种功能的一种机器。它可以接受人类指挥，也可以按照预先编排的程序运行，现代的工业机器人还可以根据人工智能技术制定的原则纲领行动。

工业机器人的典型应用包括焊接、刷漆、组装、采集和放置（如包装、码垛和 SMT）、产品检测和测试等；所有工作的完成都具有高效性、持久性、速度和准确性。

2. 服务机器人

服务机器人是机器人家族中的一个年轻成员，可以分为专业领域服务机器人和个人/家庭服务机器人。服务机器人是一种半自主或全自主工作的机器人，它能完成有益于人类健康的服务工作，但不包括从事生产的设备。

服务机器人的应用范围很广，主要从事维护保养、修理、运输、清洗、保安、救援、监护等工作。服务机器人主要类型有护士助手、脑外科机器人、口腔修复机器人、进入血管机器人、智能轮椅、爬缆索机器人、户外清洗机器人等。

1.3.3　了解智能生活

智能生活是一种新内涵的生活方式。智能生活平台是依托云计算技术的存储，在家庭场景功能融合、增值服务挖掘的指导思想下，采用主流的互联网通信渠道，配合丰富的智能家居产品终端，构建享受智能家居控制系统带来的新的生活方式，多方位，多角度地呈现家庭生活中的更舒适、更方便、更安全和更健康的具体场景，进而共同打造出具备共同智能生活理念的智能社区。

依托智能生活平台，足不出户智能生活用户便能了解社区附近生活信息，通过广泛使用的智能手机可以一键连通商家服务热线，享受由他们提供的咨询和上门服务：借助各种智能家居终端产品定时传递自己的身体健康数据，云服务后台的专家及时会诊，及时提醒；定时智能门锁汇报当天的访客情况，甚至在您不在家的时候代为签收快递；您的智能灯泡也会及时汇报您当月的用电情况，并给出更合理的用电方案；您的冰箱将随时提醒您的采购项目和对应的健康指数，指导您实现合理饮食。

智能生活主要体现在以下几个方面：

1. 智能家居

智能家居又称智能住宅，当家庭智能网络将家庭中各种各样的家电通过家庭总线技术连接在一起时，就构成了功能强大、高度智能化的现代智能家居系统。

2. 智能交通

建设"数字交通"工程，通过监控、监测、交通流量分布优化等技术，完善公安、城管、公路等监控体系和信息网络系统，建立以交通诱导、应急指挥、智能出行、出租车和公交车管理等系统为重点的、统一的智能化城市交通综合管理和服务系统建设，实现交通信息的充分共享、公路交通状况的实时监控及动态管理，全面提升监控力度和智能化管理水平，确保交通运输安全、畅通。

3．智能物流

配合综合物流园区信息化建设，推广射频识别（RFID）、多维条码、卫星定位、货物跟踪、电子商务等信息技术在物流行业中的应用，加快基于物联网的物流信息平台及第四方物流信息平台建设，整合物流资源，实现物流政务服务和物流商务服务的一体化，推动信息化、标准化、智能化的物流企业和物流产业发展。

4．智能健康体系

建立全市居民电子健康档案；以实现医院服务网络化为重点，推进远程挂号、电子收费、数字远程医疗服务、图文体检诊断系统等智慧医疗系统建设，提升医疗和健康服务水平。

5．智能安防

充分利用信息技术，完善和深化"平安城市"工程，深化对社会治安监控动态视频系统的智能化建设和数据的挖掘利用，整合公安监控和社会监控资源，建立基层社会治安综合治理管理信息平台；积极推进市级应急指挥系统、突发公共事件预警信息发布系统、自然灾害和防汛指挥系统、安全生产重点领域防控体系等智慧安防系统建设；完善公共安全应急处置机制，实现多个部门协同应对的综合指挥调度，提高对各类事故、灾害、疫情、案件和突发事件的防范和应急处理能力。

任务拓展

任务：详细了解人机对弈

任务描述：详细了解谷歌围棋人工智能 AlphaGo 连续战胜当今围棋大师的情况，了解人工智能的进步。

1.4　任务 4　计算机常用安全设置及杀毒软件的基本操作

任务描述

2017 年 5 月 12 日 20 时左右，全球爆发大规模软件勒索病毒，被感染主机上的重要文件（如照片、图片、文档、压缩包、音频、视频、可执行程序等几乎所有类型的文件）都被加密，只有缴纳高额赎金才能解密资料和数据。全球至少 150 个国家、30 万名用户中招，已经影响到金融、能源、医疗等众多行业，造成严重的危机管理问题。我国大量行业企业内网大规模感染，教育网受损严重，攻击造成了教学系统瘫痪，甚至包括校园一卡通系统。

面对如此猖獗的病毒，必须为小陈购买的组装计算机安装杀毒软件和防护软件，防止病毒入侵，保证计算机的安全运行。

任务分析

实现本任务首先要了解计算机病毒和杀毒软件的相关知识，然后选择一款杀毒软件安装，并做一些安全设置。

任务分解

本任务可以分解为以下 3 个子任务。

子任务 1：认识计算机病毒

子任务 2：计算机常用安全设置

子任务 3：常用杀毒软件的使用

任务实施

1.4.1 认识计算机病毒

随着计算机应用的日益广泛和计算机网络的普及，计算机的安全问题日益显得重要。目前危害计算机安全的主要是计算机病毒。

步骤1：认识病毒的概念

计算机病毒是指入侵并隐藏在计算机系统内，对计算机系统具有破坏作用且能自我复制的计算机程序。

步骤2：认识病毒的特点

计算机病毒往往具有下列特点：

（1）隐蔽性。计算机病毒不易被觉察和发现。

（2）潜伏性。计算机病毒常常寄生在其他程序中，没有一定条件的激发它不一定发作。

（3）激发性。计算机病毒一般通过一定条件的激发才发作，该条件可以是某个特定时间或日期或某一特定的操作等。

（4）传播性。计算机病毒都具有自我复制能力，有很强的传染性。

（5）破坏性。多数病毒都具有破坏性，其主要表现为：占用系统资源、破坏数据、干扰计算机的正常运行，严重的会摧毁整个计算机系统。

步骤3：了解病毒的分类

计算机病毒的分类很多。若按寄生方式分，可分为引导型病毒、文件型病毒和复合型病毒。若按入侵方式分，可分为操作系统型病毒、源码型病毒、外壳型病毒和入侵型病毒。

引导型病毒是把自身存入系统的引导区内，当系统启动时，病毒程序首先被执行，使得系统被病毒所控制；文件型病毒专门感染可执行文件；复合型病毒既具有引导型病毒的特征，又感染可执行文件。

步骤4：了解病毒的传播途径

计算机病毒的传播途径主要有：

（1）U盘。

（2）网络。

1.4.2 计算机常用安全设置

在安装完必备软件之后，为了保证计算机的安全运行，有必要进行常用的安全设置。

步骤1：安装杀毒软件，并及时升级病毒库

常用杀毒软件有：360杀毒、ESET NOD32、McAfee、Kaspersky、小红伞等。

步骤2：及时修补操作系统漏洞（打补丁）

利用360安全卫士、金山卫士、腾讯电脑管家等软件修复系统漏洞。

步骤3：关闭不用的网络端口

不用的网络端口有：445、135、137、138、139。

默认情况下，Windows有很多端口是开放的，在上网时，网络病毒和黑客可以通过这些端口连上用户的计算机。因此，为了安全，可以关闭不用的端口。具体方法如下：

（1）打开"控制面板"窗口，打开"Windows防火墙"窗口。

（2）单击左侧"高级设置"超链接。

（3）打开"高级安全 Windows 防火墙"窗口，单击"入站规则"，打开"入站规则"窗口，再右击"入站规则"超链接，在弹出的快捷菜单中选择"新建规则"命令，选择"端口"。

（4）在"特定本地端口"文本框中输入要关闭的端口，如 445。

（5）选择阻止连接。

（6）输入规则名称。

步骤 4：关闭 Windows 系统的自动播放功能

现在，U 盘的使用频率非常高，基于 U 盘传播的病毒更是不胜枚举。这些病毒大多利用 Windows 自动播放的功能。所以建议大家把 Windows 的自动播放功能关掉。选择"开始"→"运行"命令，在"运行"对话框中输入"gpedit.msc"，打开"组策略"窗口，依次选择"在计算机配置"→"管理模板"→"系统"，双击"关闭自动播放"，在"设置"选项卡中选择"已启用"选项，最后单击"确定"按钮即可。

步骤 5：禁用服务

打开"控制面板"窗口，进入"管理工具"窗口，双击"服务"选项，打开"服务"窗口，禁止以下服务：

（1）Server——使计算机通过网络的文件、打印和命名管道共享。

（2）Remote Registry——使远程计算机用户修改本地注册表。

步骤 6：保护安全模式

安全模式是 Windows 操作系统中的一种特殊模式。在安全模式下用户可以轻松地修复系统的一些错误，起到事半功倍的效果。安全模式的工作原理是在不加载第三方设备驱动程序的情况下启动计算机，使计算机运行在系统最小模式，这样用户就可以方便地检测与修复计算机系统的错误。同时，由于进入安全模式只有系统最基本的组件在运行，多余的程序驱动全都不会启动，因此，这是杀毒的最佳环境，因为病毒通常会用驱动伪装自己，在安全模式下就无所遁形了。用户须保护好安全模式。

选择"开始"→"运行"命令，在"运行"对话框中输入"regedit"，在注册表编辑器中定位到[HKEY_LOCAL_MACHINE\SYSTEM\CurrentControlSet\Control\SafeBoot]，右击 SafeBoot，在弹出的快捷菜单中选择"权限"命令，设置每个用户或组的权限为只能读取。

步骤 7：保护映像劫持 IFEO

映像劫持（Image File Execution Options，IFEO）（其实应该称为"Image Hijack"）是为一些在默认系统环境中运行时可能引发错误的程序执行体提供特殊的环境设定。但是它有可能会被病毒利用。遭遇流行"映像劫持"病毒的系统表现为常见的杀毒软件、防火墙、安全检测工具等均提示"找不到文件"或执行了没有反应，但是将这个程序改个名字，就发现它又能正常运行了。用户须保护好 IFEO。

选择"开始"→"运行"命令，在"运行"对话框中输入"regedit"，在注册表编辑器中定位到[HKEY_LOCAL_MACHINE\SOFTWARE\Microsoft\Windows NT\CurrentVersion\Image File Execution Options]，右击 Image File Execution Options，在弹出的快捷菜单中选择"权限"命令，设置每个用户或组的权限为只能读取。

1.4.3　常用杀毒软件的使用

以 360 杀毒软件 5.0 为例，介绍杀毒软件的使用。

安装后的 360 杀毒软件界面很清晰简单，如图 1-17 所示。功能分为三大模块，分别为系统安全、系统优化和系统急救。

1．系统安全模块

系统安全功能主要包含病毒查杀、人工服务、安全沙箱、防黑加固和手机助手。

图 1-17   360 杀毒软件主界面

病毒查杀功能有两种扫描方式：

（1）快速扫描。仅扫描计算机的关键目录和极易有病毒隐藏的目录，这个功能适合不想花费大量时间进行扫描的人用，如果在使用计算机的过程中出现异常还要节省时间就选择这个功能进行扫描。

（2）全盘扫描。对计算机的所有分区进行扫描，这是最全面的扫描方式，通过一段时间的全盘扫描过程，把对操作系统进行破坏的程序查杀出来，通过查看扫描的结果就能查看出已经扫描出的病毒和已经被处理查杀隔离的病毒，非常的清晰明了、方便快捷。

2．系统优化模块

系统优化功能主要包括弹窗拦截、软件管家、上网加速、文件粉碎机、垃圾清理、进程追踪器和软件净化。

3．系统急救模块

系统急救功能主要包括杀毒急救盘、系统急救箱、断网急救箱、备份助手和修复杀毒。

任务拓展

任务：安装 ESET NOD32 10.0 杀毒软件

任务描述：下载、安装 ESET NOD32 10.0 杀毒软件，并设置该杀毒软件。

小　　结

本单元介绍了计算机的发展简史及应用领域；进位计数制（十进制、二进制、八进制、十六进制）及它们之间的转换。计算机中常用的数据单位有位（b）、字节（B）、KB、MB、GB、TB 等；常用的信息编码有 ASCII 码、汉字交换码、内码、外码、字形码等；介绍了计算机的智能化发展；重点介绍了计算机系统的组成、微机的硬件系统和软件系统；最后介绍了计算机病毒的防治和安全操作。

习　　题

一、选择题

1. 编译程序的最终目标是（　　　）。

　A. 发现源程序中的语法错误

　B. 将某一高级语言程序翻译成另一高级语言程序

　C. 将源程序编译成目标程序

D. 改正源程序中的语法错误

2. CAD 表示为 (　　)。

A. 计算机辅助设计　　　　　　　　　　　B. 计算机辅助制造

C. 计算机辅助教学　　　　　　　　　　　D. 计算机辅助军事

3. 将十进制数 65 转换为二进制数是 (　　)。

A. 1000011　　　　B. 1000111　　　　C. 1000001　　　　D. 1000010

4. 二进制数 1010.001 对应的十进制数是 (　　)。

A. 11.33　　　　　B. 10.125　　　　　C. 12.755　　　　D. 16.75

5. 十六进制数 1A3 对应的十进制数是 (　　)。

A. 419　　　　　　B. 309　　　　　　C. 209　　　　　　D. 579

6. 32×32 点阵的字形码需要 (　　) 存储空间。

A. 32 B　　　　　B. 64 B　　　　　　C. 72 B　　　　　　D. 128 B

7. 1 KB 的存储空间能存储 (　　) 个汉字国标 (GB 2312—1980) 码。

A. 1024　　　　　B. 512　　　　　　C. 256　　　　　　D. 128

8. 某汉字的区位码是 2534，它的国际码是 (　　)。

A. 4563H　　　　　B. 3942H　　　　　C. 3345H　　　　　D. 6566H

9. 在一个非零无符号二进制整数之后添加一个 0，则此数的值为原数的 (　　) 倍。

A. 4　　　　　　　B. 2　　　　　　　C. 1/2　　　　　　D. 1/4

10. 一台计算机可能会有多种多样的指令，这些指令的集合就是 (　　)。

A. 指令系统　　　　B. 指令集合　　　　C. 指令群　　　　　D. 指令包

11. 能把汇编语言源程序翻译成目标程序的程序称为 (　　)。

A. 编译程序　　　　B. 解释程序　　　　C. 编辑程序　　　　D. 汇编程序

12. 在下列字符中，其 ASCII 码值最大的一个是 (　　)。

A. 9　　　　　　　B. e　　　　　　　C. M　　　　　　　D. Y

13. 若已知一汉字的国标码是 5E38H，则其机内码是 (　　)。

A. DEB8H　　　　　B. DE38H　　　　　C. 5EB8H　　　　　D. 7E58H

14. SRAM 存储器是 (　　)。

A. 静态随机存储器　　B. 静态只读存储器　　C. 动态随机存储器　　D. 动态只读存储器

15. 下列存储器中，CPU 能直接访问的是 (　　)。

A. 软盘存储器　　　　B. 内存储器　　　　C. CD-ROM　　　　D. 硬盘存储器

16. 磁盘格式化时，被划分为一定数量的同心圆磁道，软盘上最外圈的磁道是 (　　)。

A. 0 磁道　　　　　B. 39 磁道　　　　　C. 1 磁道　　　　　D. 80 磁道

17. 用 MIPS 为单位来衡量计算机的性能，它指的是计算机的 (　　)。

A. 传输速率　　　　B. 存储器容量　　　C. 字长　　　　　　D. 运算速度

18. 用 8 个二进制位能表示的最大的无符号整数等于十进制整数 (　　)。

A. 127　　　　　　B. 128　　　　　　C. 255　　　　　　D. 256

19. 对于 ASCII 码在机器中的表示，下列说法正确的是 (　　)。

A. 使用 8 位二进制代码，最右边一位是 0　　　　B. 使用 8 位二进制代码，最右边一位是 1

C. 使用 8 位二进制代码，最左边一位是 0　　　　D. 使用 8 位二进制代码，最左边一位是 1

20. 根据汉字国标码 GB 2312—1980 的规定，将汉字分为一级汉字和二级汉字两个等级，其中一级汉字按 (　　) 排列。

A. 部首顺序　　　　B. 笔画多少　　　　C. 使用频率多少　　　D. 汉语拼音字母顺序

21. 计算机病毒可以使整个计算机瘫痪，危害极大。计算机病毒是（　　　）。

    A. 一种芯片　　　　　　　　B. 一段特制的程序　　C. 一种生物病毒　　　　D. 一条命令

22. 下列关于计算机的叙述中不正确的是（　　　）。

    A. 软件就是程序、关联数据和文档的总和　　　　　　B. Alt 键又称控制键

    C. 断电后，信息会丢失的是 RAM　　　　　　　　　D. MIPS 是表示计算机运算速度的单位

23. 假设给定一个十进制整数 D，转换成对应的二进制整数 B，那么就这两个数字的位数而言，B 与 D 相比，
（　　　）。

    A. 数字 B 的位数<数字 D 的位数　　　　　　　　B. 数字 B 的位数≥数字 D 的位数

    C. 数字 B 的位数>数字 D 的位数　　　　　　　　D. 数字 B 的位数≤数字 D 的位数

24. 冯•诺依曼体系结构的计算机包含的五大部件是（　　　）。

    A. 输入设备、运算器、控制器、存储器、输出设备

    B. 键盘、主机、显示器、磁盘机、打印机

    C. 输入/输出设备、运算器、控制器、内/外存储器、电源设备

    D. 输入设备、中央处理器、只读存储器、随机存储器、输出设备

25. 已知字符 A 的 ASCII 码是 01000001B，ASCII 码为 01000111B 的字符是（　　　）。

    A. D　　　　　　　　B. E　　　　　　　　C. F　　　　　　　　D. G

26. 存储一个 48×48 点的汉字字形码，需要（　　　）字节空间。

    A. 512　　　　　　　B. 288　　　　　　　C. 256　　　　　　　D. 72

27. 显示或打印汉字时，系统使用的是汉字的（　　　）。

    A. 机内码　　　　　　B. 字形码　　　　　　C. 输入码　　　　　　D. 国标码

28. 组成计算机指令的两部分是（　　　）。

    A. 数据和字符　　　　B. 操作码和地址码　　C. 运算符和运算数　　D. 运算符和运算结果

29. 计算机软件分为系统软件和应用软件两大类，其中（　　　）是系统软件的核心。

    A. 数据库管理系统　　B. 操作系统　　　　　C. 程序设计语言　　　D. 财务管理系统

30. 计算机操作系统的主要功能是（　　　）。

    A. 对计算机的所有资源进行控制和管理，为用户使用计算机提供方便

    B. 对源程序进行翻译

    C. 对用户数据文件进行管理

    D. 对汇编语言程序进行翻译

二、操作题

以本单元项目为背景，调研目前你所在地区的计算机硬件配置行情，仿照表 1-7 列出更新的硬件配置清单；列出建议安装的新的软件清单（包括软件种类的更新及软件版本的更新）。

单元 二

Windows 7 的应用

【学习目标】

Windows 7 是由微软公司发布的具有革命性变化的操作系统。该系统旨在让人们的日常计算机操作更加简单和快捷，为人们提供高效易行的工作环境。Windows 7 可供家庭及商业工作环境、笔记本式计算机、平板电脑、多媒体中心等使用。

通过本单元的学习，读者将掌握以下技能：

- Windows 操作系统的基本概念和常用术语
- Windows 7 的启动与退出
- Windows 7 的个性化设置
- Windows 7 中文输入法的安装与使用
- Windows 7 的文件及文件夹管理
- Windows 7 的软/硬件的安装与使用
- Windows 7 的磁盘管理与任务管理
- Windows 7 的用户管理

2.1 任务 1 打造个性化计算机办公环境

任务描述

作为会计师事务人力资源部行政秘书，小李日常工作主要负责各类文件的管理、打印与分发，员工培训组织等工作。9 月下旬，人力资源部要对在职项目经理进行 2017 第三季度定期业务培训，由小李负责该培训的组织与安排。为此，公司为培训配备了一台新计算机，该计算机已预装 Windows 7 操作系统和 Office 2010 办公软件。

小李需要快速熟悉该操作系统，对该计算机机进行一些简单的个性化设置（包括桌面主题、窗口护眼模式、设置屏幕保护程序、显示器分辨率等）。根据培训需要，小李还需要为新机器安装常用的汉字输入法，满足不同培训人员对输入法的要求，如"五笔输入法"。此外，小李还要用文字处理软件，完成"关于 2017 第三季度项目经理定期培训的通知"的输入与保存。

任务分析

本任务要求学习者熟悉 Windows 7 操作系统的用户环境，掌握 Windows 7 的启动与退出方法，熟悉 Windows 7 的桌面、图标、开始菜单、任务栏、应用程序窗口等组成元素与基本操作，了解 Windows 7 常用应用程序的调用方法及窗口操作。

要求学习者能够通过"控制面板"的"外观与个性化"设置更改计算机的视觉效果，打造个性化办公环境。包括设置桌面主题、桌面背景、窗口颜色、屏幕保护程序、屏幕分辨率等。

要求学习者能够进行常用输入法的安装，并能在常用文字处理软件中调用熟悉的输入法完成文字的录入与文档的保存工作。

任务分解

本任务可以分解为以下 3 个子任务。

子任务 1：熟悉 Windows 7 的工作环境

子任务 2：Windows 7 的个性化设置

子任务 3：Windows 7 中文输入法的安装与使用

任务实施

2.1.1 熟悉 Windows 7 的工作环境

步骤 1：启动 Windows 7

打开显示器电源，再按下主机电源按钮，启动 Windows 7。

启动过程中，先出现正常启动 Windows 的界面，如未设置用户密码或添加用户账户，计算机在显示欢迎界面后直接进入 Windows 7 桌面。

如果计算机设置用户密码或已添加多个用户账户，则要求用户选择用户身份并输入相应密码后，按【Enter】键或单击后面的 ➡ 按钮进入相应的系统并显示进入 Windows 7 桌面，图 2-1 所示为 Windows 7 用户欢迎界面和初始桌面。

图 2-1　Windows 7 用户欢迎界面和初始桌面

步骤 2：熟悉 Windows 7 的桌面构成

Windows 7 的桌面构成相当简洁，主要包括桌面背景、图标、快捷方式图标、"开始"按钮、任务栏等部分，如图 2-2 所示。

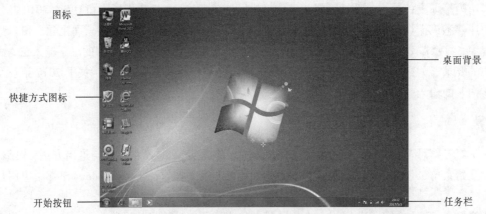

图 2-2　Windows 7 的桌面

1. 桌面背景

桌面背景是操作系统为用户提供的一个图形界面，作用是让系统的外观变得更美观。用户可根据需要更换不同的桌面背景，具体设置方法会在"2.1.2 Windows 7 的个性化设置"中介绍。

2. 图标与快捷方式图标

桌面上的每个图标代表一个程序、文件/文件夹或其他项目。双击某个图标即可启动相应的程序或打开它所代表的项目。如图 2-3 所示的"计算机""回收站"图标。

桌面上还有一种快捷方式图标，其左下角用一个小箭头标识，如图 2-3 所示的 Microsoft Word 2010、腾讯 QQ 快捷方式图标。这些快捷方式图标一般是在安装了新程序后自动生成，或者由用户根据自己的需要为经常使用的程序或访问的文档创建，从而快速访问相应的程序、文件及计算机资源。具体快捷方式的创建与管理会在本单元"2.2   任务 2 Windows 7 的软、硬件管理"中介绍。图 2-4 所示为"新建文件夹"文件夹图标与快捷方式图标的对比，可清楚看到两者的区别。

图 2-3 Windows 7 常见图标

图 2-4 图标与快捷方式图标对比

技巧与提示

（1）快捷方式图标仅仅提供到所代表的程序或文件的链接。添加或删除该图标不会影响实际的程序或文件。

（2）用户首次进入 Windows 7 操作系统的时候，会发现桌面上只有一个回收站图标，诸如计算机、网络、用户的文件和控制面板这些常用的系统图标都没有显示在桌面上，因此需要在桌面上添加这些系统图标。具体桌面图标设置方法在任务后知识拓展部分介绍。

---

3. "开始"按钮与"开始"菜单

位于桌面左下角的■按钮即为"开始"按钮，单击"开始"按钮或者按键盘上的 Windows 徽标键，即可打开"开始"菜单，如图 2-5 所示。

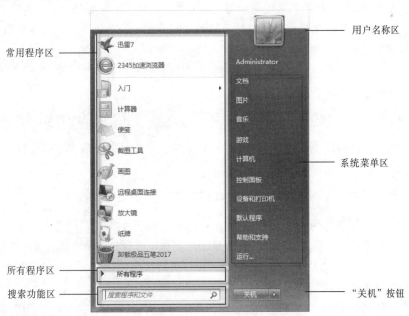

图 2-5 Windows 7 的"开始"菜单

"开始"菜单由常用程序区、所有程序区、搜索功能区、用户名称区、系统菜单区、"关机"按钮等部分组成。

● 常用程序区：位于左边大窗格，显示计算机上常用程序列表。

- 所有程序区：位于左边大窗格下端，选择"所有程序"显示所有程序的完整列表。
- 搜索功能区：位于左边窗格的底部，在"搜索框"框中输入搜索内容可在计算机上查找程序和文件。
- 用户名称区：位于右边窗格顶部，显示用户头像和用户名称。
- 系统菜单区：位于右边窗格，提供对系统常用文件夹、文件、设置和功能的访问。
- "关机"按钮：位于右边窗格的底部，用于注销 Windows 或关闭计算机等操作。

技巧与提示

　　Windows 7 的"开始"菜单中加入了强大的搜索功能，通过使用该功能，利用搜索文本框在程序、文档、网络中快速查找相关的对象。该搜索方法是在计算机上查找项目的最便捷方法之一。其搜索将遍历所有程序以及个人文件夹（包括"文档""图片""音乐""桌面"以及其他常见位置）中的所有文件夹。

4．任务栏

　　默认情况下任务栏位于桌面的底端，是一个长条形区域（见图 2-6），任务栏上的按钮可以方便用户快捷地启动和切换应用程序。任务栏主要由快速启动栏、已打开的应用程序区、通知区域、显示桌面按钮 4 部分组成，如图 2-7 ~ 图 2-9 所示。

图 2-6　Windows 7 的任务栏

图 2-7　快速启动栏　　　　　图 2-8　已打开应用程序区　　　图 2-9　通知区域与显示桌面按钮

　　（1）快速启动栏。位于任务栏左侧，用于快速启动相应的应用程序。

　　（2）已打开程序区。任何时候打开程序、文件夹或文件，Windows 都会在任务栏已打开程序区域上创建对应的按钮。单击这些程序按钮，可以实现在不同程序间的窗口切换。

　　（3）通知区域。位于任务栏的最右侧，包括时钟以及一些告知特定程序和计算机设置状态的图标。如当前输入法、音量控制、电源状态、网络状态和系统时间等。单击通知区域中的图标通常会打开与其相关的程序或设置。

　　（4）显示桌面按钮。Windows 7 操作系统在任务栏的右侧设置了一个矩形的"显示桌面"按钮，如图 2-9 所示。当用户单击该按钮时，即可快速返回桌面。

　　有很多方法可以自定义任务栏来满足用户的偏好，可以将常用程序锁定到任务栏，或从任务栏解锁。具体设置方法会在"2.1.2　Windows 7 的个性化设置"中介绍。

步骤 3：熟悉 Windows 7 的窗口操作

Windows 操作系统又称视窗操作系统，因为整个操作系统的操作是以窗口为主体进行的。

1．打开"计算机"窗口

双击"桌面"上的"计算机"图标，打开"计算机"窗口，如图 2-10 所示。

2．观察 Windows 7 窗口的组成

标题栏与控制按钮：该栏位于窗口的顶部，通常显示当前程序或窗口名称。其右端由"最小化"按钮 ➖、"最大化"按钮 ▢ 和"关闭"按钮 ✖ 组成，可以分别对窗口进行最小化、最大化和关闭操作。按住鼠标左键拖动窗口标题栏，可对窗口位置进行调整。

地址栏：地址栏用于确定当前窗口在系统中的位置，其左侧是醒目的"前进"与"后退"按钮。用于快速打开浏览过的窗口。用户可以通过在地址栏中输入或单击其右侧的 ▾ 按钮，在弹出的下拉列表中选择要打开的窗口地址。

搜索栏：地址栏的右侧。用于快速检索系统中的文件。

图 2-10　"计算机"窗口

快速访问栏目：位于窗口左侧。其中列出了一些使用频率较高文件的位置，用于帮助用户快速定位到相应的文件夹。

内容栏：用于显示当前窗口中存放的资源，包括磁盘、文件或文件夹等。

详细信息栏：用于显示系统信息或选中的文件详细信息。

3. 窗口操作

1）调整窗口位置

拖动"标题栏"——当窗口处于非最大化或最小化状态时，用鼠标拖动要移动窗口的"标题栏"至合适的位置，释放即可。

2）调整窗口大小

最小化或最大化按钮——单击窗口控制栏右侧的"最小化"按钮 或"最大化"按钮 。

拖动窗口边框——将鼠标指针移动到窗口上下边框上，当鼠标指针变成 ↕ 形状时，拖动鼠标改变窗口高度，或移动到左右边框上，当指针变成 ↔ 形状时，拖动鼠标改变窗口宽度；或将鼠标指针移动到窗口的四个角上，当指针变成 ↖、↗ 形状时，拖动鼠标调整到合适的尺寸后释放鼠标即可，如图 2-11 所示。

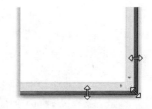

图 2-11　窗口大小调整示意图

3）窗口的关闭

方法 1：单击"关闭"按钮 。

方法 2：按【Alt+F4】组合键。

此外，对左上角有控制按钮的窗口，可以通过双击控制按钮，或从控制菜单中选择"关闭"命令等方式关闭窗口。

4）启动多个应用程序窗口

启动 Windows 7 附件中的常用程序："记事本"、Windows Media Player 和"画图"程序。

（1）启动"记事本"程序，浏览"D:\Win 7\text\ Win 7 的特性.txt"。

单击"开始"按钮 ，在弹出的"搜索"框中输入"记事本"，如图 2-12 所示。从菜单上方 Windows 7 同步显示搜索到的符合条件的程序列表中选择 "记事本"启动该程序。

将"D:\Win7\text\ Win 7 的特性.txt"拖入该应用程序窗口，即可浏览该文件内容，如图 2-13 所示。

（2）启动 Windows Media Player 程序，播放"D:\Win7\music\喜悦的泪珠.mp3"。

单击"开始"按钮 ，在弹出的"搜索"框中输入 Windows Media Player。在查找到的程序列表中选择 Windows Media Player 启动该程序。将"D:\Win7\music\喜悦的泪珠.mp3"拖入该窗口，即可欣赏该音乐，如图 2-14 所示。

图 2-12 程序定位窗口

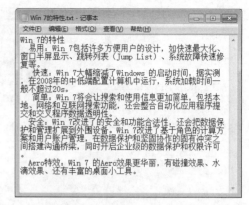

图 2-13 "记事本"程序窗口

（3）启动"画图"程序，查看并修改"D:\Win7\backgroud\ wallpaper-1.jpg"。

单击"开始"按钮 ，在弹出的"搜索"框中输入"画图"。在查找到的程序列表中选择"画图"启动该程序。将"D:\Win7\backgroud\ wallpaper-1.jpg"拖入该窗口，即可浏览或使用画图工具对该图像进行绘制，如图 2-15 所示。

图 2-14 Windows Media Player 程序窗口

图 2-15 "画图"程序窗口

技巧与提示

Windows 7 中启动应用程序的方法很多，大体如下：

① 通过桌面快捷方式启动应用程序。

② 通过锁定到任务栏中的图标启动应用程序。

③ 通过"开始"菜单启动应用程序。

④ 通过浏览驱动器和文件夹启动应用程序。

⑤ 通过"运行"对话框启动应用程序。

⑥ 打开与应用程序相关联的文档或数据文件。

5）多窗口的排列

Windows 7 操作系统提供了层叠窗口、堆叠显示窗口和并排显示窗口 3 种窗口排列方法，如图 2-16 所示。通过多窗口排列，可以使窗口排列更加整齐，方便用户进行各种操作。右击任务栏的空白处，在弹出的快捷菜单中可以选择窗口的排列方式。

（a）层叠窗口

（b）堆叠显示窗口

（c）并排显示窗口

图 2-16　多窗口的排列方式示意图

右击任务栏空白位置，从弹出的快捷菜单中选择相应的窗口排列方式，如图 2-17 所示。

6）多窗口切换

当用户打开了多个窗口时，经常需要在各个窗口之间切换。Windows 7 提供了窗口切换时的同步预览功能，可以实现丰富实用的界面效果，方便用户切换窗口。

图 2-17　多窗口的排列方式设置

方法 1：单击任务栏中的相应按钮。

方法 2：单击需切换窗口的任意位置。

方法 3：使用【Alt+Tab】组合键。即先按住【Alt】键不放，然后按【Tab】键。此时屏幕中央会出现一个小窗口，如图 2-18 所示，其中列出所有正在运行的程序图标，按【Tab】键可在图标间进行切换，直至切换到所需的程序图标，松手即可。

图 2-18　【Alt+Tab】窗口切换画面

方法 4：【❖+Tab】键的 3D 切换效果。即先按住【❖】键不放，然后按【Tab】键。此时屏幕上会出现循环滚动的程序窗口，如图 2-19 所示，按【Tab】键，当需要切换的程序窗口位于最前时，松手即可。

图 2-19　【❖+Tab】键的 3D 切换画面

步骤 4：Windows 7 的退出

单击"开始"按钮，单击"关机"按钮（见图 2-20），当屏幕上显示"现在您可以安全地关闭计算机了"，再关闭电源。

在关闭计算机电源之前，一定要通过"开始"菜单→"关机"按钮退出 Windows 7 操作系统，否则有可能破坏未被保存的文件或还在运行的程序。若未退出 Windows 7 就强制关机，在下次启动时，系统会自动执行磁盘扫描程序，保证系统稳定。但强制关机有时也会造成致命的错误并导致系统无法再次启动。

图 2-20　关闭 Windows 7 操作系统

技巧与提示

计算机长时间闲置的时候，Windows 7 除了关机之外，用户还可以考虑将计算机设置为休眠或睡眠状态，如图 2-21 所示。与关机相比，休眠和睡眠不需要关闭正在进行的工作，计算机唤醒后，所有打开的程序、窗口马上恢复至休眠或睡眠之前的状态，方便用户继续完成中断的工作。同时，唤醒的速度比开机快得多。

图 2-21　Windows 7 的休眠或睡眠功能

在大多数计算机上，用户可以通过按计算机电源按钮恢复工作状态。但是，并不是所有的计算机都一样。用户可能能够通过按键盘上的任意键、单击鼠标或打开便携式计算机的盖子来唤醒计算机。

具体方法：单击"开始"按钮→单击"关机"按钮后的三角按钮▶，在下级菜单中选择相应命令。

2.1.2　Windows 7 的个性化设置

小李希望对新计算机进行一些个性化设置。首先他想把桌面背景换成培训专题相关的桌面主题、桌面背景、窗口颜色、屏幕保护程序；然后，设置适合的显示器分辨率为 1280×800，添加"时钟"等小工具到用户桌面。最后，将常用的"Microsoft Word 2010"程序锁定到任务栏中，以方便日常快速调用。

步骤1：打开"个性化"窗口

选择"开始"→"控制面板"命令，单击"外观和个性化"按钮，如图 2-22 所示，打开"个性化"窗口，如图 2-23 所示。

图 2-22　打开"个性化"窗口

图 2-23　"个性化"窗口

也可以右击桌面空白位置，在弹出的快捷菜单中选择"个性化"命令，打开"个性化"窗口。

步骤 2：个性化桌面主题

在图 2-24 所示的窗口中，选择"Aero 主题"中的"自然"主题。

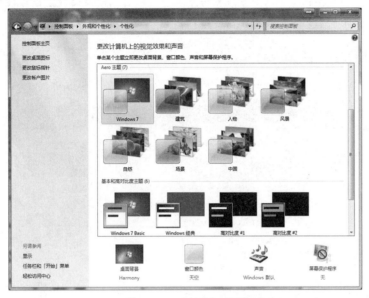

图 2-24　选择桌面主题

技巧与提示

当安装新操作系统后，大家所做的第一件事就是通过改变桌面和主题来让它耳目一新。桌面主题是图标、字体、颜色、声音和其他窗口元素预定义的集合，它使用户桌面具有统一的外观。Windows 7 的默认桌面主题是 Aero 的 Windows 7。

步骤 3：个性化桌面背景

（1）在"个性化"窗口中，单击下端的"桌面背景"按钮，打开"桌面背景"窗口，如图 2-25 所示。

图 2-25　"桌面背景"设置窗口

（2）单击图片位置后的"浏览"按钮，选择"D:\Win7\background\ wallpaper-3.jpg"作为桌面背景。

（3）在"图片位置"处将选项设置为"适应"。

（4）单击"保存修改"按钮，完成自定义桌面背景设置。

 技巧与提示

　　Windows 7 的默认桌面是 Windows。用户可根据个人喜好对自己的桌面背景进行设置，将桌面背景设置为自己喜欢的一张图片或多张图片，当选定多张图片时，系统会创建一个幻灯片。

步骤 4：个性化窗口颜色与外观

（1）在"个性化"窗口中，单击下端的"窗口颜色"按钮，打开"窗口颜色和外观"窗口，如图 2-26 所示。

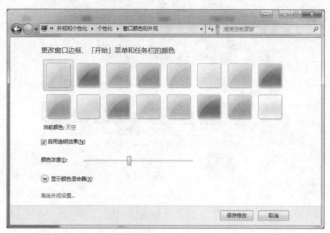

图 2-26　"窗口颜色和外观"设置窗口

（2）选择"天空"颜色，作为设置窗口边框、开始菜单和任务栏的颜色。

（3）单击"保存修改"按钮，完成自定义窗口颜色和外观设置。

 技巧与提示

　　在"窗口颜色和外观"窗口中可对模块色调、显示风格进行调整，只要用户的硬件条件达到了可支持 Aero 效果的水准，那么同样可以通过 Windows 7 系统实现非常炫目的窗口切换效果。

步骤 5：个性化屏幕保护程序

（1）在"个性化"窗口中，单击下端的"屏幕保护程序"按钮，进入"屏幕保护程序设置"对话框，如图 2-27 所示。

（2）将屏幕保护程序设置为"彩带"，等待时间设置为 5 分钟，并观看预览效果。

（3）单击"预览"按钮可查看设置效果。单击"应用"按钮，完成屏幕保护程序设置。

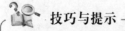 **技巧与提示**

　　屏幕保护程序不仅能提供赏心悦目的画面，还可以在用户离开计算机时防止他人查看用户屏幕上的内容。

步骤 6：调整显示器分辨率

（1）右击桌面空白位置，在弹出的快捷菜单中选择"屏幕分辨率"命令，打开"屏幕分辨率"窗口。

图 2-27　"屏幕保护程序设置"对话框

（2）拖动"显示器"下的滚动条将屏幕分辨率调整至 1280×800 像素，如图 2-28 所示。

图 2-28　"屏幕分辨率"设置窗口

（3）单击"确定"按钮，完成屏幕分辨率设置。

　技巧与提示

屏幕分辨率的大小直接影响着屏幕所能显示的信息量，较高的屏幕分辨率会减小屏幕上项目的大小，同时增大桌面上的相对空间。屏幕分辨率的调整范围取决于显示器和显卡的性能。

步骤 7：添加时钟工具

（1）右击桌面空白位置，在弹出的快捷菜单中选择"小工具"命令，打开"小工具"窗口。

（2）在要添加的小工具上右击，在弹出的快捷菜单中选择"添加"命令，如图 2-29 所示。则添加的小工具将显示在桌面右侧（见图 2-30）。

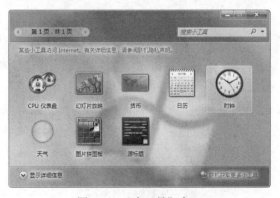

图 2-29　"小工具"窗口

图 2-30　"时钟"工具

步骤 8：将 Microsoft Word 2010 锁定到任务栏

右击应用程序 Microsoft Word 2010（可以是桌面上的快捷方式，也可以是开始菜单中的常用程序列表或所有程序列表的对应程序项），弹出图 2-31（a）所示的快捷菜单，从中选择"锁定到任务栏"命令。

也可以打开 Microsoft Word 2010，右击任务栏中已打开的程序，弹出图 2-31（b）所示的快捷菜单，选择"将此程序锁定到任务栏"命令。

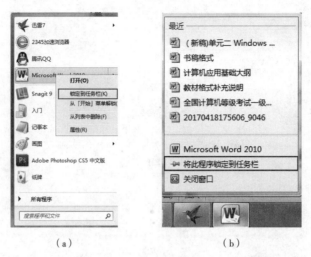

（a） （b）

图 2-31　将"Microsoft Word 2010"锁定到任务栏

 技巧与提示 ————

　　尝试将不需要的快速启动项从任务栏中删除。

　　具体方法：右击任务栏相应按钮，在弹出的快捷菜单中选择"将此程序从任务栏解锁"命令，即可将其从任务栏删除，如图 2-32 所示。

图 2-32　将"Photoshop CS5 中文版"从任务栏解锁

2.1.3　Windows 7 中文输入法的安装与使用

　　小李查看当前系统后，发现已安装输入法中缺少培训人员常用的"五笔输入法"。他从网上下载了搜狗五笔输入法安装程序——Sogou_wubi_20.exe，并安装该输入法。然后，小李使用 Windows 7 自带的"记事本"程序完成"关于 2017 第三季度项目经理定期培训的通知"的输入与保存。

步骤1：安装新的输入法

　　（1）启动安装向导。双击图 2-33 所示的应用程序图标，启动搜狗五笔输入法安装向导（见图 2-34），单击"下一步"按钮。

　　（2）在"许可证协议"窗口（见图 2-35），单击"我同意"按钮。在"选择安装位置"窗口，单击"浏览"按钮可设置安装位置，使用默认位置即可，如图 2-36 所示，单击"下一步"按钮。

sogou_wubi_20.
exe

图 2-33　应用程序图标

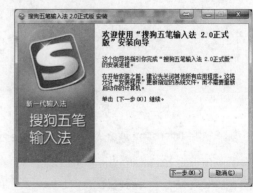

图 2-34　搜狗五笔输入法安装向导

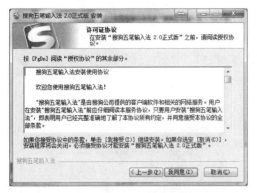

图 2-35　许可证协议

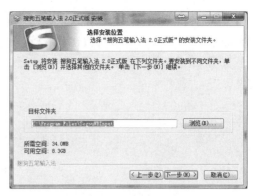

图 2-36　选择安装位置

（3）在"选择'开始菜单'文件夹"窗口中（见图 2-37），使用默认设置，单击"安装"按钮，进入安装界面，如图 2-38 所示。

图 2-37　选择"开始菜单"文件夹

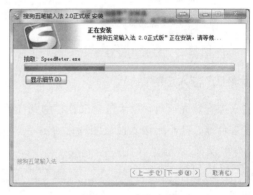

图 2-38　正在安装

（4）安装完成后，进入图 2-39 所示画面，单击"完成"按钮。完成搜狗五笔输入法的安装。弹出完成后的个性化设置窗口，单击"取消"按钮结束搜狗五笔输入法的安装，如图 2-40 所示。

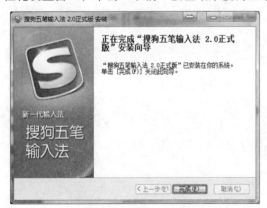

图 2-39　安装完成

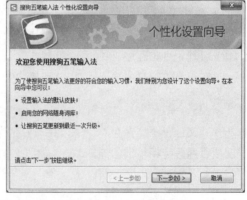

图 2-40　个性化设置

（5）图 2-41 所示为新输入法安装前、后的对比。

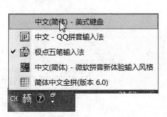

图 2-41　新输入法安装前、后的对比

（6）已安装的输入法在输入法列表中的显示与隐藏，可由用户自己设置。

右击任务栏右侧输入法设置按钮，在弹出的快捷菜单中选择"设置"命令，如图 2-42 所示。在打开的"文字服务和输入语言"对话框（见图 2-43）中通过"添加"或"删除"按钮，对当前已安装的输入法进行显示与隐藏的设置。

图 2-42　输入法设置

图 2-43　"文字服务和输入语言"对话框

步骤 2：输入法的切换

输入法安装完成后，除了可将鼠标移动到任务栏右侧单击输入法按钮，在弹出的菜单中选择中文输入法外，还可按组合键，在不同输入法之间进行切换。

技巧与提示

中/英文切换：【Ctrl+空格】。

中文输入法切换：【Ctrl+Shift】。

全角/半角 切换：【Shift+空格】。

中文/英文 标点切换：【Ctrl+.】。

步骤 3：启动"记事本"程序完成中英文录入

（1）启动记事本程序。

（2）在记事本窗口中输入图 2-44 所示内容。

步骤 4：文件保存

选择"文件"→"保存"命令，在"另存为"对话框左侧选择保存位置"桌面"，输入文件名"关于 2017 第三季度项目经理定期培训的通知.txt"，如图 2-45 所示。

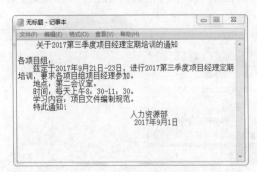

图 2-44　"记事本"文字录入

图 2-45　"另存为"对话框

任务拓展

任务：创建个性的工作环境

任务描述：从 Windows 7 文件夹的"桌面素材"中，选取自己喜欢的元素，对自己的计算机进行个性化设置。具体包括以下内容：

（1）添加常用桌面图标，如"控制面板""用户的文件"。

（2）设置自己喜欢的桌面主题。

（3）创建自己喜欢的窗口颜色和效果。

（4）设置自己喜欢的桌面背景。

（5）设置自己喜欢的屏幕保护程序。

（6）设置合适的显示器分辨率。

（7）添加常用的输入法。

（8）将常用的程序 Word 2010 锁定到任务栏上。

（9）完成文字录入与保存。

使用 Windows 7 自带的"记事本"程序，完成 "Windows 7 自带的小应用程序.txt"文字录入工作，并将文件保存在 C 盘根目录下，如图 2-46 所示。

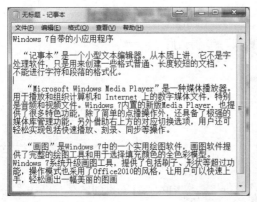

图 2-46　文字录入与保存

知识链接

1. Windows 7 的特性

（1）易用：Windows 7 包括许多方便用户的设计，如快速最大化、窗口半屏显示、跳转列表（Jump List）、系统故障快速修复等。

（2）快速：Windows 7 大幅缩减了 Windows 的启动时间，据实测，在 2008 年的中低端配置计算机中运行，系统加载时间一般不超过 20 s。

（3）简单：Windows 7 让搜索和使用信息更加简单，包括本地、网络和互联网搜索功能，还整合了自动化应用程序提交和交叉程序数据透明性。

（4）安全：Windows 7 改进了的安全和功能合法性，还会把数据保护和管理扩展到外围设备。Windows 7 改进了基于角色的计算方案和用户账户管理，在数据保护和坚固协作的固有冲突之间搭建沟通桥梁，同时开启企业级的数据保护和权限许可。

（5）Aero 特效：Windows 7 的 Aero 效果更华丽，有碰撞效果、水滴效果，还有丰富的桌面小工具。

2. Windows 7 桌面图标设置

用户首次进入新的 Windows 7 时，桌面上只有一个"回收站"图标（见图 2-1），没有"计算机""网络""用户的文件"等图标。这给相当多习惯用这些图标的用户造成很大的不便。Windows 7 允许对桌面上的图标进行设置。

（1）在桌面空白处右击，在弹出的快捷菜单中选择"个性化"命令，打开"个性化"设置窗口，选择左侧的"更改桌面图标"超链接。

（2）在"桌面图标设置"对话框内选中相关复选框（见图 2-47），单击"确定"按钮即可。

图 2-47 "桌面图标设置"对话框

技巧与提示

在 Windows 7 中，Windows XP 系统下"我的电脑"和"我的文档"已相应改名为"计算机""用户的文件"，选中相关复选框，桌面便会显示这些图标。

3. 鼠标和键盘的基本操作

鼠标和键盘是计算机重要的输入设备，用于从外界将数据、命令输入到计算机的内存，供计算机处理。

1）鼠标的基本操作

用鼠标在屏幕上的项目之间进行交互操作，如同现实生活中用手取用物品一样。可以用鼠标将对象选定、移动、打开、更改以及将其从其他对象之中剔除出去。鼠标的基本操作有：指向、单击、双击、右击、拖动等。

2）鼠标的形状

在使用鼠标进行上述操作或系统处于不同的工作状态时，鼠标光标会变为不同的形状，表 2-1 列举了几种常见鼠标光标的形状及其所代表的含义。

表 2-1 鼠标的形状及其所代表的含义

工作状态	形 状	工作状态	形 状
正常选择	⯈	垂直调整	↕
帮助选择	⯈?	水平调整	↔
后台运行	⯈○	沿对角线调整 1	⬉⬊
忙	○	沿对角线调整 2	⬈⬋
精确选择	+	移动	✥
文本选择	I	候选	↑
手写	✎	链接选择	☝
不可用	⊘		

3）键盘的基本操作

键盘是人机对话的最基本的输入设备，用户可以通过键盘输入命令、程序和数据。利用键盘可完成中文 Windows 7 提供的所有操作功能。目前使用最广泛的是 101 或 104 键的键盘。根据键盘使用功能可分为四个大区：打字键区、编辑键区、功能键区、数字键区。

4）常用键盘按键的使用说明

当文档窗口或对话框中出现闪烁的插入标记 I 时，直接敲击键盘即可输入。表 2-2 是常用键盘按键的使用说明。

表 2-2　常用功能键的使用说明

功　能　键	说　　　明
【Enter】	回车键，用来确定计算机应该执行的操作
【Delete】	删除键，与数字键区的【Del】键功能相同，可以将选中的对象删除
【BackSpace】	退格键，向前移动一格也可以删除一个字符或汉字
【Esc】	该键作用与回车键相反，用来取消命令的执行
【Insert】	插入、改写状态切换
【CapsLock】	大小写转换键，键盘上 CapsLock 灯亮了，输入的是大写字母，否则是小写字母
【Tab】	制表定位键，一般按一次【Tab】键光标移动一个制表位
【Ctrl】	一般配合其他键使用
【Alt】	一般配合其他键使用
【Shift】	换挡键，按住该键再按打字区的数字键就可以输出数字键上的特殊符号
【PrintScreen】	屏幕截取键，可以将当前桌面复制到剪贴板中供应用程序使用
【NumLock】	数字锁定键，按一下该键，键盘上 NumLock 灯亮

5）常用组合按键的使用说明

通常情况下，某些按键同时按下可以进行一些特殊处理，表 2-3 是常用的组合键。

表 2-3　常用组合键的使用说明

组　合　键	说　　　明
【Alt + Tab】	窗口之间进行切换
【Alt+F4】	关闭当前窗口
【Ctrl+Space】	中、英文切换
【Ctrl+ Esc】或 ⊞键	打开"开始"菜单
【Ctrl+ Shift】	所有输入法间切换
【Shift+ Space】	全角、半角切换
【Ctrl+Shift+Esc】	打开任务管理器，可用于结束当前任务
【PrintScreen】	截屏（复制当前屏幕到剪贴板）
【Alt + PrintScreen】	当前窗口截屏（复制当前窗口到剪贴板）

4．Windows 7 自带的小应用程序

1）记事本

"记事本"是一个小型文本编辑器，从本质上讲，它不是文字处理软件，只是用来创建一些格式普通、长度较短的文档，不能进行字符和段落的格式化。

2）Windows Media Player

Windows Media Player 是一种媒体播放器，用于播放和组织计算机和 Internet 上的数字媒体文件，特别是音频和视频文件。Windows 7 内置的新版 Media Player，也提供了很多特色功能，除了简单的点播操作外，还具备了

极强的媒体库管理功能，另外借助右上方的对应切换选项，用户还可轻松实现包括快速播放、刻录、同步等操作。

3）"画图"程序

"画图"程序是 Windows 7 中的一个实用绘图软件，"画图"程序提供了完整的绘图工具和用于选择填充颜色的全色彩模型。Windows 7 系统升级了画图工具，提供了包括刷子、形状等功能，操作模式也采用了 Office 2010 的风格，让用户可以快速上手，轻松画出一幅美丽的图画。

5. Windows 7 中的菜单

1）Windows 7 的菜单类型

（1）控制菜单：单击标题栏左侧控制按钮后弹出的菜单，里面主要包含窗口操作命令。

（2）开始菜单：单击"开始"按钮后弹出的菜单。

（3）快捷菜单：在不同位置右击弹出的菜单。

（4）应用程序菜单：每个应用程序窗口的菜单，主要用于应用程序功能的选择。

2）各种菜单命令

一个菜单含有若干个命令项，这些命令项又分成若干个组，组与组之间用一横线隔开。有些命令项还带有一些其他符号或不同的颜色，这些都在 Windows 7 中有不同的含义，如图 2-48 所示。

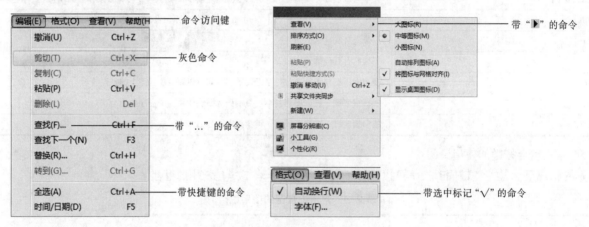

图 2-48　常见菜单示意图

具体说明如下：

（1）灰色命令：表示此命令暂时不可用（黑色或彩色时才可用）。

（2）带"…"的命令：选择此命令后将弹出一个对话框。

（3）带选中标记"√"的命令：表示此命令已被选中，正在起作用。

（4）带▶的命令：表示该命令有下一级菜单（又称子菜单或级联菜单），鼠标指向该菜单会自动弹出下一级子菜单。

（5）带（X）的命令：命令后带括号字母表示该命令的访问键。菜单的选择可以通过单击，也可用键盘【Alt+字母】组合键调用。

（6）带快捷键的命令：命令右侧的组合键又称快捷键，是该命令的等效键。

6. 常用汉字输入方法

1）拼音输入法

拼音输入法是最基本的输入方式。拼音码的编码与汉语拼音是一致的。其优点是：简单易学，应用广泛。缺点是重码多，输入速度难以提高；对于一些发音不准或不认识的汉字，无法正确录入。拼音输入法一般分为全拼和双拼两种。

2）智能 ABC 输入法

智能 ABC 输入法是中文 Windows 操作系统中使用的一种规范、灵活、方便的汉字输入方法。智能 ABC 输入法的两个主要特点是：自动分词与构词，以及词的记忆功能。

3）五笔字型输入法

五笔字型输入法采用汉字的字型信息进行编码，比较直观。其优点是：按键次数少，重码率低，输入速度快；缺点是：掌握起来有一定难度，所以该输入法一般被专业录入人员选用。

2.2　任务 2　Windows 7 的软、硬件管理

任务描述

正式进行项目经理培训前，小李要为培训人员准备培训相关的软硬件资源。小李需要准备一个培训资料电子文档包"2017-9 培训资料"，里面包括资料盘 Project 文件夹中所有文件名中含有"模板"字样的文件。同时，特别标注"产品开发项目计划模板.docx"文件，在其文件名前加上"2017 培训资料-"字样。为了防止误操作，小李还要将重命名的"2017 培训资料-产品开发项目计划模板.docx"的文件属性改成"只读"与"归档"。为让文件夹更加显目，小李准备为文件夹"2017-9 培训资料"设置特殊图标。

此外，小李还要为参加培训的项目经理提供纸质培训资料"项目管理 10 大模板.PDF"文件的打印版。为此，小李要为自己的新计算机安装打印机。

由于培训人员的特殊要求，培训过程中要使用一些专业软件，这些软件需要用到虚拟光驱运行。小李需要为计算机安装虚拟光驱软件——酒精 Alcohol 120%，并用"Adobe Photoshop CS2 简体中文版.iso"进行测试，以确保虚拟光驱的正常使用。

为了更好地对新计算机的各种文件与软硬件进行管理，小李需要了解现有计算机的分区情况、各磁盘的磁盘容量、可用空间的大小等，对单位配发的 U 盘重新格式化，以方便培训工作。同时，为防止培训过程中出现程序不响应或系统卡机现象，小李还需要学会启动任务管理器，以了解计算机的当前性能及运行情况，学会结束当前未响应的程序和进程、注销或重启计算机等操作。

任务分析

本任务要求学习者掌握文件管理的基本操作，包括创建文件和文件夹、移动文件和文件夹、复制文件和文件夹、重命名文件和文件夹、删除文件和文件夹、查找文件或文件夹、查看和设置文件属性、设置文件夹外观等。

同时，要求学习者掌握常用应用软件的安装与使用，如虚拟光驱的安装与使用。会安装并使用打印机进行文件打印，并能对磁盘进行管理，对任务进行管理。

任务分解

本任务可以分解为以下 5 个子任务。

子任务 1：Windows 7 的文件管理

子任务 2：Windows 7 的软件安装与使用

子任务 3：Windows 7 的硬件安装与使用

子任务 4：Windows 7 的磁盘管理

子任务 5：Windows 7 任务管理

任务实施

2.2.1　Windows 7 的文件管理

步骤 1：打开文件与文件夹

打开 D 盘根目录下的 Win7 文件夹。

（1）单击任务栏中的■图标，打开 Windows 资源管理器，从左侧快速访问区中选择"本地磁盘（D：）"选项，如图 2-49 所示。

（2）双击右侧的 Win7 文件夹，即打开该文件夹，如图 2-50 所示。

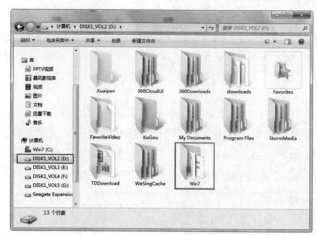

图 2-49　Windows 资源管理器

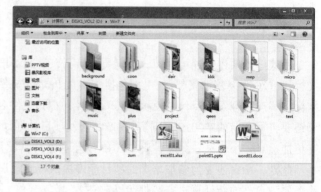

图 2-50　Win7 文件夹

步骤 2：更改文件和文件夹显示方式

查看 Windows 7 提供的多种文件与文件夹显示方式。

（1）单击窗口操作栏中的视图更改按钮（见图 2-51），即可在列出的显示方式选项中进行切换选择。也可点击其右侧的■按钮，从更多选项中选择，如图 2-52 所示。

图 2-52　显示方式选择

图 2-51　视图更改按钮

（2）打开 D:\Win7 文件夹，分别以超大图标、大图标、中等图标、小图标、详细信息等方式显示文件，如图 2-53 和图 2-54 所示。

超大图标 ———　　　　　　　　　——— 大图标

小图标 ———　　　　　　　　　——— 中等图标

图 2-53　各种图标显示效果

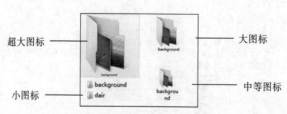

图 2-54　详细信息显示效果

步骤 3：创建文件夹

在 D:\Win7 下，创建一个名为 "2017-9 培训资料" 文件夹。

（1）单击操作栏中的 "新建文件夹" 按钮，如图 2-55 所示。

（2）在新建的文件夹名称框中输入 "2017-9 培训资料"，如图 2-56 所示，即可在当前位置创建一个文件夹。

图 2-55　单击 "新建文件夹" 按钮

图 2-56　创建新文件夹

技巧与提示

在文件夹空白位置右击，在弹出的快捷菜单中选择 "新建"→"文件夹" 命令，输入文件夹名，即可完成文件夹的创建。

步骤 4：搜索文件或文件夹

在 "D:\Win7\project" 文件夹中，查找所有文件名中含有 "模板" 字样的文档。

（1）打开 "D:\Win7\project" 文件夹。

（2）在右侧搜索栏中输入要搜索的文件或文件夹名通配符，本例输入 "*模板*.*"，如图 2-57 所示。

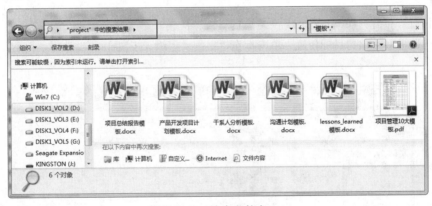

图 2-57　搜索文件窗口

技巧与提示

在进行文件搜索时，经常需要使用文件通配符。通常 "*" 用于表示任意字符。如要查找所有文件名含 r 的 Word 文档，可用 "*r*.doc*" 表示。

步骤 5：选定文件或文件夹

选定步骤 4 查找的所有符合条件的文件。

Windows 7 中选择文件或文件夹的方法一般包括：

（1）单击：选择单个文件或文件夹。

（2）【Ctrl】+单击：逐个选择多个相邻或不相邻的文件或文件夹。

（3）【Shift】+单击：选择多个连续的文件或文件夹。

（4）鼠标拖动：框选多个文件或文件夹。

（5）【Ctrl+A】组合键：全选窗口中的所有文件或文件夹。

步骤6：复制文件或文件夹

将步骤4查找的所有符合条件的文件，复制到步骤3新建的"2017-9培训资料"文件夹中。

Windows 7通过"剪贴板"进行文件的移动或复制。"剪贴板"是内存中的一块区域，专门用来暂时存储用户复制或剪切信息的工具。Windows 7复制文件或文件夹的方法主要有以下几种：

（1）将搜索结果窗口右侧的文件用鼠标拖动框选的方式全部选中。

（2）将选定的文件复制到"剪贴板"中，单击操作栏中的"组织"按钮 组织▼，选择"复制"命令，如图2-58所示。

图2-58　框选搜索结果

（3）选择目标位置，打开"D:\Win7\2017-9培训资料"文件夹。

（4）将文件从剪贴板上粘贴到目标位置，单击操作栏中的"组织"按钮 组织▼，选择"粘贴"命令，如图2-59所示。

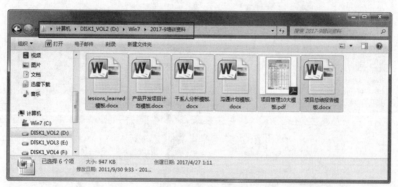

图2-59　将搜索结果复制到新文件夹

 技巧与提示

文件的剪切、复制、粘贴、重命名、属性设置、快捷方式创建等工作，除用以上方法外，都可以利用右键快捷菜单或快捷键【Ctrl+X】【Ctrl+C】【Ctrl+V】等多种方式来完成，这里先以一种方式展开，其他方式具体可参照任务后的知识拓展。

步骤7：移动文件或文件夹

将"D:\Win7\backgroud\bear.jpg"移动到"2017-9培训资料"文件夹中。

（1）打开"D:\Win7\backgroud"，单击选中"bear.jpg"文件。

（2）单击操作栏中的"组织"按钮 组织▼，选择"剪切"命令，将选定的文件剪切到"剪贴板"中。

（3）选择目标位置文件夹，打开"D:\Win7\2017-9培训资料"文件夹。

（4）单击操作栏中的"组织"按钮 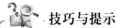，选择"粘贴"命令，将文件从剪贴板上粘贴到目标位置。

步骤 8：修改文件夹选项

将当前显示的文件夹选项设置为显示隐藏文件及显示类型文件扩展名。

（1）单击操作栏中的"组织"按钮 组织▼，选择"文件夹和搜索选项"命令，打开"文件夹选项"对话框。

（2）在"查看"选项卡下，选择"显示隐藏的文件、文件夹和驱动器"单选按钮，取消"隐藏已知文件类型的扩展名"复选框，如图 2-60 所示。

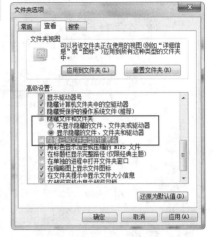

图 2-60　"文件夹选项"对话框

 技巧与提示

　　选中"不显示隐藏的文件、文件夹和驱动器"单选按钮，则隐藏的文件或文件夹将无法正常显示。选中"隐藏已知文件类型的扩展名"复选框，则只显示主文件名，文件名扩展名不会显示。

步骤 9：重命名文件或文件夹

将"2017-9 培训资料"文件夹中"产品开发项目计划模板.docx"重命名为"2017 培训"资料-产品开发项目计划模板.docx"。

（1）单击选择"2017-9 培训资料"文件夹中的"产品开发项目计划模板.docx"文件。

（2）单击操作栏中的"组织"按钮 组织▼，选择"重命名"命令，文件（夹）名称呈反白显示，重新输入新文件名"2017 培训资料-产品开发项目计划模板"后，单击其他位置或按【Enter】键确定。

技巧与提示

　　文件名由主文件名和扩展名组成，主文件名和扩展名之间由一个小圆点隔开。如"产品开发项目计划模板.docx"中，"产品开发项目计划模板"为主文件名，"docx"为扩展名。更改文件名时，请注意是更改主文件名还是主文件名+扩展名。

　　文件的重命名的其他方式可参照任务后的知识拓展。

步骤 10：删除文件或文件夹

将 Win7 文件夹下的"qeen"文件夹删除。

（1）单击选择"D:\Win7\ qeen"文件夹。

（2）执行删除操作，单击操作栏中的"组织"按钮 组织▼，选择"删除"命令即可。

技巧与提示

　　文件删除的其他方式及回收站的相关操作可参照任务后的知识拓展。

步骤 11：设置文件夹的外观

将"2017-9 培训资料"文件夹图标设置成"Win7/plus/icon1/q8.ico"。

（1）右击"2017-9 培训资料"文件夹，在弹出的快捷菜单中选择"属性"命令，打开属性对话框，选择"自定义"选项卡，如图 2-61 所示。

（2）单击"文件夹图标"选项组中的"更改图标"按钮，在"更改图标"对话框中单击"浏览"按钮（见图 2-62），从打开的窗口选择"Win7/plus/icon1/q8.ico"，如图 2-63 所示。单击"打开"按钮完成选定，如图 2-64 所示。

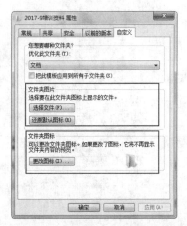

图 2-61　自定义文件夹属性

图 2-62　更改图标对话框

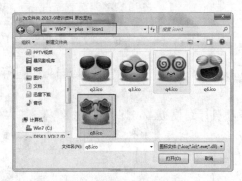

图 2-63　选择文件夹图标窗口

图 2-64　选定图标

（3）连续单击"确定"按钮完成文件夹图标设置。

设置后文件显示效果如图 2-65 所示。

2017-9培训资料

图 2-65　文件夹图标

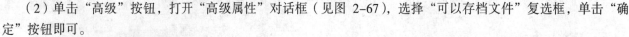

步骤 12：更改文件和文件夹只读/归档/隐藏属性

查看并将"D:\Win7\2019-9 培训资料"文件夹下的"2017 培训资料-产品开发项目计划模板.docx"的文件属性设置为"只读"和"归档"属性。

（1）选定要更改属性的文件（D:\Win7\2017-9 培训资料\2017 培训资料-产品开发项目计划模板.docx），单击操作栏中的"组织"按钮 组织▾ ，选择"属性"命令，打开属性对话框，选择"常规"选项卡（见图 2-66），用户在查看的同时，选中"只读"复选框。

（2）单击"高级"按钮，打开"高级属性"对话框（见图 2-67），选择"可以存档文件"复选框，单击"确定"按钮即可。

图 2-66　文件属性对话框

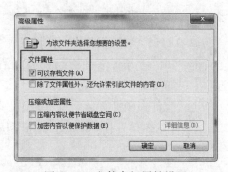

图 2-67　文件高级属性设置

技巧与提示

Windows 7 常用的文件属性有：只读、归档和隐藏属性。

- "只读"属性，该文件或文件夹不允许更改和删除。
- "隐藏"属性，该文件或文件夹在常规显示中将不被看到。
- "存档"属性，表示该文件或文件夹已存档，备份程序会认为此文件已经"备份过"，可以不用再备份了。

步骤 13：快捷方式的创建与使用

为"D:\Win7\2019-9 培训资料"文件夹在桌面创建快捷方式。

（1）右击桌面上的空白区域，在弹出的快捷菜单中选择"新建"→"快捷方式"命令，打开"创建快捷方式"向导窗口，如图 2-68 所示。

（2）在对话框中单击"浏览"按钮，选择需要的项目"D:\Win7\2019-9 培训资料"，单击"下一步"按钮。在快捷方式命名窗口（见图 2-69）的"键入该快捷方式的名称"文本框中输入"2019-9 培训资料"，单击"完成"按钮，则在桌面上生成用户新建的快捷方式图标，如图 2-70 所示。

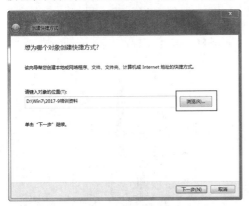
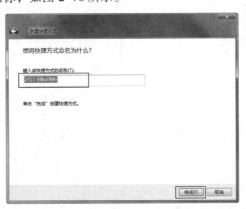

图 2-68　选择位置　　　　　　　　图 2-69　输入快捷方式名称　　　　　图 2-70　快捷方式

　技巧与提示

在 Windows 7 中，为使用户能够方便快捷地访问某个项目，常常在桌面上建立快捷方式。快捷方式实质上是对系统中各种资源的一个链接，它的扩展名为 lnk。快捷方式的创建与删除不会影响源程序。

如果对象已在某个窗口中，可用右键拖动该对象到桌面，松手后在弹出的快捷菜单中选择"在当前位置创建快捷方式"命令创建快捷方式，桌面上就会生成用户新建的快捷方式图标。也可右击相应对象，在弹出的快捷菜单中选择"发送到…"→"桌面快捷方式"命令，在桌面快速创建相应快捷方式。

步骤 14：新建库，并使用库访问文件和文件夹

为计算机新建 2017 培训库，用于快速访问相关培训文件。

（1）新建库"2017 培训"。在资源管理器左侧快速访问栏目中选择库，单击"新建库"按钮，如图 2-71 所示。录入库名"2017 培训"，建立新库，如图 2-72 所示。

（2）将文件夹"D:\Win7\2019-9 培训资料"文件夹包含到"2017 培训"库中。在资源管理器快速访问栏目中选择"2017 培训"库，单击右侧"包括一个文件夹"按钮（见图 2-73），从左侧"计算机"中，选择相关文件夹"D:\Win7\2019-9 培训资料"，如图 2-74 所示。单击"包括文件夹"按钮完成文件夹的添加，如图 2-75 所示。

（3）将其他文件夹包含到"2017 培训"库中。右击相应文件夹，在弹出的快捷菜单中选择"包含到库中"→"2017 培训"命令，如图 2-76 所示完成增加。

图 2-71 新建库

图 2-72 新建"2017 培训"库

图 2-73 添加文件夹到库

图 2-74 包含文件夹

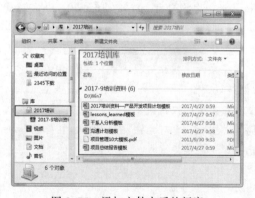

图 2-75 添加文件夹后的新库

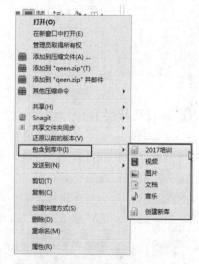

图 2-76 选择"包含到库中"命令

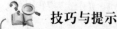 **技巧与提示**

　　Windows 7 引入库的概念，库可以收集不同位置的文件和文件夹，并将其显示为一个集合或容器，而无须从其存储位置移动这些文件。默认在库中创建 4 个库：1 个文档库、1 个图片库、1 个音乐库、1 个视频库。若要打开文档、图片或音乐库，单击"开始"按钮，然后在开始菜单的右侧栏中单击"文档""图片"或"音乐"。

　　用户除了可以新建库，将文件夹包含到库外，也可以通过右键菜单从库中删除文件夹或删除库。删除库后会将库自身移动到"回收站"。可在该库中访问的文件和文件夹仍存储在相应位置，不会被删除。

2.2.2　Windows 7 的软件安装与使用

为了满足培训人员对虚拟光驱的要求，小李要为计算机安装虚拟光驱软件——酒精 Alcohol 120%，并用手头的"Adobe Photoshop CS2 简体中文版.iso"安装光盘映像文件进行测试。

步骤 1：安装虚拟光驱软件——酒精 Alcohol 120%

Alcohol 120% 是一套结合虚拟光盘和刻录工具功能的软件。提供光盘刻录软件的完整解决方案，能完整地仿真原始光盘片，让用户能不必将光盘映像文件刻录出来便可以使用虚拟光驱执行虚拟光盘，且其效能比实际光驱更加强大。另外，Alcohol 120%可支持多种镜像文件格式（如 mds、ccd、cue、bwt、iso、cdi 等）。

（1）启动 Alcohol 120%安装向导。双击安装目录中的 Win7/Soft/Alcohol 120%下可执行文件 Alcohol 120 Setup.exe，启动安装向导，如图 2-77 所示，单击"Next"按钮。

（2）在"License Agreement（许可证协议）"窗口中（见图 2-78）单击"I Agree"按钮。

图 2-77　安装向导（Setup Wizard）

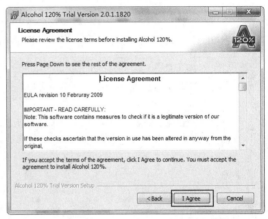

图 2-78　License Agreement（许可证协议）

此过程，系统会要求重启计算机，弹出 reboot 重启对话框（见图 2-79）时单击"确定"按钮，计算机会完成重启后重新进入 Alcohol 120%安装向导。

（3）在"Alcohol Soft Data Type Search（数据类型搜索）"窗口（见图 2-80）中保持默认设置，单击"Next"按钮。

图 2-79　reboot 重启对话框

图 2-80　Alcohol Soft Data Type Search（数据类型搜索）

（4）在"Choose Components（选择安装内容）"窗口（见图 2-81）中保持默认设置，单击"Next"按钮。

（5）在"Choose Install Location（选择安装位置）"窗口（见图 2-82）中选择安装目录（这里使用默认值）。用户也可以根据需要，单击"Browse"按钮，修改安装位置。然后单击"Install"按钮，系统开始安装，如图 2-83 所示。

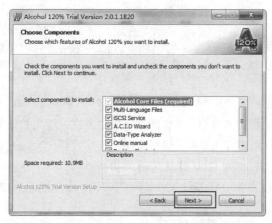

图 2-81　Choose Components（选择安装内容）

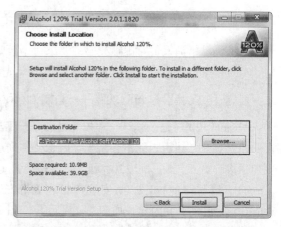

图 2-82　Choose Install Location（选择安装位置）

（6）当系统安装完成后，弹出"Completing the Alcohol 120% Setup Wizard（安装完成）"窗口（见图 2-84），选择"Run Alcohol 120%"复选框，单击"Finish"按钮完成软件安装。

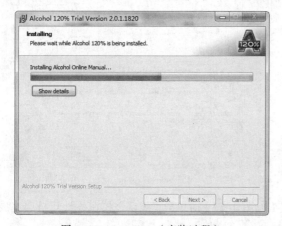

图 2-83　Installing（安装过程）

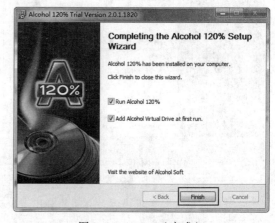

图 2-84　Finish（完成）

（7）安装完成后，系统会自动启动 Alcohol 120%程序，并自动扫描执行"应用 Alcohol 虚拟设备设定"，如图 2-85 所示。同时，系统为计算机生成一个虚拟光驱，图 2-86 所示圈起来的就是虚拟光驱。

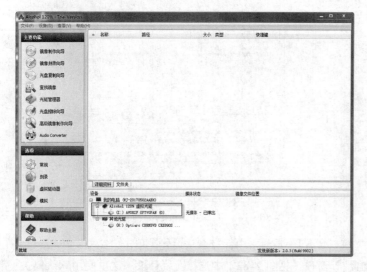

图 2-85　Alcohol 120%软件界面

图 2-86　虚拟光驱图标

技巧与提示

　　根据用户需要，Alcohol 120% 可以虚拟多个虚拟光驱（0~6 个）。具体方法：在软件界面左侧选项组中，单击"虚拟驱动器"按钮，弹出"Alcohol 120%-选项"对话框，设置"虚拟驱动器数目"，单击"确定"按钮完成设置，如图 2-87 所示。

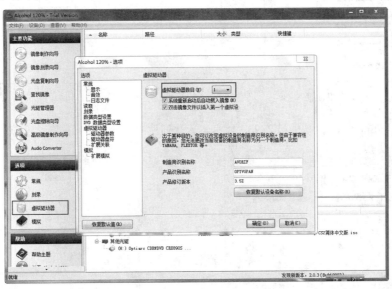

图 2-87　设置"虚拟驱动器数目"

步骤 2：使用镜像文件

　　同大多数虚拟光驱软件相同，Alcohol 在安装后将自动在系统中为用户创建一个虚拟的光驱设备，直接利用创建的虚拟光驱即可加载使用硬盘上已有的光盘镜像文件。

　　（1）加载镜像文件"D:\Win7\Soft\Adobe Photoshop CS2 简体中文版.iso"。右击图 2-86 所示的虚拟光驱，在弹出的快捷菜单中选择"加载镜像"→"打开"命令，如图 2-88 所示，弹出"打开"对话框，选择要载入的光盘映像文件"D:\Win7\Soft\Adobe Photoshop CS2 简体中文版.iso"，如图 2-89 所示，单击"打开"按钮。

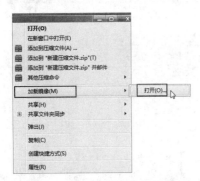

图 2-88　选择"加载镜像"命令

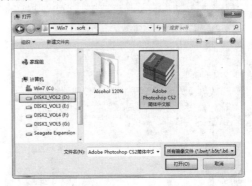

图 2-89　加载镜像文件 Adobe Photoshop CS2

　　（2）设置加载后，虚拟光驱图标发生变化，如图 2-90 所示。

　　（3）双击图 2-90 所示虚拟光驱，弹出自动播放窗口，如图 2-91 所示，单击"运行 AUTORUN.exe"按钮，启动 Adobe Photoshop CS2 安装向导，如图 2-92 所示，单击"安装 Photoshop CS2"按钮。

图 2-90　虚拟光驱图标变化

图 2-91　运行 AUTORUN.exe

图 2-92　Adobe Photoshop CS2 安装向导

（4）系统显示"正在准备安装"（见图 2-93）后，进入欢迎使用向导画面（见图 2-94），单击"下一步"按钮。

图 2-93　准备安装画面

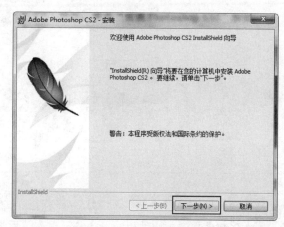

图 2-94　欢迎使用向导

（5）在"许可协议"界面（见图 2-95），单击"接受"按钮。

（6）在"用户信息"界面（见图 2-96），输入用户名、序列号等信息，单击"下一步"按钮。

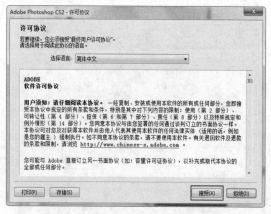

图 2-95　许可协议界面

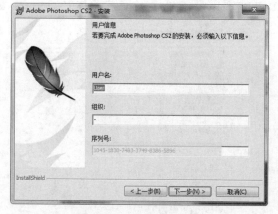

图 2-96　用户信息界面

（7）在"目标文件夹"界面（见图 2-97），选择安装位置（这里保持默认安装位置），单击"下一步"按钮。

（8）在"文件关联"界面（见图 2-98），保持默认设置，单击"下一步"按钮。

（9）在"开始安装"界面（见图 2-99）中单击"安装"按钮启动安装，如图 2-100 所示。

（10）安装完成后，在向导完成界面（见图 2-101），单击"完成"按钮。完成 Photoshop CS2 的安装。此时，在开始菜单中，可以快速找到相关应用程序，如图 2-102 所示。

图 2-97　目标文件夹界面

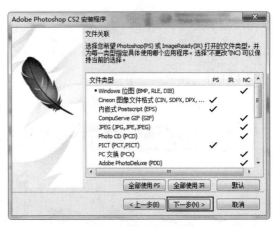

图 2-98　文件关联界面

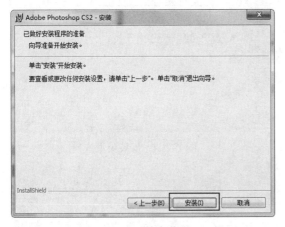

图 2-99　开始安装界面

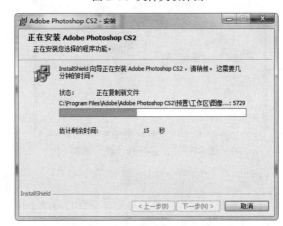

图 2-100　启动安装界面

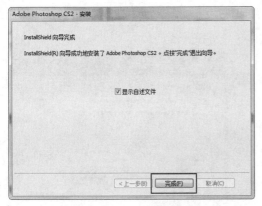

图 2-101　完成安装界面

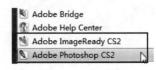

图 2-102　启动安装界面

由此，完成虚拟光驱的设置。

2.2.3　Windows 7 的硬件安装与使用

办公室目前的打印机是 Canon Inkjet MX7600 series FAX。为打印培训文件，小李需要安装该打印机驱动程序，以便用该打印机进行文件打印。

步骤 1：启动"设备和打印机"

选择"开始"→"设备和打印机"命令，打开"设备和打印机"窗口。

步骤 2：启动打印安装向导

在"设备与打印机"窗口（见图 2-103）中，单击"添加打印机"按钮，启动安装向导。

步骤 3：打印机类型设置

在"安装类型选择"界面（见图 2-104）中，单击"添加本地打印机"超链接。

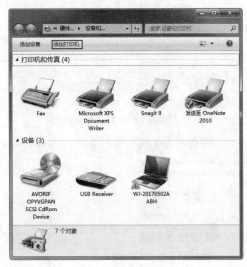

图 2-103　"设备与打印机"窗口

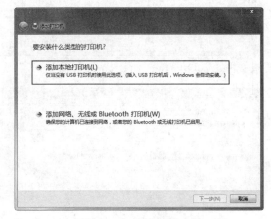

图 2-104　安装类型选择

步骤 4：打印机端口设置

在"选择打印机端口"界面（见图 2-105）中，选择打印端口（此处采用默认设置），单击"下一步"按钮。

步骤 5：打印机厂商与型号设定

在"安装打印机驱动程序"界面（见图 2-106）中，选择"打印机厂商与型号"（本例中选择 Canon 公司的 Canon Inkjet MX7600 series FAX 型号），单击"下一步"按钮。

图 2-105　选择打印机端口

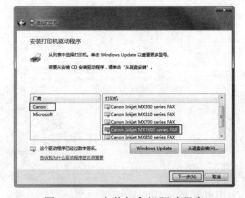

图 2-106　安装打印机驱动程序

步骤 6：打印机命名

在"键入打印机名称"界面（见图 2-107）输入打印机名，单击"下一步"按钮。

步骤 7：打印共享设置

在"打印机共享"界面（见图 2-108）设置打印共享，单击"下一步"按钮。

图 2-107　键入打印机名称

图 2-108　打印机共享

步骤 8：完成打印机添加

在图 2-109 所示界面中，可选择是否将这台打印机设置为默认打印机。单击"完成"按钮，打印机即安装成功。完成添加后，"打印机和传真"选项组中增加一台新的打印机图标（见图 2-110），打印机添加成功。

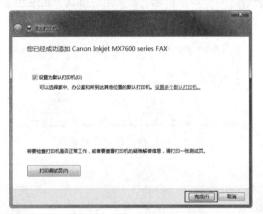

图 2-109　完成添加打印机

图 2-110　添加后的打印机图标

2.2.4　Windows 7 的磁盘管理

为了将来更好地对计算机的各种文件与软硬件进行管理，小李需要对现有计算机的分区情况、各磁盘的磁盘容量、可用空间的大小等有一个初步了解，对手中的 U 盘重新格式化，以用于新的工作。

步骤 1：查看磁盘属性

（1）在"计算机"中相应磁盘驱动器上右击，在弹出的快捷菜单中选择"属性"命令，可打开属性对话框。

（2）观察"常规"选项卡中的各属性值，如图 2-111 所示。从中可以查看磁盘的容量、已用空间和剩余空间。

技巧与提示

Windows 7 中的每个磁盘分区都有一组属性页面，用户可以在属性页面中查看磁盘空间，以了解磁盘当前状况。其常见属性包括：分区的卷标名、磁盘类型、文件系统、磁盘容量、已用空间和可用空间的大小等。

步骤 2：磁盘格式化

对 U 盘进行格式化。

（1）将 U 盘插入 USB 口，在"计算机"中找到待格式化的磁盘驱动器并右击，在弹出的快捷菜单中选择"格式化"命令，弹出"格式化"对话框，如图 2-112 所示。在其中设置参数后，单击"开始"按钮。

图 2-111　D 盘"属性"对话框

图 2-112　格式化窗口

（2）由于格式化操作会删除该磁盘上的所有信息，所以系统会给出一个安全提示，要求用户确认，如图 2-113 所示。在用户确认后，系统会自动对磁盘进行格式化操作，并在结束后显示如图 2-114 所示的完毕对话框。

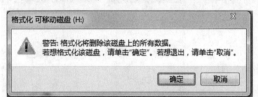

图 2-113　格式化确定对话框

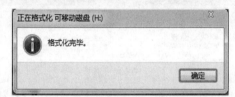

图 2-114　格式化完毕对话框

 技巧与提示

（1）快速格式化是不扫描磁盘的坏扇区而直接从磁盘上删除文件。

（2）由于格式化操作会删除该磁盘上的所有信息，从某一角度讲，格式化能够彻底清除磁盘上的病毒。

2.2.5　Windows 7 的任务管理

计算机系统的任务管理器是 Windows 提供有关计算机性能的信息，并显示了计算机上所运行的程序和进程的详细信息，从这里可以查看到当前系统的进程数、CPU 使用比率、更改的内存、容量等数据。一般情况下还可用来结束没有反应的程序和任务。

步骤1：启动多个应用程序

启动画图、计算机、记事本、Windows Media Player、Word 等应用程序。

步骤2：启动任务管理器

方法 1：按【Ctrl+Shift+Esc】组合键，打开"Windows 任务管理器"窗口，如图 2-115 所示。

方法 2：右击任务栏空白处，在弹出的快捷菜单中选择"任务管理器"命令（见图 2-116），打开"Windows 任务管理器"窗口。

方法 3：按【Ctrl+Alt+Delete】组合键，在打开的安全项窗口（见图 2-117）中选择"启动任务管理器"选项，打开"Windows 任务管理器"窗口。

图 2-115 "Windows 任务管理器"窗口   图 2-116 任务栏右键菜单   图 2-117 安全项窗口

步骤 3：查看系统运行情况

Windows 任务管理器的用户界面提供了文件、选项、查看、帮助等菜单项，其下还有应用程序、进程、服务、性能、联网、用户等 6 个选项卡，窗口底部则是状态栏，从这里可以查看到当前系统的进程数、CPU 使用率、物理内存等数据（见图 2-115）。

步骤 4：结束当前任务

在 "Windows 任务管理器"窗口中选择 "应用程序"选项卡（见图 2-118），选中要终止的应用程序（如 "Windows Media Player"程序），单击 "结束任务"按钮，结束该应用程序。

步骤 5：结束后台进程

在 "Windows 任务管理器"窗口中选择 "进程"选项卡（见图 2-119），从中选定要终止的相关进程（如 "WINWORD.EXE"进程），单击 "结束进程"按钮，结束该进程。在结束进程的同时，系统会结束相应的应用程序。

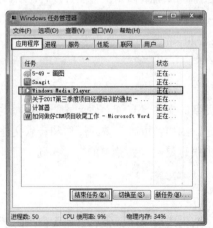

图 2-118 "应用程序"选项卡   图 2-119 "进程"选项卡

 技巧与提示

有时候，从 "Windows 任务管理器"的 "应用程序"选项卡中结束的任务，依然在后台运行。可以查看正在运行的进程并找到相关进程，通过彻底结束进程来彻底结束没有响应的应用程序或任务。

任务拓展

任务：查看并管理个人资源

任务描述：建立相应的文件夹，对 Windows 7 下的音乐与图片文件进行分类存储与管理，并对当前计算机资源进行查看与管理。具体包括以下内容：

说明：以下操作所需的文件和文件夹均放在素材文件夹 Win7 文件夹中。

（1）将素材文件夹中的 Win7 文件夹整个复制到本地计算机的 D 盘根目录下。

（2）在 D 盘根目录上创建一个新文件夹"娱乐"；并在"娱乐"文件夹下建立"Music""Image"两个子文件夹。

（3）查找 Win7 文件夹中所有扩展名为"JPG"的文件，并将它们复制到第 2 步建立的 Image 文件夹中。

（4）查找 Win7 文件夹中所有扩展名为"MP3"的文件，并将它们复制到第 2 步建立的 Music 文件夹中。

（5）删除 Win7 文件夹中的 kkk 子文件夹。

（6）将"Face To Face.mp3"重命名为"You Raise Me Up.mp3"。

（7）将 Win7\project\project_TEM 文件夹中的文件"项目章程.docx"设置成"只读"属性。

（8）在桌面上建立一个打开"Music"文件夹的快捷方式，以方便平时娱乐。

（9）查看现有计算机的分区情况、各磁盘的磁盘容量、可用空间的大小情况，通过 PrintScreen 键将屏幕拷贝到一个 Word 文件中。

知识链接

1. 文件（文档）的概念

在计算机中，文件是指赋予名称并存储于介质上的一组相关信息的集合。文件的范围很广，具有一定独立功能的程序模块或者数据都可以作为文件。如应用程序、文字资料、图片资料或数据库均可作为文件。计算机中的数据及各种信息都是保存在文件中的。

2. 文件（文档）名

文件名为文件指定的名称。为了区分不同的文件，必须给每个文件命名，计算机对文件实行按名存取的操作方式。

文件名由主文件名和扩展名组成，主文件名和扩展名之间由一个小圆点隔开。具体组成可以是英文字母、数字、汉字和特殊符号等，但不允许使用下列字符（英文输入法状态）：<、>、/、\、→、:、"、*、?等。Windows 文件名最长可以使用 255 个字符，在使用时不区分大小写。

3. 文件夹（目录）的概念

文件夹是 Windows 7 中保存文件的基本单元，用来放置各种类型的文件。有了文件夹才能将不同类型或者不同时间创建的文件分别归类保存，在需要某个文件时可快速找到它。例如，可将文本、图像和音乐文件分别存放在"我的文档""图片收藏"和"我的音乐"文件夹中。这些文件夹很容易在开始菜单的右边找到，而且这些文件夹会提供至经常执行任务的便利链接。

4. 文件夹（目录）树

在 Windows 7 中，文件的存储方式呈树状结构。其主要优点是结构层次分明，很容易让人们理解。文件夹树的最高层称为根文件夹，在根文件夹中建立的文件夹称为子文件夹，子文件夹还可再包含子文件夹。如果在结构上加上许多子文件夹，它便形成一棵倒置的树，根向上，而树枝向下生长。这又称多级文件夹结构。

5. 路径

平时使用计算机时要找到需要的文件就必须知道文件的位置，而表示文件的位置的方式就是路径。一般来讲路径有绝对路径和相对路径之分。

（1）绝对路径：是指从根目录开始查找一直到文件所处的位置所要经过的所有目录，目录名之间用反斜杠（\）

隔开。如"D:\My Documents\My Pictures\photo1.jpg"就是绝对路径。

（2）相对路径则包括从当前目录开始到文件所在的位置之间的所有目录。其中"."表示当前路径；".."表示当前路径的上一级目录，如"..\photo1.jpg"即为相对路径，表示当前路径上级路径下的"photo1.jpg"。

6．Windows 7 的库管理

在以前版本的 Windows 中，管理文件意味着在不同的文件夹和子文件夹中组织这些文件。在 Windows 7 中，还可以使用库、按类型组织和访问文件，而不管其存储位置如何。

库可以收集不同位置的文件，并将其显示为一个集合，而无须从其存储位置移动这些文件。Windows 7 有 4 个默认库（文档、音乐、图片和视频），但可以新建库用于其他集合。

库可以显示在"开始"菜单上。与"开始"菜单上的其他项目一样，可以添加或删除库，也可以自定义其外观。

7．文件的剪切、复制、创建快捷方式、删除、重命名、属性设置的其他方法

1）右键快捷菜单

选定文件并右击，在弹出的快捷菜单（见图 2-120）中选择相应命令。

图 2-120　右键快捷菜单

2）快捷键

剪切：选定文件，按【Ctrl+X】组合键将选定的文件剪切到"剪贴板"上。

复制：选定文件，按【Ctrl+C】组合键将选定的文件复制到"剪贴板"上。

粘贴：选择目标位置，按【Ctrl+V】组合键将"剪贴板"上内容复制到当前位置。

删除：【Delete】键。选定要删除的文件或文件夹，按【Delete】键。

彻底删除：【Shift + Delete】组合键。选定要删除的文件或文件夹，按【Shift + Delete】组合键执行的删除，不经过回收站，将被永久删除，无法利用"还原"命令恢复。

重命名：两次单击文件名。单击要重命名的文件或文件夹，再次单击该文件名，输入新文件名后按【Enter】键。

3）鼠标拖动

移动（鼠标拖动）：选定要移动的文件或文件夹，拖动到快速访问栏的位置或其他窗口的目标文件夹上释放即可。（注：文件在不同驱动器之间的拖动，完成的是文件复制，而不是移动。）

复制（【Ctrl】+鼠标拖动）：选定要复制的文件或文件夹，按住【Ctrl】键的同时将选定文件拖动到快速访问栏的位置或其他窗口的目标文件夹上释放即可。

删除（鼠标拖动到回收站）：选定要删除的文件或文件夹直接拖入桌面上的回收站（见图 2-121）。

创建快捷方式（右键拖动）：可用右键拖动该对象到桌面，松手后在弹出的快捷菜单（见图 2-122）中选择"在当前位置创建快捷方式"命令创建快捷方式，桌面上生成用户新建的快捷方式图标。

图 2-121　回收站

图 2-122　右键拖动后的菜单

8. 回收站

回收站是 Windows 7 用于存储从硬盘上删除文件、文件夹和快捷方式的场所。它为用户提供了一个恢复误删除的机会。从硬盘上删除，实际上可以视为文件移动，即将文件从原位置移动到回收站中。根据需要，可从回收站中将删除的文件恢复或还原到原位置或彻底删除。

从软盘或网络驱动器中删除或按【Shift + Del】组合键执行的删除，不经过回收站，将被永久删除，无法利用"还原"命令恢复。

回收站的位置和大小可以根据用户需要自行设置，具体设置方法如下：

右击"回收站"图标，在弹出的快捷菜单中选择"属性"命令，打开"回收站属性"对话框（见图 2-123），从中选择回收站位置，并在回收站最大值中输入最大值大小，单击"应用"按钮。

图 2-123　"回收站属性"对话框

9. 文件的属性

从文件的属性对话框中用户可以获得以下信息：文件或文件夹属性、文件类型、打开该文件的程序的名称、文件夹中所包含的文件和子文件夹的数量、最近一次修改或访问文件的时间等，可根据需要在查看属性的同时更改文件的属性。Windows 7 的文件属性有：只读、归档、隐藏等。

10. 驱动程序

虽然 Windows 操作系统具有"即插即用"功能，但并不是所有的外围设备 Windows 都可以直接使用，大多数外围设备仍然需要安装驱动程序后方可使用。当买来一些硬件设备（如打印机、扫描仪等）时，一般随机都会有一张驱动盘，提供驱动程序。对于一些常见的外围设备，Windows 也提供一些标准设备驱动程序，可供用户选择安装。

11. 磁盘格式化

磁盘格式化是指对磁盘划分磁道、扇区，标记坏磁道坏扇区，为文件的存入做准备。对已存放文件的磁盘进行格式化，会删除磁盘上所有信息，包括病毒文件，因此对磁盘进行格式化前，应确定磁盘上的文件是已无用或已备份文件。

2.3　任务 3　Windows 7 的用户管理

任务描述

为了方便管理，小李决定为自己的计算机设置 3 个账户：一个自用，以"管理员"身份登录，拥有对计算机操作的全部权限（可以创建、更改、删除账户，安装、卸载程序，访问计算机的全部文件资料）；一个给"赵总"使用，为"标准用户"，允许赵总进行一些个性化设置，并设置账户密码，防止他人私自使用；另一个给偶尔使用该计算机的同事用，以 Guest 身份登录，不设密码。

任务分析

本任务中，一共需要 3 个账户。其中，小李自用的账户在安装系统时系统已自动创建 Administrator（管理员），该账户已存在并能满足小李的日常需求；赵总使用的账户，需要创建一个新账户，并对该账户进行命名、类型、密码、图片等个性化设置；供其他用户临时使用的来宾账户，需要启用 Guest 账户。此外，要能够根据需要切换用户账户，以不同身份登录计算机系统。

任务分解

本任务可以分解为以下 4 个子任务。

子任务 1：创建新账户

子任务 2：管理用户账户

子任务 3：启用来宾账户

子任务 4：切换用户登录

任务实施

2.3.1　创建新账户

步骤 1：创建一个新账户

（1）单击"开始"→"控制面板"命令，打开"控制面板"窗口，如图 2-124 所示。单击"用户账户和家庭安全"下的"添加或删除用户账户"超链接，打开"管理账户"窗口。

（2）在"管理账户"窗口中单击"创建一个新账户"超链接，如图 2-125 所示。

图 2-124　"控制面板"窗口

图 2-125　"管理账户"窗口

步骤 2：设置账户名称和权限

（1）在"创建新账户"窗口中输入新账户的名称"赵经理"；在账户类型中选中"管理员"单选按钮。单击"创建账户"按钮，完成新账户的创建，如图 2-126 所示。

（2）创建完成后，"管理账户"窗口中将出现一个新的账户图标，如图 2-127 所示。

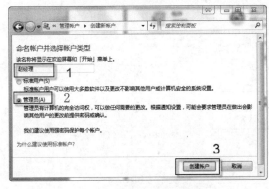

图 2-126　"命名账户并选择账户类型"窗口

图 2-127　新账户创建完成后的"管理账户"窗口

技巧与提示

只有创建一个管理员账户以后，才能创建其他类型的账户。而在欢迎屏幕上所见到的用户账户 administrator（管理员）为系统的内置账户，是在安装系统时自动创建的。

2.3.2 管理用户账户

步骤 1：进入账户管理

（1）在"控制面板"窗口中单击"用户账户和家庭安全"超链接，如图 2-128 所示。

（2）在"用户账户和家庭安全"窗口中单击"用户账户"超链接，如图 2-129 所示。

图 2-128 "控制面板"窗口

图 2-129 "用户账户和家庭安全"窗口

步骤 2：选择要更改的账户

（1）在"用户账户"窗口中单击"管理其他账户"超链接，如图 2-130 所示。

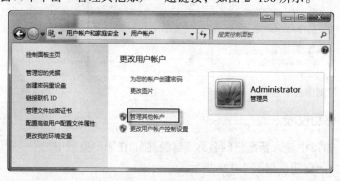

图 2-130 "用户账户"窗口

（2）选择要管理的账户"赵经理"，如图 2-131 所示。

图 2-131 选择账户

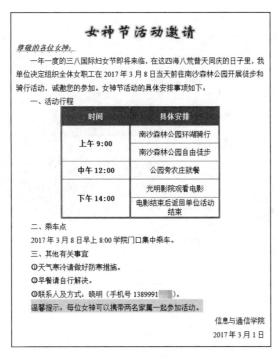

图 3-1　三八节活动邀请函

任务分析

活动邀请函是一种文本与表格混排的文档，需要对文本进行编辑和段落设置，对标题和正文内容进行字体设置、颜色设置和特效处理。在文档中插入相关的表格，对表格的单元格进行设置，并利用 Word 2010 的表格样式化表格。

任务分解

本任务可以分解为以下 7 个子任务。

子任务 1：文档创建与保存

子任务 2：文本录入

子任务 3：文本编辑

子任务 4：设置文字格式

子任务 5：段落设置

子任务 6：制作表格

子任务 7：美化表格

任务实施

3.1.1　文档创建与保存

步骤 1：启动 Word 2010

单击 Windows 任务栏中的"开始"按钮，选择"所有程序"→"Microsoft Office"→"Microsoft Office Word 2010"命令，如图 3-2 所示。

图 3-2　启动 Word 2010

技巧与提示

打开 Word 2010 的其他方法有：

（1）在桌面空白处右击，在弹出的快捷菜单中选择"新建"→"Microsoft Word 文档"命令。

（2）历史记录中保存着用户最近 25 次使用过的文档，要想启动相关应用并同时打开这些文档，只需在 Word 2010 中选择"文件"→"最近所用文件"命令，然后从"最近使用的文档"列表中选择文件名后单击即可。

步骤 2：认识 Word 2010 窗口

打开 Word 2010 时会自动新建一个 Word 文档，其窗口组成如图 3-3 所示。

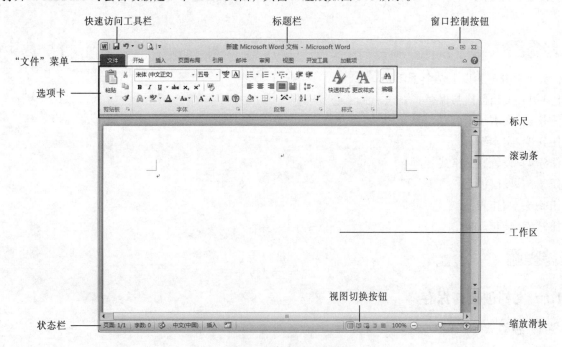

图 3-3　Word 2010 窗口

Word 2010 的窗口主要由快速访问工具栏、标题栏、窗口控制按钮、"文件"菜单、选项卡、标尺、滚动条、文档编辑区、状态栏等等组成。

标题栏：显示当前打开的 Word 2010 文档的文件名和模式。

快速访问工具栏：Word 2010 文档窗口中用于放置命令按钮，使用户快速启动经常使用的命令，如"保存""撤销""重复""查找"等。

"文件"菜单：类似于 Word 2007 的 Office 按钮，Word 2010 中的"文件"菜单方便原来的 Word 2003 用户快速适应到 Word 2010。"文件"菜单位于 Word 2010 窗口左上角。单击"文件"按钮可以打开"文件"菜单，包含"信息""最近所用文件""新建""打印""打开""关闭""保存"等常用命令，如图 3-4 所示。

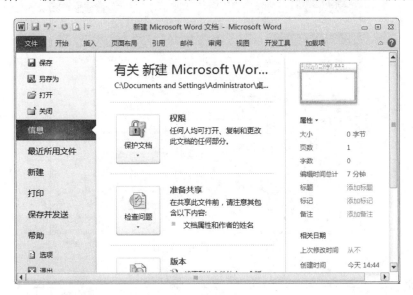

图 3-4 "文件"菜单

选项卡：实现 Word 2010 中主要的文本编辑、多媒体素材插入、图片处理、页面设置、邮件合并和文档审阅等功能。Word 2010 中有"开始""插入""页面布局""引用""邮件""审阅""视图""开发工具"等选项卡，每个选项卡根据功能的不同又分为若干个组。

工作区：是 Word 2010 为用户提供文档编辑的区域。编辑处闪烁的"Ⅰ"光标称为插入点，表示当前输入字符的位置，鼠标在这个区域呈现"Ⅰ"形状。

视图切换按钮：视图切换按钮位于状态栏的右侧，用于切换文档的视图模式。可供用户使用的视图模式有 5 种，分别是草稿、Web 版式视图、页面视图、大纲视图和阅读版式视图。

（1）页面视图：可以显示 Word 2010 文档的打印结果外观，主要包括页眉、页脚、图形对象、分栏设置、页面边距等元素。

（2）阅读版式视图：采用图书的分栏样式显示 Word 2010 文档，"文件"菜单、选项卡等窗口元素被隐藏起来。在阅读版式视图中，用户还可以单击"工具"按钮选择各种阅读工具。

（3）Web 版式视图：采用网页的形式显示 Word 2010 文档，Web 版式视图适用于发送电子邮件和创建网页。

（4）大纲视图：用来设置 Word 2010 文档和显示标题的层级结构，并可以方便地折叠和展开各种层级的文档。

（5）草稿：取消了页面边距、分栏、页眉/页脚和图片等元素，仅显示标题和正文，是最节省计算机系统硬件资源的视图方式。

滚动条：Word 2010 提供了垂直滚动条和水平滚动条，垂直滚动条位于工作区的右侧，水平滚动条位于工作区的下方。当文档的内容高度或宽度超过工作区的高度或宽度时，使用垂直滚动条或水平滚动条可以显示更多的文档内容。

缩放滑块：用来设置工作区文档内容的显示比例。

"标尺"按钮：为 Word 2010 工作区提供水平标尺和垂直标尺，帮助用户对文档的边界进行调整。

状态栏：位于 Word 2010 窗口最下方，用于显示当前文档的页数、字数、语言等状态信息。

步骤 3：文档保存

单击快速访问工具栏中的"保存"按钮，打开"另存为"对话框，如图 3-5 所示，先选择文档保存的磁盘和文件夹，然后在"文件名"文本框中输入"女神节活动邀请函"作为文档的名字，在"保存类型"下拉列表框中选择"Word 文档"，最后单击"保存"按钮。

图 3-5　"另存为"对话框

技巧与提示

保存文档的其他方法：

（1）选择"文件"→"保存"/"另存为"命令保存文档。

（2）按【Ctrl+S】组合键保存文档。

3.1.2　文本录入

步骤 1：文字录入

在 Word 2010 窗口工作区的文档默认的定位点录入女生节活动邀请需要的文本信息，如图 3-6 所示。

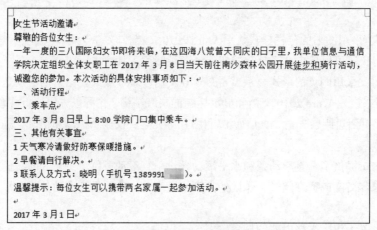

图 3-6　文本录入效果

步骤 2：复制移动文本

（1）复制和粘贴。选择文档中第一行文本信息的"女生节"部分文本，单击"开始"→"剪贴板"→"复制"

按钮，如图 3-7 所示。将定位光标插入到文档第五行"本次"文本后面，单击"开始"→"剪贴板"→"粘贴"按钮，如图 3-8 所示；把复制内容粘贴到该文本后面。

图 3-7　复制　　　　图 3-8　粘贴

（2）移动（剪切）文本。选择文档第三行文本中"信息与通信学院"部分文字信息，单击"开始"→"剪贴板"→"剪切"按钮，再将插入点定位到文档倒数第二行文本的起始处，单击"开始"→"剪贴板"→"粘贴"按钮，将文本粘贴到新的位置。

（3）删除文本。选中文档中"本次"文本信息，按【Backspace】键或【Del】键删除。

技巧与提示

1. 复制文本的其他方法

（1）使用鼠标右键快捷菜单中的"复制"和"粘贴选项"命令。

（2）按住【Ctrl】键的同时用鼠标将选定文本拖动到目标位置再释放鼠标。

（3）按【Ctrl+C】组合键复制，然后按【Ctrl+V】组合键粘贴。

2. 移动文本的其他方法

（1）使用鼠标右键快捷菜单中的"剪切"和"粘贴选项"命令。

（2）用鼠标左键直接将选定文本拖动到目标位置再释放鼠标。

（3）按【F2】键，然后将插入点定位于目标位置，再按【Enter】键。

（4）按【Ctrl+X】组合键剪切，然后按【Ctrl+V】组合键粘贴。

3.1.3　文本编辑

步骤 1：查找文本

单击"开始"→"编辑"→"查找"下拉按钮，在下拉列表中选择"高级查找"命令，弹出"查找和替换"对话框，如图 3-9 所示。在其中"查找"选项卡的"查找内容"文本框中输入要查找的文本"保暖"，然后单击"查找下一处"按钮，光标即可定位到被查找内容处。完成查找后，单击"取消"按钮关闭对话框。将"保暖"两个字删除。

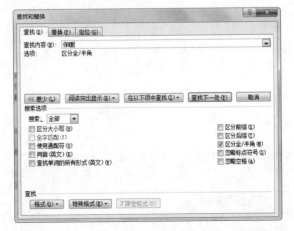

图 3-9　"查找和替换"对话框的"查找"选项卡

步骤2：替换文本

插入点定位在文档开始处，单击"开始"→"编辑"→"替换"按钮，弹出"查找和替换"对话框的"替换"选项卡，在"查找内容"文本框中输入"女生"，在"替换为"文本框中输入"女神"，单击"全部替换"按钮，如图3-10所示。在提示对话框中单击"否"按钮，完成文本替换操作，如图3-11所示。

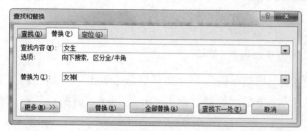

图3-10 "查找和替换"对话框的"替换"选项卡

图3-11 提示对话框

在"查找"和"替换"的过程中，还可以设定一些"高级"选项，如是否"区分大小写"、是否"使用通配符"等。

3.1.4　设置文字格式

步骤1：设置字体格式

（1）选中文档中第一行"女神节活动邀请"文字，单击"开始"→"字体"下拉按钮，在下拉列表中选择"华文新魏"，单击"字号"下拉按钮，在下拉列表中选择"一号"。设置字体颜色，单击"字体颜色"下拉按钮，在"颜色"窗口中选择"标准色"的"红色"；单击"加粗"按钮，加粗字体。单击"字体"组右下角的"对话框启动器"按钮 ，弹出"字体"对话框，设置字体"缩放"为"100%"，"间距"为"标准"，单击"确定"按钮，如图3-12所示。

（2）选中文档中除第一行文本以外的所有文本，单击"开始"→"字体"下拉按钮，在下拉列表中选择"宋体"，字号为"小四"，"缩放"为"100%"，"间距"为"标准"。数字和英文的字体设置为"Times New Roman"，字号和字符间距与中文相同。

步骤2：设置带圈字符

选中"天气寒冷请做好防寒措施"前的数字"1"，单击"开始"→"字体"→"带圈字符"按钮，弹出"带圈字符"对话框，"样式"选择"缩小文字"、"圈号"选择"圆圈"，设置数字"1"为带圈字符，如图3-13所示。采用同样的方法设置"早餐请自行解决"前的数字"2"为带圈字符和设置"联系人及方式"前的数字"3"为带圈字符。

图3-12 "字体"对话框

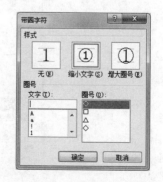

图3-13 "带圈字符"对话框

步骤 3：设置字体颜色、着重号及下画线

选中文档中第二行"尊敬的各位女神："文本，单击 "开始"→"字体"组右下角的"对话框启动器"按钮，弹出"字体"对话框，在"着重号"下拉列表框中选择"．"，为所选字体添加着重号，在"字体颜色"下拉列表框中选择"水绿色，强调文字颜色 5，深色 25%"，为字体添加颜色，在"下画线线型"下拉列表框中选择直线，为所选文本添加下画线效果，在"字形"下拉列表框中选择"加粗 倾斜"效果。具体设置效果如图 3-14 所示。

步骤 4：设置文本效果

选中文档中第一行"女神节活动邀请"文字，单击"开始"→"字体"→"文本效果"下拉按钮，在下拉列表中选择"发光"→"发光体"→"橄榄色，5pt 发光，强调文字颜色 3"效果，如图 3-15 所示，为文字添加发光效果。

图 3-14　"字体"对话框

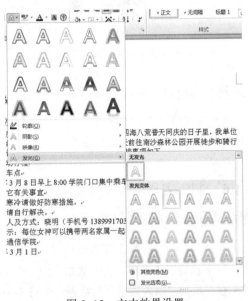

图 3-15　文本效果设置

步骤 5：设置文本突出显示效果

选中文档中的"温馨提示：每位女神可以携带两名家属一起参加活动。"文本，单击"开始"→"字体"→"以不同颜色突出显示文本"下拉按钮，在下拉列表中选择"黄色"，如图 3-16 所示，设置文本的突出显示效果。

3.1.5　段落设置

步骤 1：设置文本对齐方式

（1）将鼠标定位到"女神节活动邀请"文本中，单击"开始"→"段落"→"居中"按钮，将文本设置为居中对齐。

（2）用同样的方法设置"信息与通信学院"文本和"2017 年 3 月 1 日"文本的对齐方式为"文本右对齐"。

步骤 2：设置文本段落缩进和行距

（1）用鼠标连续选中"一年一度的三八国际妇女节…"至"…家属一起参加活动。"间几个段落的文本内容，单击"开始"→"段落"组右下角的"对话框启动器"按钮，弹出"段落"对话框，在"缩进"区域的"特殊格式"下拉列表框中选择"首行缩进"，并设置"磅值"为"2 字符"，如图 3-17 所示。

（2）按【Ctrl+A】组合键全选文本信息，并单击"开始"→"段落"组右下角的"对话框启动器"按钮，弹出"段落"对话框，在"间距"区域的"行距"下拉列表框中选择"固定值"，并设置值为"22 磅"，如图 3-17 所示。

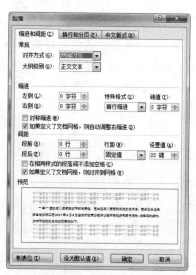

图 3-16　设置文本突出显示效果

图 3-17　"段落"对话框

技巧与提示

当用户需要连续使用已有的格式时，将光标放至所要复制的格式中，然后双击"格式刷"按钮 ![格式刷]，这样即可连续复制格式，要取消只须单击"格式刷"按钮即可。

3.1.6　制作表格

步骤1：插入表格

（1）在"一、活动行程"文本的后面插入一个 5 行 2 列的表格。单击"插入"→"表格"→"插入表格"下拉按钮，在下拉列表中选择"插入表格"命令，如图 3-18 所示。

（2）在弹出的"插入表格"对话框（见图 3-19）中设置列数为"2"，行数为"6"，"自动调整"操作选择"固定列宽"且"自动"，单击"确定"按钮。

图 3-18　"插入表格"下拉列表

图 3-19　"插入表格"对话框

（3）在表格中录入文本信息，如图 3-20 所示。

时间	具体安排
上午 9:00	南沙森林公园环湖骑行
	南沙森林公园自由徒步
中午 12:00	公园旁农庄就餐
中午 14:00	光明影院观看电影，电影结束后返回单位活动结束

图 3-20　表格录入文本效果

步骤 2: 调整表格行列格式及表格对齐方式

（1）将鼠标移动到表格区域内的任一位置，当表格左上角出现 ⊞ 图标时单击该图标选中整个表格。

（2）在"表格工具/布局"→"单元格大小"组中设置"高度"为"1 厘米"、"宽度"为"5.25 厘米"，在"对齐方式"组中单击"水平居中"按钮，如图 3-21 所示。

图 3-21　"表格工具/布局"选项卡

（3）利用鼠标调整表格列的宽度。将鼠标移动到表格第一列的边界，当鼠标形状变成 ╢╟ 时，按住鼠标左键向右拖动边界线，调整第一列的宽度。调整后的表格列宽效果如图 3-22 所示。

步骤 3: 单元格合并拆分

（1）合并单元格。用鼠标选中"上午 9:00"单元格与下方空白单元格，单击"表格工具/布局"→"合并"→"合并单元格"按钮，进行单元格合并，合并结果如图 3-23 所示。

时间	具体安排
上午 9:00	南沙森林公园环湖骑行
	南沙森林公园自由徒步
中午 12:00	公园旁农庄就餐
中午 14:00	光明影院观看电影，电影结束后返回单位活动结束

图 3-22　调整后的表格列宽效果

时间	具体安排
上午 9:00	南沙森林公园环湖骑行
	南沙森林公园自由徒步
中午 12:00	公园旁农庄就餐
中午 14:00	光明影院观看电影，电影结束后返回单位活动结束

图 3-23　合并单元格

（2）拆分单元格，右击"光明影院观看电影，电影结束后返回单位活动结束"单元格，在弹出的快捷菜单中选择"拆分单元格"命令，弹出"拆分单元格"对话框，设置"列数"为"1"、"行数"为"2"，单击"确定"按钮，如图 3-24 所示。拆分后将原来"光明影院观看电影，电影结束后返回单位活动结束"单元格的文本信息剪切到拆分后的新单元格中并用鼠标调整两个单元格的高度，如图 3-25 所示。

图 3-24　"拆分单元格"对话框

下午 14:00	光明影院观看电影
	电影结束后返回单位活动结束

图 3-25　拆分后单元格文本效果

步骤 4: 擦除表格

选中表格的任一单元格，单击"表格工具/设计"→"绘图边框"→"擦除"按钮，鼠标形状变成橡皮擦的形状。将鼠标移动到表格最后一行的单元格边框线上单击，将最后一行的两个单元格的边框线擦除，擦除后效果如图 3-26 所示。

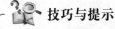 技巧与提示

除了采用擦除边框的方法进行删除单元格或整行整列外，还可以右击该单元格，在弹出的快捷菜单中选择"删除单元格"命令删除单元格或整行整列。

时间	具体安排
上午 9:00	南沙森林公园环湖骑行
	南沙森林公园自由徒步
中午 12:00	公园旁农庄就餐
下午 14:00	光明影院观看电影
	电影结束后返回单位活动结束

图 3-26　擦除表格效果

3.1.7　美化表格

步骤 1：套用表格样式

（1）选中整个表格，单击"表格工具/设计"→"表格样式"→"样式效果"下拉按钮，在下拉列表中选择"内置"→"浅色列表–强调文字颜色 2"选项，如图 3–27 所示。

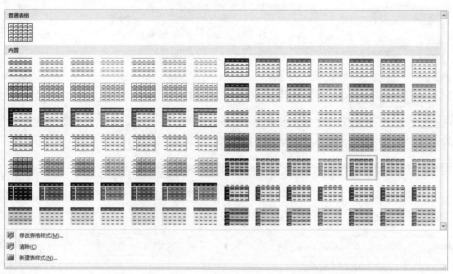

图 3–27　表格样式窗口

（2）选中整个表格，单击"开始"→"段落"→"居中"按钮，让整个表格居中对齐。

（3）单击"表格工具/布局"→"对齐方式"→"水平居中"按钮，设置整个表格的单元格文本内容水平居中。

步骤 2：设置表格边框

（1）选中表格的任一单元格。单击"表格工具/设计"→"绘图边框"→"笔样式"下拉按钮，在下拉列表中选择"双实线"选项。在"笔划粗细"下拉列表中选择"0.75 磅"选项设置双实线的粗细。在"笔颜色"下拉列表中选择"自动"选项设置双实线的颜色，如图 3–28 所示。

图 3–28　设置边框线条

（2）选中整个表格。单击"表格工具/设计"→"表格样式"→"边框"下拉按钮，在下拉列表中选择"外侧边框"选项，如图 3–29 所示。设置后表格效果如图 3–30 所示。

图 3–29　"边框"下拉列表框

时间	具体安排
上午 9:00	南沙森林公园环湖骑行
	南沙森林公园自由徒步
中午 12:00	公园旁农庄就餐
下午 14:00	光明影院观看电影
	电影结束后返回单位活动结束

图 3–30　添加表格边框效果

（3）选择表格下方的段落符号，按【Delete】键删除该段落符号，美化文档。

技巧与提示

设置表格的边框还可以通过单击"表格工具/设计"→"绘图边框"组右下角的"对话框启动器"按钮，弹出"边框和底纹"对话框，在其中进行设置。

（4）单击快速访问工具栏中的"保存"按钮保存文档。

任务拓展

任务：制作亲子活动邀请函

任务描述：利用 Word 2010 的文字段落设置和绘制表格功能制作一份美观大方的幼儿园亲子活动邀请函，制作效果如图 3-31 所示。

图 3-31　幼儿园亲子活动邀请函

知识链接

1. 理解 Word 2010 中几个相关概念

（1）文本。文本包括英文字母、汉字、数字和符号等内容。

（2）插入点。在文档窗口的文本编辑区中有个闪烁的竖线，称为插入点。插入点的位置就是文本输入的位置。一般新建文档后，插入点默认处于页面左上角。

2. "文件"菜单中命令面板的主要功能

（1）"信息"命令面板。打开"信息"命令面板，用户可以进行旧版本格式转换、保护文档（包含设置 Word 文档密码、访问权限等）、检查问题和管理自动保存的版本。

（2）"最近所用文件"命令面板。在"最近所用文件"命令面板右侧可以查看最近使用的 Word 文档列表，用户可以通过该面板快速打开使用的 Word 文档。在每个历史 Word 文档名称的右侧含有一个固定按钮 ⊨，单击该按钮可以将该记录固定在当前位置，而不会被后续历史 Word 文档名称替换。

（3）"新建"命令面板。打开"新建"命令面板，用户可以看到丰富的 Word 2010 文档类型，包括"空白文档""博客文章""书法字帖"等 Word 2010 内置的文档类型。用户还可以通过 Office.com 提供的模板新建诸如"会议日程""证书""奖状""小册子"等实用的 Word 文档。

（4）"打印"命令面板。打开"打印"命令面板，在该面板中可以详细设置多种打印参数，例如双面打印、指定打印页等参数，有效控制 Word 2010 文档的打印效果。

（5）"保存并发送"命令面板。打开"保存并发送"命令面板，用户可以在面板中对 Word 2010 文档进行保存到 Web、发布为博客文章、发送电子邮件、创建 PDF 文档和更改文件类型等操作。

（6）"选项"命令面板。打开"Word 选项"对话框，可以开启或关闭 Word 2010 中的许多功能或设置参数，如图 3-32 所示。

图 3-32 "Word 选项"对话框

3. 认识 Word 2010 中的选项卡

与旧版本的 Word 2003 相比，Word 2010 最明显的变化就是取消了传统的菜单操作方式，而代之以各种选项卡。在 Excel 2010 窗口上方看起来像菜单的名称其实是选项卡的名称，当单击这些名称时并不会打开菜单，而是切换到与之相对应的选项卡。每个选项卡根据功能的不同又分为若干个组，每个组的右下角有一个 按钮，单击它可以打开传统的分组设置对话框（如单击"字体"组右下角的"对话框启动器"按钮 ，打开"字体"对话框）。常用选项卡所拥有的功能如下所述：

（1）"开始"选项卡。该选项卡中包括剪贴板、字体、段落、样式和编辑 5 个组，对应 Word 2003 的"编辑"和"段落"菜单部分命令。该选项卡主要用于帮助用户对 Word 2010 文档进行文字编辑和格式设置，是用户最常用的选项卡，如图 3-33 所示。

图 3-33 "开始"选项卡

（2）"插入"选项卡。该选项卡包括页、表格、插图、链接、页眉和页脚、文本和符号 7 个组，对应 Word 2003 中"插入"菜单的部分命令，主要用于在 Word 2010 文档中插入各种元素，如图 3-34 所示。

图 3-34 "插入"选项卡

（3）"页面布局"选项卡。该选项卡包括主题、页面设置、稿纸、页面背景、段落、排列 6 个组，对应 Word 2003 的"页面设置"菜单命令和"段落"菜单中的部分命令，用于帮助用户设置 Word 2010 文档页面样式，如图 3-35

所示。

图 3-35　"页面布局"选项卡

（4）"引用"选项卡。该选项卡包括目录、脚注、引文与书目、题注、索引和引文目录 6 个组，用于实现在 Word 2010 文档中插入目录等比较高级的功能，如图 3-36 所示。

图 3-36　"引用"选项卡

（5）"邮件"选项卡。该选项卡包括创建、开始邮件合并、编写和插入域、预览结果和完成 5 个组，该选项卡的作用比较单一，专门用于在 Word 2010 文档中进行邮件合并方面的操作，如图 3-37 所示。

图 3-37　"邮件"选项卡

（6）"审阅"选项卡。该选项卡包括校对、语言、中文简繁转换、批注、修订、更改、比较和保护 8 个组，主要用于对 Word 2010 文档进行校对和修订等操作，适用于多人协作处理 Word 2010 长文档，如图 3-38 所示。

图 3-38　"审阅"选项卡

（7）"视图"选项卡。该选项卡包括文档视图、显示、显示比例、窗口和宏 5 个组，主要帮助用户设置 Word 2010 窗口的视图显示方式，方便用户操作，如图 3-39 所示。

图 3-39　"视图"选项卡

4. 导航窗格的使用

在 Word 2003 中浏览和编辑多页数的长文档比较麻烦，为了查找和查看特定内容，需要滚动鼠标滚轮或是频繁拖动滚动条，浪费很多时间。Word 2010 为长文档增加了"导航窗格"，可以为长文档轻松"导航"，并且有非常精确方便的搜索功能。

在"视图"选项卡中勾选"显示"组中的"导航窗格"复选框，即可在 Word 2010 编辑窗口的左侧打开"导航窗格"，如图 3-40 所示。

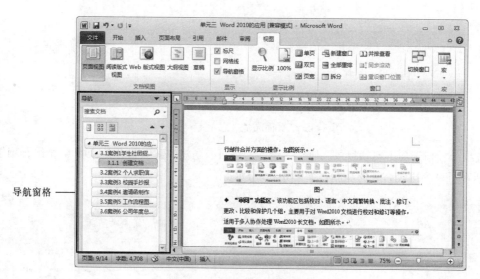

图 3-40　导航窗格

Word 2010 新增的文档导航功能的导航方式有标题导航、页面导航和搜索导航 ▯ ▯▯ ▯ 三个按钮。用户可以轻松查找、定位到想查阅的段落或特定的对象。

5. 定位与选取

1）定位

用鼠标进行定位时，可采取以下方法：单击并移动文档窗口右侧和下方的垂直或水平滚动条，可快速纵向或横向滚动文本；单击"对象浏览按钮组"中的▲或▼，可向上或向下滚动一行，单击 ▯ 或 ▯ 可向上或向下滚动一页。

按某一特定对象浏览文档内容。单击"对象浏览按钮组"中的 ▯，打开"选择浏览对象"列表，如图 3-41 所示。该列表包含 12 种浏览对象。选择"定位"浏览对象可打开"查找和替换"对话框的"定位"选项卡，如图 3-42 所示。

图 3-41　选择浏览对象列表

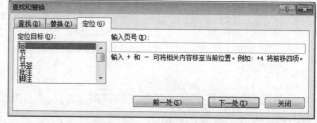

图 3-42　"查找和替换"对话框的"定位"选项卡

在"定位"选项卡中，可按页、行、节、书签等在文档中进行快速定位。如果用键盘进行定位的话，方法如表 3-1 所示。

表 3-1　用键盘进行快速定位

操 作 键	实 现 功 能
↑、↓、←、→	上移、下移、左移、右移一行
【Home】／【End】	移至行尾／行首
【PgUp】／【PgDn】	上移一屏／下移一屏
【Ctrl+↑】／【Ctrl+↓】	上移一段／下移一段
【Ctrl+←】／【Ctrl+→】	左移一个词／右移一个词
【Ctrl+Home】／【Ctrl+End】	移至文档首／尾

续表

操 作 键	实 现 功 能
【Alt+Ctrl+PgUp】／【Alt+Ctrl+PgDn】	移至本页开始处／结尾处
【Tab】／【Shift+Tab】	右移／左移一个单元格（制表位）
【Shift+F5】	移至前一编辑处

2）选取

找到选取目标后，接下来可以用键盘或鼠标对文本进行选取。操作方法如表 3-2 和表 3-3 所示。

表 3-2 用鼠标选取对象

要选定的文档内容	鼠 标 操 作
一个单词或一个中文词语	双击该单词或词语
一个句子	按住【Ctrl】键，单击该句子任何地方
一行	将鼠标移动到该行左侧的选择栏，鼠标指针变为"⌐"时单击
多行	先选择一行（方法同上），再按住左键向上或向下拖动鼠标
一个段落	在段落选择栏处双击；或在段落上任意处三击左键
多个段落	先选择一段落，在击最后一键的同时往上或往下拉动鼠标
任意连续字符块	单击所选字符块的开始处，按住【Shift】键，单击字符块尾
矩形字符块（列块）	按住【Alt】键，再拖动鼠标
一个图形	单击该图形
整篇文档	将鼠标移动到该行左侧的选择栏，鼠标变为"⌐"时三击左键

表 3-3 用键盘选取对象

要选定的文档内容	键 盘 操 作	要选定的文档内容	键 盘 操 作
右侧一个字符	【Shift+→】	从当前字符至行尾	【Shift+End】
左侧一个字符	【Shift+←】	从当前字符至段首	【Ctrl+Shift+↑】
上一行	【Shift+↑】	从当前字符至段尾	【Ctrl+Shift+↓】
下一行	【Shift+↓】	扩展选择	【F8】
从当前字符至行首	【Shift+Home】	缩减选择	【Shift+F8】

6. 剪切、粘贴、撤销和恢复

1）剪切

通过 Office 剪贴板，用户可以有选择地粘贴暂存于 Office 剪贴板中的内容，使粘贴操作更加灵活。单击"开始"→"剪贴板"组右下角的"对话框启动器"按钮，打开"剪贴板"任务窗格。可以看到暂存在 Office 剪贴板中的项目列表，用户只要单击需要的某一选项即可。如果需要删除 Office 剪贴板中的其中一项内容或几项内容，可以单击该项目右侧的下拉按钮，在打开的下拉菜单中选择"删除"命令。当需要删除剪贴板中的所有内容时，可以单击"剪贴板"任务窗格顶部的"全部清空"按钮。

2）粘贴

当用户执行"复制"或"剪切"操作后，单击"粘贴"按钮会出现"粘贴选项"命令面板，包括"保留源格式""合并格式""仅保留文本"3 个按钮，还有"选择性粘贴"和"设置默认粘贴"两个命令。其中"保留源格式"按钮用来将被粘贴内容保留原始内容的格式；"合并格式"按钮用来将被粘贴内容保留原始内容的格式，并且合并应用目标位置的格式；"仅保留文本"按钮用来将被粘贴内容清除原始内容和目标位置的所有格式，仅仅保留文本。

选择"选择性粘贴"命令，打开"选择性粘贴"对话框，如图 3-43 所示，用户可以进行粘贴操作或粘贴链接操作。

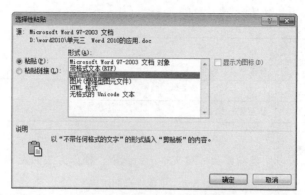

图 3-43 "选择性粘贴"对话框

选择"设置默认粘贴",可以打开"Word 选项"对话框的"高级"设置窗口,可设置 Word 2010 文档的"编辑选项""复制、剪贴和粘贴""图像大小和质量""显示"和"打印"等选项。

技巧与提示

> 每次执行完"粘贴"命令后,在被粘贴的文本信息的右下角会出现 📋(Ctrl)· 快捷命令,单击该命令的▼按钮,打开"粘贴选项"命令浮动窗口,选择相关粘贴操作。

3)撤销和恢复

"撤销"功能可以保留最近执行的操作记录,用户可以按照从后到前的顺序撤销若干步骤,但不能有选择地撤销不连续的操作。用户可以按【Alt+Backspace】或【Ctrl+Z】组合键执行撤销操作,也可以单击快速访问工具栏中的"撤销键入"按钮。当用户执行一次"撤销"操作后,用户可以按【Ctrl+Y】组合键执行恢复操作,也可以单击快速访问工具栏中的"恢复键入"按钮。

7. 表格的操作

1)表格与文字转换

Word 2010 提供了表格与文本互相转换的功能,可以将表格转换成文本,也可以将文本转换为表格。

(1)将表格转换成文本。选中表格的任一单元格,单击"表格工具/布局"→"数据"→"转换为文本"按钮,弹出"表格转换成文本"对话框,在"文字分隔符"区域选择"制表符"单选按钮(见图 3-44),单击"确定"按钮。采用不同的文字分隔符转换后的效果如图 3-45 所示。

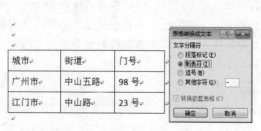

图 3-44 表格转成文本

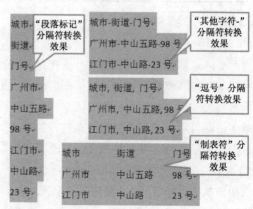

图 3-45 使用不同文字分隔符转换效果

(2)将文本转换成表格。先选中要转换成表格的文本段落,然后单击"插入"→"表格"下拉按钮,在下拉列表中选择"文本转换成表格"命令,弹出"将文字转换成表格"对话框(见图 3-46),设置表格尺寸的列数为"3","自动调整"操作选择"固定列宽",设置为"自动","文字分隔位置"选择"逗号",单击"确定"按钮,文本将转换成一个 3 行 3 列的表格。注意：在文本与表格的相互转换中使用的逗号是英文的逗号。

2）表格中数据计算

光标定位到表格中需要计算的单元格中，单击"表格工具/布局"→"数据"→"公式"按钮，弹出"公式"对话框，如图 3-47 所示。在"公式"对话框的"公式"文本框中输入"="号，然后在"粘贴函数"下拉列表中选择"AVERAGE()"函数，"公式"文本框中的内容自动更新为"=AVERAGE()"，在函数中输入"LEFT"参数，单击"确定"按钮得到计算结果。"AVERAGE()"函数中的"LEFT"参数代表求值单元格

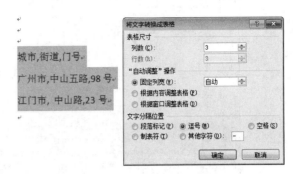

图 3-46　文本转换成表格

所在行的左侧其他单元格，除此之外还有右侧"RIGHT"、上面"ABOVE"和下面"BELOW"三个参数。另外，Word 2010 还提供使用数字和运算的计算方式，在"公式"对话框的"公式"文本框中输入"=(0.011+0.521)/2"同样可以得到计算结果。

3）表格中数据排序

Word 2010 为表格中的数据信息提供了排序功能，方便用户为数据表格进行自动排序。图 3-48 所示为表格数据排序前状态，将光标定位到表格的任意一个单元格中，单击"表格工具/布局"→"数据"→"排序"按钮，弹出"排序"对话框，如图 3-49 所示。在"排序"对话框的"主要关键字"选择"优先级权值"，"类型"选择"数字"，"使用"选择"段落数"，选择"降序"单选按钮，单击"确定"按钮。表格数据排序后状态如图 3-50 所示。

图 3-47　"公式"对话框

课程可用时间条件	优先级权值
可用时间≤20 个时间片	30
可用时间≤10 个时间片	50
可用时间≤30 个时间片	20

图 3-48　排序前

图 3-49　"排序"对话框

课程可用时间条件	优先级权值
可用时间≤10 个时间片	50
可用时间≤20 个时间片	30
可用时间≤30 个时间片	20

图 3-50　排序后

3.2　任务 2　制作图文混排简报

任务描述

学院摄影协会社团委托你制作一份相关摄影技术的知识简报给各位新同学学习，具体制作效果图如图 3-51 所示。

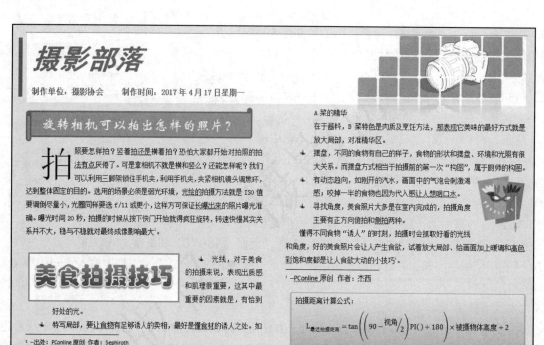

图 3-51　摄影简报效果图

任务分析

实现本案例首先要进行页面设置，对素材文本进行编辑、段落格式化，并设置文字下沉、字形、字符颜色等特效，为文本添加项目符号。然后利用文本框进行版面设计，在文档中插入公式、图片、剪贴画和艺术字实现图文混排效果。最后为文档插入脚注、尾注和水印完成一份精美的摄影简报。

任务分解

本任务可以分解为以下 7 个子任务。

子任务 1：页面设置

子任务 2：段落设置、分栏和首字下沉

子任务 3：使用文本框排版

子任务 4：添加插图和艺术字

子任务 5：插入数学公式符号

子任务 6：插入脚注和尾注

子任务 7：添加水印

任务实施

3.2.1　页面设置

步骤 1：打开素材文档

启动 Word 2010，单击"文件"→"打开"命令，弹出"打开"对话框，选择"摄影部落文字素材"文档，单击"打开"按钮，如图 3-52 所示。打开后的素材样张如图 3-53 所示。

图 3-52　"打开"对话框

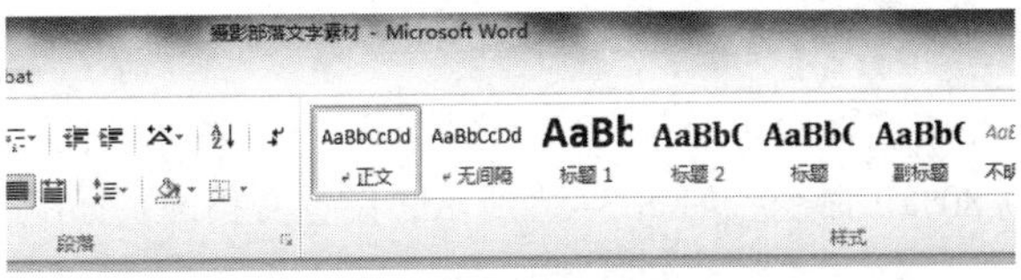

图 3-53　摄影简报文字素材

步骤 2：设置纸张大小、方向和边距

（1）设置页面大小。单击"页面布局"→"页面设置"→"纸张大小"下拉按钮，在下拉列表中选择纸张为"A4"，设置文档纸张大小，如图 3-54 所示。

（2）设置纸张方向。单击"页面布局"→"页面设置"→"纸张方向"下拉按钮，在下拉列表中选择纸张方向为"横向"，如图 3-55 所示。Word 2010 中默认的纸张方向为"纵向"。

（3）设置页边距。单击"页面布局"→"页面设置"→"页边距"下拉按钮，在下拉列表中选择"窄"选项，如图 3-56 所示对文档的页边距进行设置。除了使用 Word 2010 提供的页边距样式进行设置之外，还可以选择"页边距"下拉列表中的"自定义边距"命令，打开"页面设置"对话框，进行更多的文档页边距、纸张、版式和文档网格设置，如图 3-57 所示。

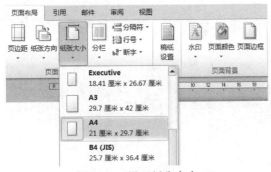

图 3-54　设置纸张大小

图 3-55　设置纸张方向

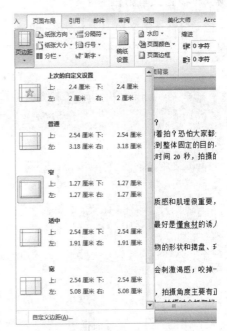

图 3-56　"页边距"下拉列表

步骤 3: 设置页面颜色

单击"页面布局"→"页面背景"→"页面颜色"下拉按钮，在下拉列表中选择"橄榄色，强调文字颜色 3，淡色 80%"命令，如图 3-58 所示，设置文档的页面颜色。

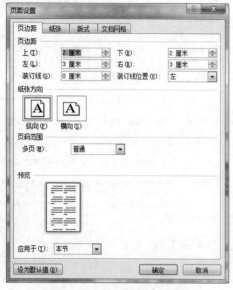

图 3-57 "页面设置"对话框

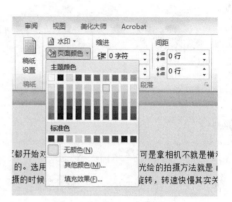

图 3-58 设置页面颜色

3.2.2 段落设置、分栏和首字下沉

步骤 1: 段落设置和文本设置

选择文档中的所有文本内容，单击"开始"→"段落"组右下角的"对话框启动器"按钮，弹出"段落"对话框，设置段落的行距为固定值"20 磅"，"首行缩进"为"2 字符"。所有文本的字体设置为"宋体"，字号为"五号"。

步骤 2: 设置文本分栏

（1）拖动鼠标选中文档中所有段落的文本，如图 3-59 所示。单击"页面布局"→"页面设置"→"分栏"下拉按钮，在下拉列表中选择"更多分栏"选项，如图 3-60 所示。

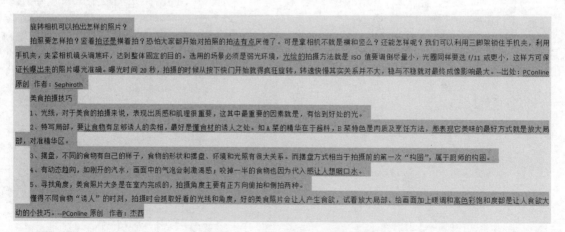

图 3-59 选中文档中所有段落

（2）在弹出的"分栏"对话框中，设置栏数为"2"，选中"栏宽相等"复选框，设置间距为"3.32 字符"，如图 3-61 所示，单击"确定"按钮，完成分栏设置，效果如图 3-62 所示。

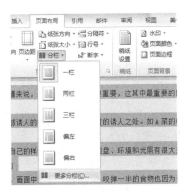

图 3-60　"分栏"下拉列表

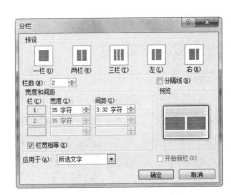

图 3-61　"分栏"对话框

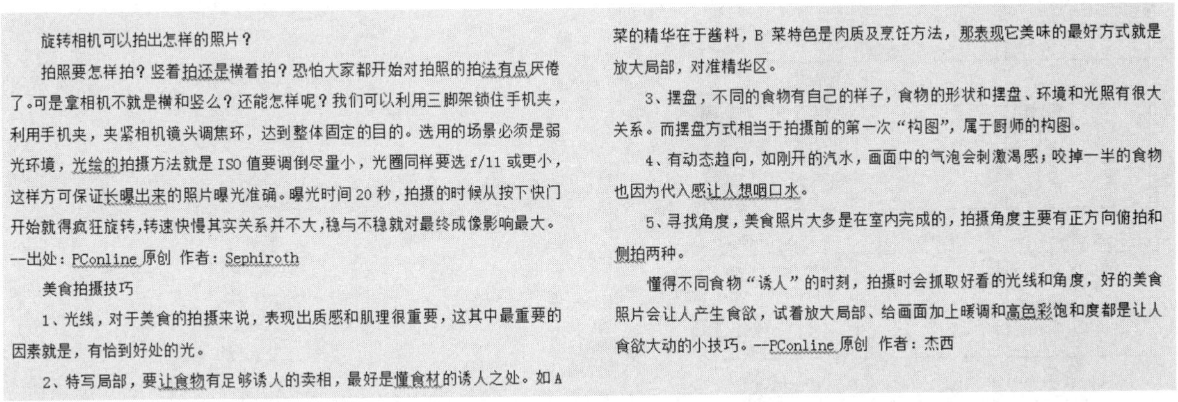

旋转相机可以拍出怎样的照片？

拍照要怎样拍？竖着拍还是横着拍？恐怕大家都开始对拍照的拍法有点厌倦了。可是拿相机不就是横和竖么？还能怎样呢？我们可以利用三脚架锁住手机夹，利用手机夹，夹紧相机镜头调焦环，达到整体固定的目的。选用的场景必须是弱光环境，光绘的拍摄方法就是 ISO 值要调倒尽量小，光圈同样要选 f/11 或更小，这样方可保证长曝出来的照片曝光准确。曝光时间 20 秒，拍摄的时候从按下快门开始就得疯狂旋转，转速快慢其实关系并不大，稳与不稳就对最终成像影响最大。

—出处：PConline 原创 作者：Sephiroth

美食拍摄技巧

1、光线，对于美食的拍摄来说，表现出质感和肌理很重要，这其中最重要的因素就是，有恰到好处的光。

2、特写局部，要让食物有足够诱人的卖相，最好是懂食材的诱人之处。如 A 菜的精华在于酱料，B 菜特色是肉质及烹饪方法，那表现它美味的最好方式就是放大局部，对准精华区。

3、摆盘，不同的食物有自己的样子，食物的形状和摆盘、环境和光照有很大关系。而摆盘方式相当于拍摄前的第一次"构图"，属于厨师的构图。

4、有动态趋向，如刚开的汽水，画面中的气泡会刺激潮湿感；咬掉一半的食物也因为代入感让人想咽口水。

5、寻找角度，美食照片大多是在室内完成的，拍摄角度主要有正方向俯拍和侧拍两种。

懂得不同食物"诱人"的时刻，拍摄时会抓取好看的光线和角度，好的美食照片会让人产生食欲，试着放大局部、给画面加上暖调和高色彩饱和度都是让人食欲大动的小技巧。—PConline 原创 作者：杰西

图 3-62　段落分栏效果

步骤 3：设置首字下沉

选中"拍照要怎样拍？竖着拍还是横着拍？…"整段文本，单击"插入"→"文本"→"首字下沉"下拉按钮，在下拉列表中选择"下沉"选项，如图 3-63 所示。

步骤 4：设置项目符号

选中"1、光线…"至"…正方向俯拍和侧拍两种。"间的所有段落文本，单击"开始"→"段落"→"项目符号"下拉按钮，在下拉列表中选择"项目符号库"→"❖"符号选项，如图 3-64 所示，为文本添加项目符号。

图 3-63　设置首字下沉

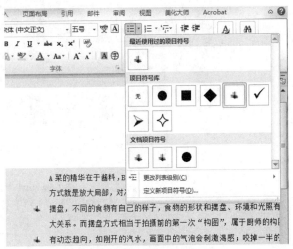

图 3-64　设置项目符号

3.2.3　使用文本框排版

步骤1：插入内置文本框

（1）光标定位到文档开始处，单击"插入"→"文本"→"文本框"下拉按钮，在下拉列表中选择"内置"→"透视系数提要栏"选项，如图 3-65 所示。

（2）在文本框的"[键入提要栏标题]"域中输入"摄影部落"文字信息，在"[键入提要栏内容...]"域中输入"制作单位：摄影协会　制作时间：2017 年 4 月 17 日星期一"。将"摄影部落"文本设置字体为"黑体"、字号为"初号"、加粗斜体，字体颜色为"橄榄色，强调文字颜色 3，深色 25%"；将"制作单位：摄影协会　制作时间：2017 年 4 月 17 日星期一"文本设置字体为"宋体"、字号为"小四"、加粗，如图 3-66 所示。

图 3-65　选择内置"文本框"样式

图 3-66　应用内置文本框样式

（3）选择文本框，单击"绘图工具/格式"→"排列"→"位置"下拉按钮，在下拉列表中选择"文字环绕"→"顶端居左，四周型文字环绕"选项，设置效果如图 3-67 所示。

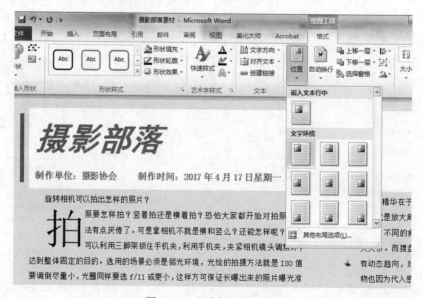

图 3-67　文本框环绕设置

步骤 2：绘制文本框

（1）光标定位在文档末尾位置，在文档的右下方插入一个文本框。单击"插入"→"文本"→"文本框"下拉按钮，在下拉列表中选择"绘制文本框"选项。利用鼠标拖动在文档中绘制一个文本框，如图 3-68 所示。

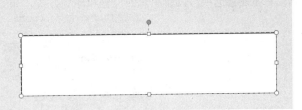

图 3-68　插入文本框

（2）将鼠标定位到文本框中，输入"拍摄距离计算公式："文本信息，并换行，如图 3-69 所示。

（3）选中文本框，单击"绘图工具/格式"→"形状样式"→"样式效果"下拉按钮，在下拉列表中选择 "细微效果–橙色，强调颜色 6"样式，如图 3-70 所示。

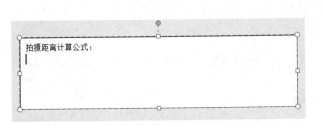

图 3-69　为文本框添加文本信息

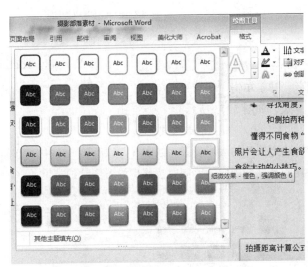

图 3-70　设置文本框形状样式

3.2.4　添加插图和艺术字

步骤 1：插入图片

（1）光标定位到"旋转相机可以拍出怎样的照片？"文本段落前，单击"插入"→"插图"→"图片"按钮，弹出"插入图片"对话框，选择需要插入的图片，单击"插入"按钮，如图 3-71 所示。

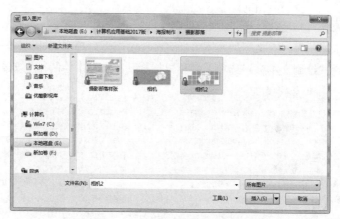

图 3-71 "插入图片"对话框

（2）选择图片，单击"图片工具/格式"→"排列"→"位置"下拉按钮，在下拉列表中选择"顶端居右，四周型文字环绕"选项，设置图片的位置和环绕方式，如图 3-72 所示。

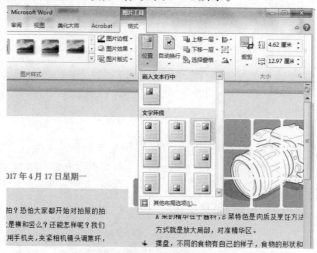

图 3-72 设置图片位置和环绕方式

（3）单击"图片工具/格式"→"图片样式"→"样式效果"下拉按钮，在下拉列表中选择"映像圆角矩形"样式，如图 3-73 所示。

（4）在"图片工具/格式"选项卡"大小"组中的"高度"文本框中输入图片的高度为"3.3 厘米"，然后按【Enter】键确定图片的大小设置，如图 3-74 所示。Word 2010 的默认设置中，能够自动锁定图片的纵横比，只要设置了图片的高度并确定就能同时按比例设置图片的宽度。

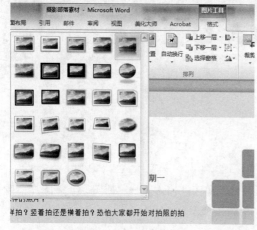

图 3-73 设置图片样式

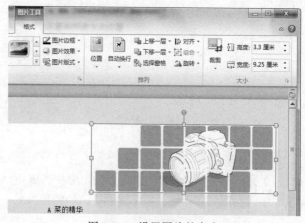

图 3-74 设置图片的大小

步骤 2：插入形状

（1）光标定位到"旋转相机可以拍出怎样的照片？"文本段落前，单击"插入"→"插图"→"形状"下拉按钮，在下拉列表中选择"星与旗帜"→"横卷型"选项，如图 3-75 所示。

（2）当光标变成十字时在段落中绘制一个"横卷型"形状，用鼠标拖动形状调整其大小。单击"绘图工具/格式"→"形状样式"→"样式效果"下拉按钮，在下拉列表中选择"彩色填充-橙色，强调颜色 6"样式，如图 3-76 所示。

（3）选中形状并右击，在弹出的快捷菜单中选择"添加文字"命令，将"旋转相机可以拍出怎样的照片？"整行文本信息复制粘贴进形状中，并设置字体为"华文新魏"，字号为"二号"，效果如图 3-77 所示。

图 3-75　插入形状

图 3-76　"横卷型"形状

图 3-77　在形状中添加文字

（4）选中"旋转相机可以拍出怎样的照片？"整行，按【Delete】键删除行文本并按【Enter】键换行，效果如图 3-78 所示。

（5）选中"横卷型"形状，单击"绘图工具/格式"→"排列"→"自动换行"下拉按钮，在下拉列表中选择"浮于文字上方"选项，拖动"横卷型"形状到首字下沉的段落上方，如图 3-79 所示。

图 3-78　删除文本并换行

图 3-79　调整形状位置

步骤 3：插入艺术字

（1）选中文档中"美食拍摄技巧"文本，单击"插入"→"文本"→"艺术字"下拉按钮，在下拉列表中选择"渐变填充-蓝色，强调文字颜色 1，轮廓-白色"选项，如图 3-80 所示。

（2）删除"美食拍摄技巧"艺术字前面的空格，单击"绘图工具/格式"→"排列"→"自动换行"下拉按钮，在下拉列表中选择"四周型环绕"选项，设置艺术字的环绕方式。

（3）在"开始"选项卡的"字体"组中设置艺术字字体为"华文琥珀"，字号为"小初"。在"开始"选项卡的"段落"组中设置艺术字的段落行距为"2 倍行距"，设置"对齐方式"为"居中"。

（4）选择艺术字，单击"绘图工具/格式"→"形状样式"→"选择形状或线条的外观样式"下拉按钮，在下拉列表中选择"彩色轮廓-橄榄色，强调颜色 3"样式，效果如图 3-81 所示。

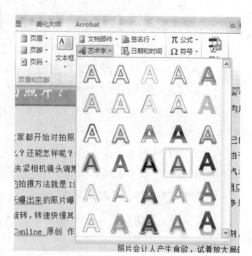

图 3-80　插入艺术字

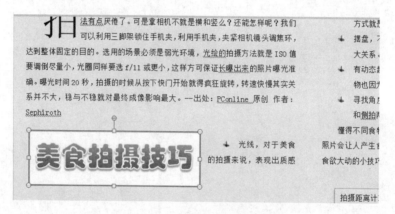

图 3-81　设置艺术字效果

步骤 4：插入剪贴画

（1）光标定位到文档右边的"摆盘"段落文本中，单击"插入"→"插图"→"剪贴画"按钮，在右侧"剪贴画"窗格的"搜索文字"文本框中输入"万圣节"，单击"搜索"按钮，单击搜索出来的左边第一张剪贴画，在段落中插入剪贴画，如图 3-82 所示。

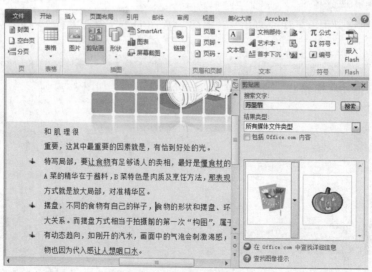

图 3-82　插入剪贴画

（2）选中剪贴画，用鼠标缩放剪贴画，单击"图片工具/格式"→"排列"→"位置"下拉按钮，在下拉列表中选择"文字环绕"→"中间居右，四周型文字环绕"选项，如图 3-83 所示。

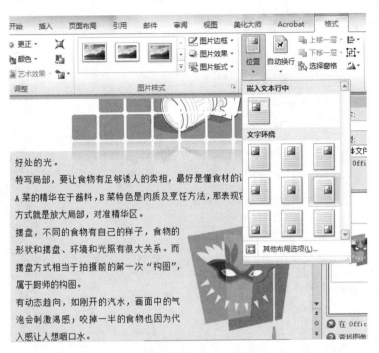

图 3-83　设置剪贴画位置

（3）在"图片工具/格式"选项卡"大小"组中的"高度"文本框中输入图片的高度为"3 厘米"，然后按【Enter】键确定图片的大小设置，如图 3-84 所示。

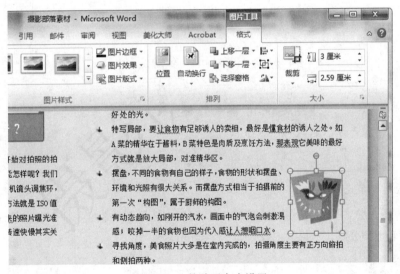

图 3-84　剪贴画大小设置

3.2.5　插入数学公式符号

步骤 1：插入新公式

光标定位到文档右下方文本框"拍摄距离计算公式："的下一行，单击"插入"→"符号"→"公式"下拉按钮，在下拉列表中选择"插入新公式"选项，如图 3-85 所示。

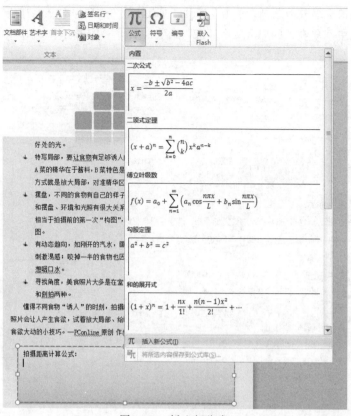

图 3-85　插入新公式

步骤 2：输入公式

在"在此处键入公式"域中输入自定义公式"L_最近拍摄距离=tan((90-视角/2)PI( )÷180)×被摄物体高度÷2"，如图 3-86 所示。

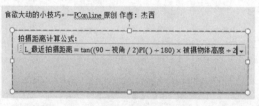

图 3-86　键入自定义公式

步骤 3：编辑公式

如图 3-86 所示，单击公式后面的下拉按钮，在下拉列表中选择"专业型"命令，如图 3-87 所示，将原来输入的线性公式转换为转业型公式，转换后的效果如图 3-88 所示。

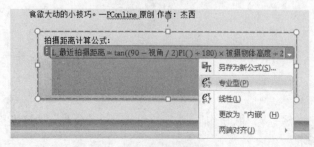

图 3-87　转换公式类型

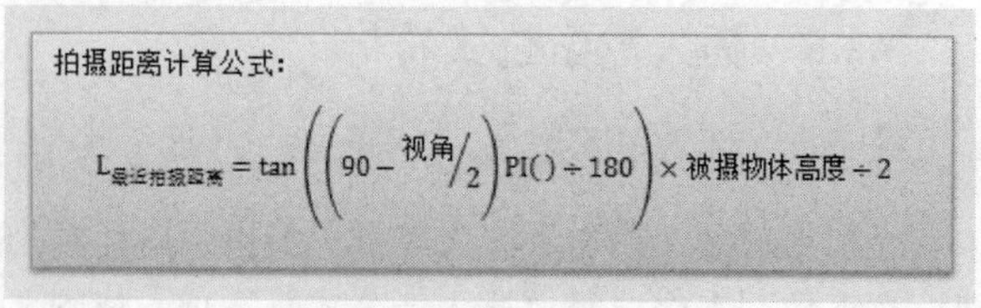

拍摄距离计算公式：

$$L_{最近拍摄距离} = \tan\left(\left(90 - \frac{视角}{2}\right)PI() \div 180\right) \times 被摄物体高度 \div 2$$

图 3-88　专业型公式效果

3.2.6　插入脚注和尾注

步骤 1：插入脚注

（1）选择首字下沉文本段落的末尾句号后面的"--出处：PConline 原创　作者：Sephiroth"文本信息，单击"开始"→"剪贴板"→"剪切"按钮，将该部分文本信息剪切到 Word 2010 的剪贴板中。

（2）光标定位到首字下沉文本段落的末尾"…影响最大"后面，单击"引用"→"脚注"组右下角的"对话框启动器"按钮，弹出"脚注和尾注"对话框，选择"脚注"单选按钮，在其后的下拉列表框中选择"文字下方"，单击"插入"按钮，如图 3-89 所示。

（3）右击脚注，在弹出的快捷菜单中选择"粘贴选项"→"只保留文本"命令，粘贴系统剪贴板中的"--出处：PConline 原创　作者：Sephiroth"文本信息，插入效果如图 3-90 所示。

图 3-89　"脚注和尾注"对话框

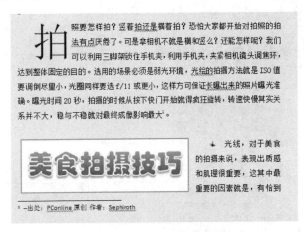

图 3-90　添加脚注效果

步骤 2：插入尾注

（1）选择文档最后的一个段落"--PConline 原创　作者：杰西"文本信息，单击"开始"→"剪贴板"→"剪切"按钮，将该部分文本信息剪切到 Word 2010 的剪贴板中。

（2）光标定位到"…大动的小技巧"文本段落的后面，单击"引用"→"脚注"→"插入尾注"按钮，弹出"脚注和尾注"对话框，选择"尾注"单选按钮，在其后的下列拉列表框中选择"节的结尾"，单击"插入"按钮插入效果如图 3-91 所示。

（3）在尾注中单击鼠标右键，在弹出的快捷菜单中的"粘贴选项"中选择"只保留文本"命令，粘贴系统剪贴板中的"--PConline 原创　作者：杰西"文本信息，插入效果如图 3-92 所示。

图 3-91　插入尾注

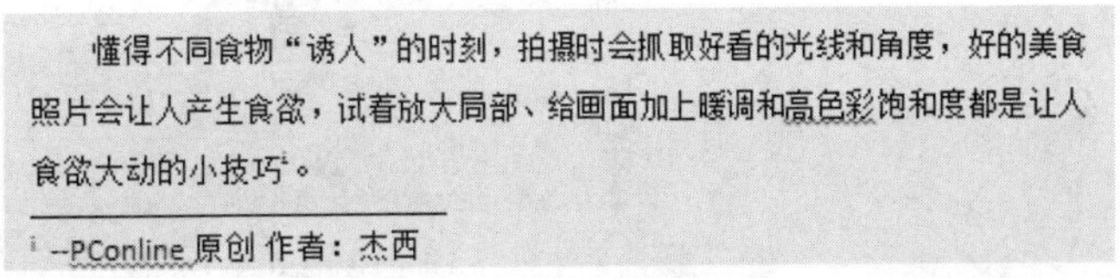

懂得不同食物"诱人"的时刻，拍摄时会抓取好看的光线和角度，好的美食照片会让人产生食欲，试着放大局部、给画面加上暖调和高色彩饱和度都是让人食欲大动的小技巧。

ⁱ --PConline 原创 作者：杰西

图 3-92　插入尾注效果

3.2.7 添加水印

步骤 1：插入自定义水印

（1）将光标定位到文档中，单击"页面布局"→"页面背景"→"水印"下拉按钮，在下拉列表中选择"自定义水印"选项，如图 3-93 所示。

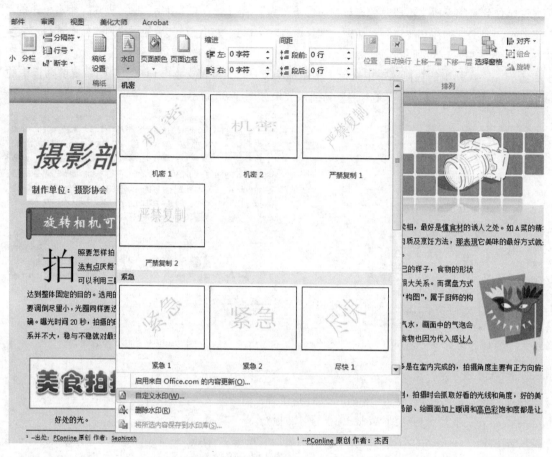

图 3-93 选择"自定义水印"选项

（2）在弹出的"水印"对话框（见图 3-94）中选择"文字水印"单选按钮，在"文字"文本框中输入"版权：摄影协会"文本信息，单击"确定"按钮，效果如图 3-95 所示。

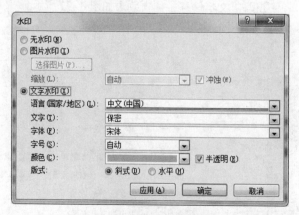

图 3-94 "水印"对话框

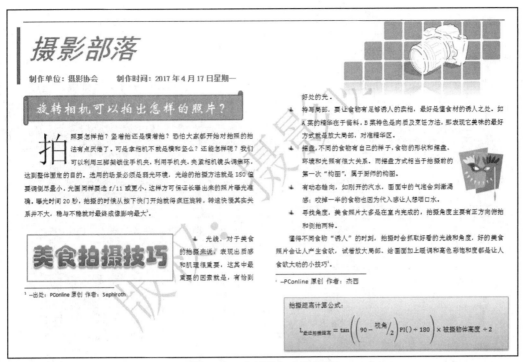

图 3-95　文档添加水印效果

步骤 2：调整文本框的环绕方式、美化文档排版

（1）选中"摄影距离计算公式"文本框，单击"绘图工具/格式"→"排列"→"自动换行"下拉按钮，在下拉列表中选择"紧密型环绕"选项并拖动文本框到文档中合适位置，完成文档的最终效果，如图 3-96 所示。

图 3-96　文档的最终效果

（2）单击"文件"→"另存为"命令，打开"另存为"对话框，选择文档保存的磁盘和文件夹，然后在"文件名"文本框中输入"摄影部落"作为文档的名字，在"保存类型"下拉列表框中选择"Word 文档"，最后单击"保存"按钮即可保存摄影简报文档。

任务拓展

任务：制作一份旅行攻略文档

任务描述：利用 Word 2010 提供的形状、文本框、首字下沉和分栏等功能进行文档排版，通过插入艺术字、剪贴画、图片、符号和公式对文档进行修饰美化，制作一份旅行攻略文档，效果如图 3-97 所示。

图 3-97　旅行攻略样张

知识链接

1. "绘图工具"与"文本框工具"

使用 Word 2010 的文档模板绘制的文本框，在进行相关操作时"格式"选项卡上显示为"绘图工具"，可以使用 Word 2010 的新功能，如图 3-98 所示。如果使用的文本框是在兼容模式文档下绘制的，则"格式"选项卡上显示"文本框工具"，不能使用 Word 2010 的新功能，如图 3-99 所示。注意：文本框与图形框可以互相转换。

图 3-98　Word 2010 模式

图 3-99　兼容模式

2. 公式工具

单击已插入的公式，Word 2010 的选项卡栏中将出现"公式工具"选项卡，为用户提供多种编辑公式的功能，如图 3-100 所示。"公式工具/设计"选项卡提供了"符号""结构""工具"三大编辑公式的功能。"符号"组提供了多种数学运算、逻辑运算等需要的运算符号，如=、∞、×、≤、∀等。"结构"组提供了多种数学公式结构，可用于表达多种数学公式形式，如分数、上下标、根式、积分、运算符、矩阵等。"工具"组提供了多种公式格式转换格式，如转换为专业型、线性和普通文本，可以将改变后的公式保存到公式库，方便用户对公式的使用。

图 3-100　"公式工具/设计"选项卡

3.3　任务 3　长文档编辑处理

任务描述

小明利用 Word 2010 软件编辑处理一份《保险金融》课程的大作业论文,编辑效果如图 3-101 所示。

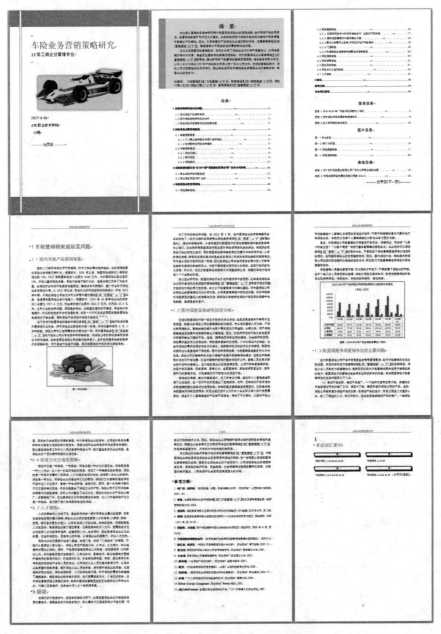

图 3-101　长文档编辑处理效果

课程作业对论文格式有详细的排版要求，具体要求如图 3-102 所示。

1. 封面

内容包括：论文名称、班级、作者信息、图片、日期和学校名称。

2. 摘要

插入一个"飞越型提要栏"文本框并添加摘要信息。

摘要（正文、居中、黑体、二号）

摘要内容和关键词（正文、宋体、小四、行距 1.2 倍）

3. 目录

目录（正文、黑体、三号）

1. 第一章（宋体、五号、行距 1.2 倍）……………………………………页码

1.1 小节（宋体、五号、行距 1.2 倍）……………………………………页码

1.1.1 小节（宋体、五号、行距 1.2 倍）…………………………………页码

图表目录（正文、居中、黑体、三号）

图表 1（宋体、五号、行距 1.2 倍）………………………………………页码

图片目录（正文、居中、黑体、三号）

图-1 （宋体、五号、行距 1.2 倍）………………………………………页码

表格目录（正文、居中、黑体、三号）

表格 1（宋体、五号、行距 1.2 倍）………………………………………页码

正文部分首行缩进 2 字符，页码从 1 开始编排，范围由正文开始部分到文档结束部分。

4. 文档正文（正文标题分为三级）

1. 标题（标题 1、黑体、二号、字体颜色（蓝色，强调文字颜色 1，深色 25%））

1.1 标题（标题 2、黑体、小二、字体颜色（深蓝，文字 2，淡色 40%））

1.1.1 标题（标题 3、黑体、三号、字体颜色（红色，强调文字颜色 2，深色 25%））

文档正文（宋体、小四、1.2 倍行距），图片、表格和图表（居中、添加题注）

正文奇数页页眉显示学校信息，偶数页页眉显示论文 1 级标题信息

5. 参考文献（标题 1、正文、幼圆、三号、粗体）

参考文献条目（正文、宋体、小四、行距 1.5 倍）（使用引文与书目）

6. 索引目录（标题 1、黑体、小二、斜体、字体颜色（橙色，强调文字颜色 6，深色 25%））

（使用插入索引）

图 3-102　文档排版格式要求

任务分析

实现本任务首先需要对素材文档中的各个章节标题、摘要、正文等文本进行样式处理和段落格式化，对文档中使用的图表、表格和图片添加题注，编辑引文和书目为文档添加参考文献信息，选中文档的专业词汇设置索引。然后为文档插入分节符，分别设置文档正文部分奇偶页的页眉信息和插入页脚页码。最后为文档插入正文、图片、图表等目录，并插入封面页，添加图片和作者信息美化封面，完成长文档的排版编辑。

任务分解

本任务可以分解为以下 7 个子任务。

子任务 1：文档样式处理

子任务 2：添加题注

子任务 3：编辑引文与书目

子任务 4：设置专业词汇索引

子任务 5：插入分节符和设置页眉/页脚

子任务 6：制作文档封面

子任务 7：插入目录

任务实施

3.3.1　文档样式处理

步骤 1：打开素材文档

启动 Word 2010，单击"文件"→"打开"命令，弹出"打开"对话框，选择"毕业论文车险业务营销策略研究素材.docx"素材文档，单击"打开"按钮。素材文档如图 3-103 所示。

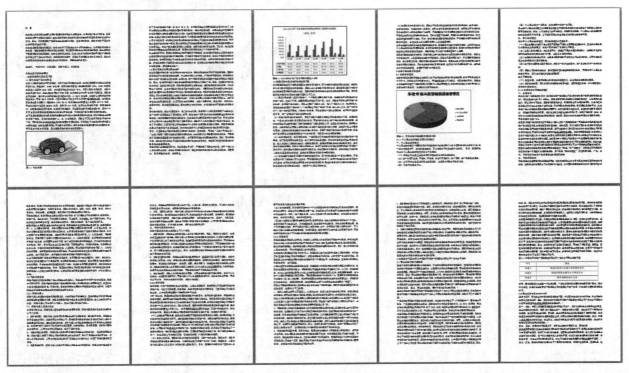

图 3-103　长文档素材

步骤 2：文档段落设置

（1）选择整篇文档，单击"开始"→"段落"→"对话框启动器"按钮 ，弹出"段落"对话框，设置行距为"多倍行距"，设置值为"1.2 倍行距"，首行缩进"2 字符"，单击"确定"按钮。

（2）在"开始"选项卡的"字体"组中设置整篇文档的字体为"宋体"，字号为"小四"。设置首行"摘要"的字体为"黑体"，字号为"二号"，"居中"对齐。

步骤 3：设置图片、图表和表格的对齐方式

将文档中的图片、图表和表格的对齐方式设置为"居中"对齐。"图片"和"图表"的自动换行设置为"嵌入型"。

步骤 4：设置文档 1 级标题样式

（1）选中"1 车险营销研究现状及问题"文本，设置字体为"黑体"，字号为"二号"，字体颜色为"蓝色，强调文字颜色 1，深色 25%"，取消首行缩进"2 字符"，设置文本左对齐。单击"开始"→"样式"→"样式效果"下拉按钮，在下拉列表中选择"将所选内容保存为新快速样式"命令，如图 3-104 所示。在打开的"根据格式设置创建新样式"对话框中输入样式名称为"论文 1 级标题"，并单击"修改"按钮，如图 3-105 所示。在弹出的"根据格式设置创建新样式"对话框的"样式基准"下拉列表中选择"标题 1"，取消字体"加粗"，设置文本左对齐，单击"确定"按钮，如图 3-106 所示，创建新的"论文 1 级标题"样式。

图 3-104　设置自定义样式

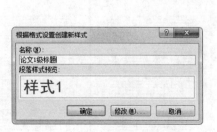

图 3-105　设置新样式名称　　　　　　　　图 3-106　"根据格式设置创建新样式"窗口

（2）选择文档中"2 车险市场主要营销渠道"文本，单击"开始"→"样式"→"样式效果"下拉按钮，在下拉列表中选择"论文 1 级标题"样式并应用，如图 3-107 所示。采用相同的方法将文档中"3 车险经营问题分

析……""4 车险保险业的营销策略""5 结论"的文本设置为"论文 1 级标题"样式。

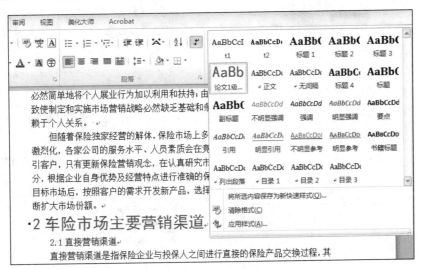

图 3-107　应用"论文 1 级标题"样式

步骤 5：设置文档 2 级标题样式

（1）选中"1.1 国内车险产品营销背景"文本，设置字体为"黑体"，字号为"小二"，字体颜色为"深蓝，文字 2，淡色 40%"，取消首行缩进"2 字符"，设置文本左对齐。单击"开始"→"样式"→"样式效果"下拉按钮，在下拉列表中选择"将所选内容保存为新快速样式"命令。在打开的"根据格式设置创建新样式"对话框中输入样式名称为"论文 2 级标题"，并单击"修改"按钮。在弹出的"根据格式设置创建新样式"窗口的"样式基准"下拉列表框中选择"标题 2"，取消字体"加粗"，设置文本左对齐，单击"确定"按钮，创建新的"论文 2级标题"样式。

（2）选择文档中"1.2 国内保险营销研究现状分析"文本，单击"开始"→"样式"→"样式效果"下拉按钮，在下拉列表中选择"论文 2 级标题"样式并应用。采用相同的方法将文档中"1.3…""2.1…""2.2…""3.1…""3.2…""4.1…""4.2…""4.3…""4.4…""4.5…""4.6…""4.7…"对应的文本设置为"论文 2 级标题"样式，如图 3-108所示。

图 3-108　创建"论文 2 级标题"样式

步骤 6：设置文档 3 级标题样式

（1）选中"2.1.1 个人展业直销模式与团队直销模式"文本，设置字体为"黑体"，字号为"三号"，字体颜色为"红色，强调文字颜色 2，深色 25%"，取消首行缩进"2 字符"，设置文本左对齐。单击"开始"→"样式"→

"样式效果"下拉按钮，在下拉列表中选择"将所选内容保存为新快速样式"命令。在打开的"根据格式设置创建新样式"对话框中输入样式名称为"论文3级标题"，并单击"修改"按钮。在弹出的"根据格式设置创建新样式"窗口的"样式基准"下拉列表框中选择"标题3"，取消字体"加粗"，设置文本左对齐，单击"确定"按钮，创建新的"论文3级标题"样式。

（2）选择文档中"2.1.2电话营销与网络直销模式"文本，单击"开始"→"样式"→"样式效果"下拉按钮，在下拉列表中选择"论文3级标题"样式并应用。采用相同的方法将文档中"2.2.1…""2.2.2…""2.2.3…""4.2.1…""4.2.2…""4.2.3…""4.2.4…""4.2.5…"对应的文本设置为"论文3级标题"样式，如图3-109所示。

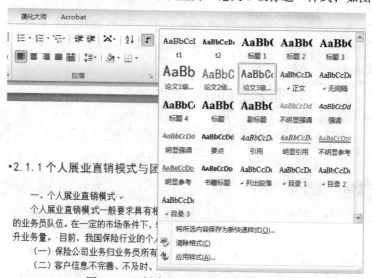

图3-109　创建"论文3级标题"样式

步骤7：设置文档参考文献标题样式

选中"参考文献"文本，设置字体为"幼圆"，字号为"三号"，"粗体"，取消首行缩进"2字符"，字体颜色"自动"，设置文本左对齐。单击"开始"→"样式"→"样式效果"下拉按钮，在下拉列表中选择"将所选内容保存为新快速样式"命令。在打开的"根据格式设置创建新样式"对话框中输入样式名称为"参考文献标题"，并单击"修改"按钮。在弹出的"根据格式设置创建新样式"窗口的"样式基准"下拉列表框中选择"标题1"，字体"加粗"，设置文本左对齐，单击"确定"按钮，创建新的"参考文献标题"样式，如图3-110所示。

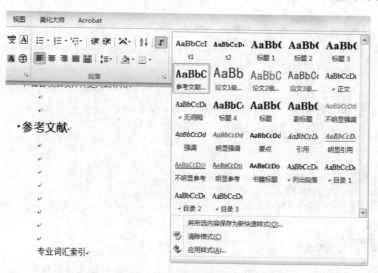

图3-110　创建"参考文献标题"样式

步骤 8：设置文档专业词汇索引样式

选中"专业词汇索引"文本，设置字体为"黑体"，字号为"小二"，"斜体"，取消首行缩进"2 字符"，字体颜色为"橙色，强调文字颜色 6，深色 25%"，设置文本左对齐。单击"开始"→"样式"→"样式效果"下拉按钮，在下拉列表中选择"将所选内容保存为新快速样式"命令。在打开的"根据格式设置创建新样式"对话框中输入样式名称为"专业词汇索引标题"，并单击"修改"按钮。在弹出的"根据格式设置创建新样式"窗口的"样式基准"下拉列表框中选择"标题 1"，取消字体"加粗"，设置文本左对齐，单击"确定"按钮，创建新的"专业词汇索引标题"样式，如图 3-111 所示。

通过自定义标题样式完成文档中全部标题的样式设置和文档的大纲处理，在导航窗格中可以看到文档各级标题的分布情况，如图 3-112 所示。

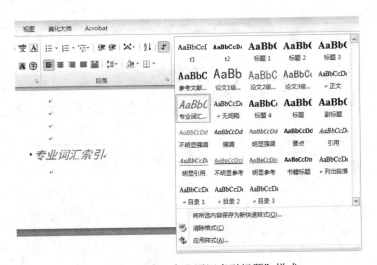

图 3-111　创建"专业词汇索引标题"样式

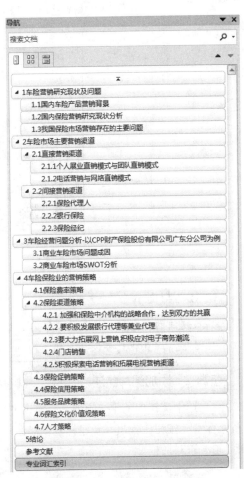

图 3-112　文档标题大纲结构

3.3.2　添加题注

步骤 1：添加图表题注

（1）选择文档中的第一张图表，单击"引用"→"题注"→"插入题注"按钮，弹出"题注"对话框，如图 3-113 所示。

（2）在"选项"区域的"标签"下拉列表框中选择"图表"，在"位置"下拉列表框中选择"所选项目下方"，单击"确定"按钮，Word 2010 将为图表自动插入题注，并且会为后续图表进行自动编号。

（3）插入后调整原来图表下方的说明文本"2010—2016 年广东省保险保费收入情况"的位置，将文本的位置调整到"图表 1"的后面，如图 3-114 所示。以同样的方法对文档中的所有图表插入题注。

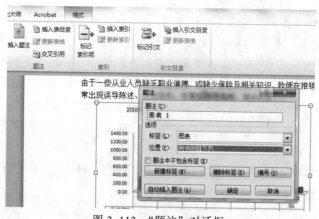

图 3-113 "题注"对话框

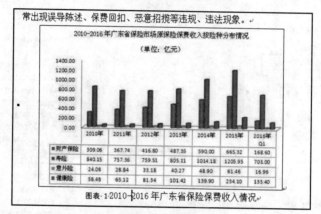

图 3-114 插入图表题注

技巧与提示

插入题注的另一种方法：右击图片、图表或表格，在弹出的快捷菜单中选择"插入题注"命令，弹出"题注"对话框，设置相关参数插入题注。

步骤2：添加图片题注

（1）选中文档中的第一幅图片，单击"引用"→"题注"→"插入题注"按钮，弹出"题注"对话框，单击"新建标签"按钮，弹出"新建标签"对话框，在标签中输入"图-"，如图 3-115 所示，单击"确定"按钮，返回"题注"对话框。

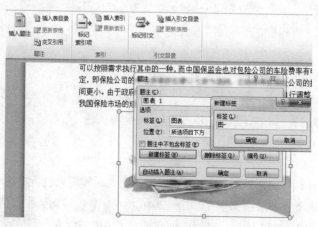

图 3-115 插入图片题注

（2）在"题注"对话框的"选项"区域的"位置"下拉列表框中选择"所选项目下方"，单击"确定"按钮，Word 2010 将为图片自动插入题注，并且会为后续图片进行自动编号。

（3）插入后调整原来图片下方的说明文本"专业车险"的位置，将文本的位置调整到"图-1"的后面，如图 3-116 所示。以同样的方法对文档中的所有图片进行插入题注。

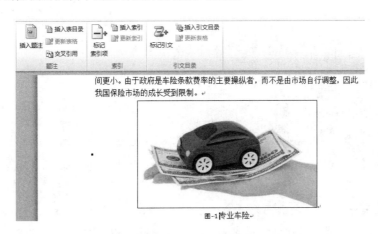

图 3-116　图片添加题注

步骤 3：添加表格题注

（1）选择文档中的第一张表格，单击"引用"→"题注"→"插入题注"按钮，弹出"题注"对话框，在"选项"区域的"标签"下拉列表框中选择"表格"，在"位置"下拉列表框中选择"所选项目上方"，单击"确定"按钮，如图 3-117 所示。

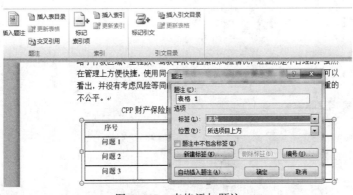

图 3-117　表格添加题注

（2）插入后调整原来表格上方的说明文本"CPP 财产保险股份有限公司广东分公司商业车险问题"的位置，将文本的位置调整到"表格 1"的后面，如图 3-118 所示。以同样的方法对文档中的所有图片插入题注。

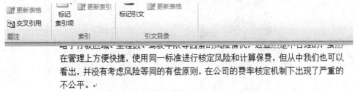

图 3-118　添加表格题注

3.3.3 编辑引文与书目

步骤 1：打开"参考文献素材.txt"素材文件

利用记事本软件打开素材文件"参考文献素材.txt"，如图 3-119 所示。

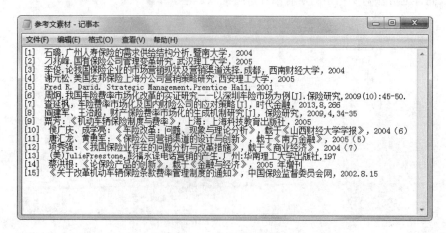

图 3-119 参考文献素材

步骤 2：添加引文

（1）将光标定位到长文档中的"参考文献"标题下方。单击"引用"→"引文与书目"→"管理源"按钮，弹出"源管理器"对话框，单击"新建"按钮，如图 3-120 所示。

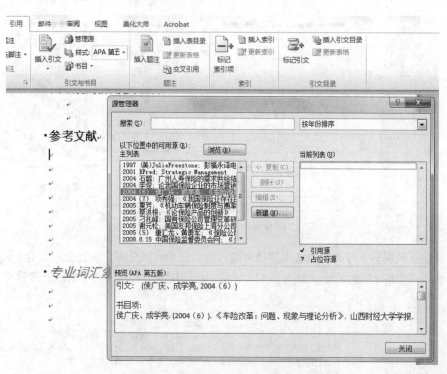

图 3-120 "源管理器"对话框

（2）在弹出的"创建源"对话框的"源类型"下拉列表框中选择"书籍"选项，根据打开的"参考文献素材.txt"文件提供的素材信息将第一条参考文献内容输入"创建源"对话框中的"作者""标题""市/县""出版商"文本框中，如图 3-121 所示，添加完毕后单击"确定"按钮完成添加引文信息。

（3）将"参考文献素材.txt"文件提供的参考文献素材信息逐条添加到"源管理器"中。利用鼠标将"源管理器"中的"以下位置中的可用源 主列表"列表框中的所有引文选中，单击"复制"按钮将所有引文复制到"当前列表"列表框中，选择该列表框上方的"排序"下拉列表框中的"按年份排序"选项，单击"关闭"按钮，如图 3-122 所示。

图 3-121　添加参考文献信息

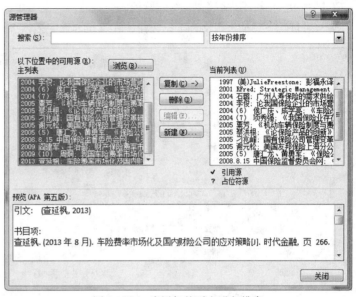

图 3-122　为添加的引文进行排序

步骤 3：插入引文

（1）单击"引用"→"引文与书目"→"样式"下拉按钮，在下拉列表中选择"ISO 690-数字引用"选项，如图 3-123 所示。

（2）单击"引用"→"引文与书目"→"书目"下拉按钮，在下拉列表中选择"插入书目"命令，将"源管理器"中的参考文献信息插入到文档的"参考文献"标题下方，如图 3-124 所示。

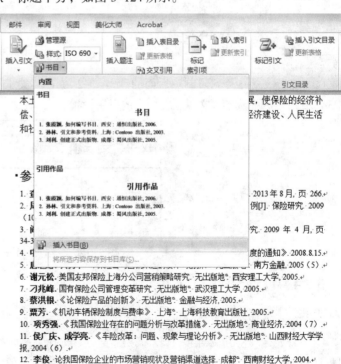

图 3-123　设置引文的样式

图 3-124　插入书目

（3）选中所有插入的参考文献条目，设置字体为"宋体"，字号为"小四"，行距为"1.5倍行距"。

步骤4：设置参考文献的引用

（1）将光标移动到文档"1 车险营销研究现状及问题"中的第二段"……受到限制"后面，单击"引用"→"引文与书目"→"插入引文"下拉按钮，在下拉列表中插入3条引文信息，如图3-125所示。

图3-125　插入引文信息

（2）选择"……受到限制"后面的"（1）（2）（3）"文本，单击"开始"→"字体"→"上标"按钮，如图3-126所示，完成参考文献在文档中的引用设置。

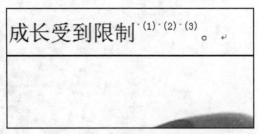

图3-126　设置参考文献的引用

3.3.4　设置专业词汇索引

步骤1：添加索引

（1）将光标移动到文档第一页"摘要"部分，选择关键词"市场营销"，单击"引用"→"索引"→"标记索引项"按钮，弹出"标记索引项"对话框，在"主索引项"的"所属拼音项"文本框中输入"S"，如图3-127所示，单击"标记全部"按钮。

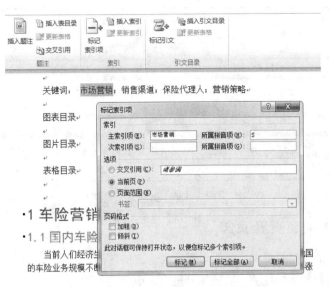

图 3-127　添加标记索引项

（2）采用相同的方法分别选中"销售渠道""保险代理人""营销策略"三个关键词标记为索引项，并添加"所属拼音项"，分别是"X""B""Y"，并在整个文档中全部标记，标记后如图 3-128 所示。

```
关键词：市场营销{ XE "市场营销" \y "S" };销售渠道{ XE "销售渠道" \y "X"
};保险代理人{ XE "保险代理人" \y "B" };营销策略{ XE "营销策略" \y "Y" }
```

图 3-128　为关键词标记索引

步骤 2：插入索引

（1）将光标定位到"专业词汇索引"下方，单击"引用"→"索引"→"插入索引"按钮，弹出"索引"对话框，如图 3-129 所示。

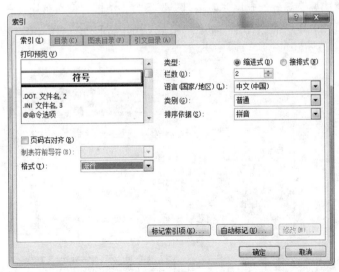

图 3-129　"索引"对话框

（2）在"索引"对话框中选择"索引"选项卡，在"格式"下拉列表框中选择"流行"选项，在"排序依据"下拉列表框中选择"拼音"选项，在"栏数"文本框中输入"2"，单击"确定"按钮，插入效果如图 3-130 所示。

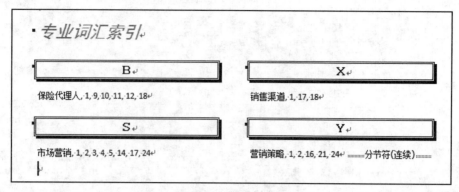

图 3-130 插入索引

3.3.5 插入分节符和设置页眉/页脚

为了更好地处理长文档的页眉和页脚，需要对整篇素材文档进行分节处理，通过利用分节符将整篇文档划分为两部分，第一部分是封面页和摘要目录，第二部分是正文章节、参考文献和索引，如图 3-131 所示。

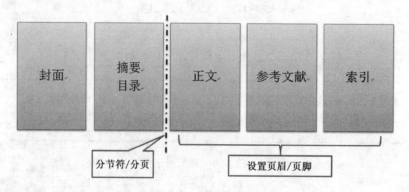

图 3-131 文档分节结构

步骤 1：插入分节符

（1）光标定位到文档"摘要"部分的末尾"表格目录"下方，单击"页面布局"→"页面设置"→"分隔符"下拉按钮，在下拉列表中选择"下一页"命令，如图 3-132 所示。

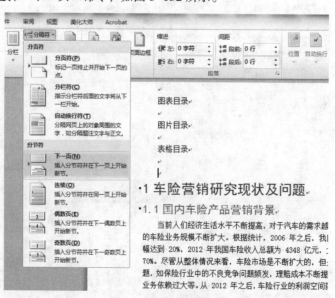

图 3-132 插入分隔符

（2）单击"视图"→"文档视图"→"大纲视图"按钮，浏览文档的"分隔符"插入效果，如图 3-133 所示。插入分节符是为了帮助文档设置页眉/页脚，在设置文档的奇偶页的页眉/页脚信息时需要对文档进行分节处理。

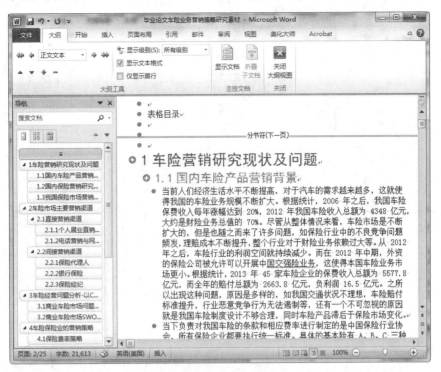

图 3-133　文档大纲视图

步骤 2：设置文档标题信息

单击"文件"→"信息"命令，在 Word 窗口的"标题"文本框中输入文档名称"车险业务营销策略研究"，如图 3-134 所示。输入文档标题信息是为利用 Word 域插入页眉做准备。

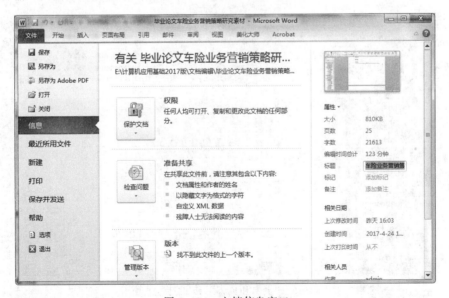

图 3-134　文档信息窗口

步骤 3：插入页眉

（1）单击"插入"→"页眉和页脚"→"页眉"下拉按钮，在下拉列表中选择"编辑页眉"命令，如图 3-135 所示。

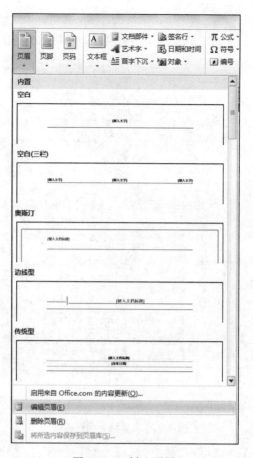

图 3-135 插入页眉

（2）文档切换到页眉/页脚编辑状态，Word 2010 窗口的选项卡区域出现"页眉和页脚工具/设计"选项卡，如图 3-136 所示。

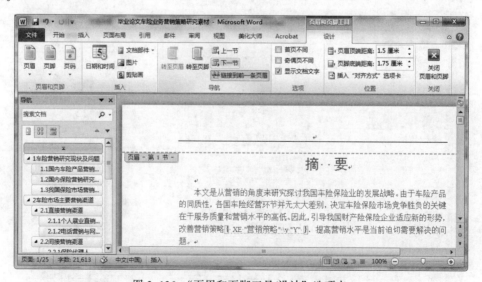

图 3-136 "页眉和页脚工具/设计"选项卡

（3）单击"页眉和页脚工具/设计"→"导航"→"下一节"按钮，切换到文档第 2 节"1 车险营销研究现状及问题"部分的页眉编辑处，如图 3-137 所示。

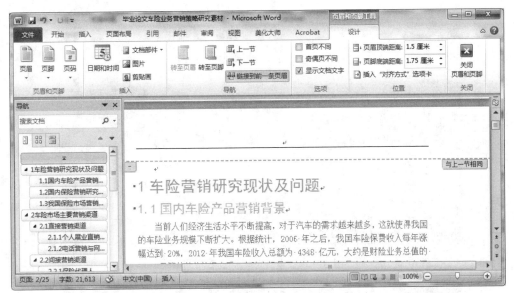

图 3-137　切换到第 2 节页眉编辑处

（4）如图 3-136 所示，单击"页眉和页脚工具/设计"→"导航"→"链接到前一条页眉"按钮，断开"摘要"与"1 车险营销研究现状及问题"两个小节的页眉链接，如图 3-138 所示。

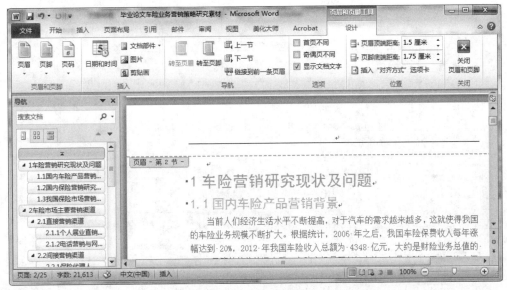

图 3-138　断开页眉链接

（5）选中"页眉和页脚工具/设计"→"选项"→"奇偶页不同"复选框，再次单击"链接到前一条页眉"按钮，断开"摘要"与"1 车险营销研究现状及问题"两个小节的偶数页页眉链接，如图 3-139 所示，断开后该节的第一页为本小节的奇数页。

（6）光标定位到"1 车险营销研究现状及问题"小节的第一页眉编辑处，单击"页眉和页脚工具/设计"→"插入"→"文档部件"下拉按钮，在下拉列表中选择"文档属性"→"标题"选项，将文档的名称插入到由"1 车险营销研究现状及问题"小节开始到结束的所有页面的奇数页页眉处，如图 3-140 所示。

（7）光标定位到"前言"小节的第二页页眉编辑处，单击"页眉和页脚工具/设计"→"插入"→"文档部件"下拉按钮，在下拉列表中选择"域"选项，弹出"域"对话框，在"域名"列表框中选择"StyleRef"，在"样式名"列表框中选择"论文 1 级标题"，单击"确定"按钮，如图 3-141 所示。将文档的每一个 1 级标题文本信息插入到由"前言"小节开始到结束的所有页面的偶数页页眉处，如图 3-142 所示。

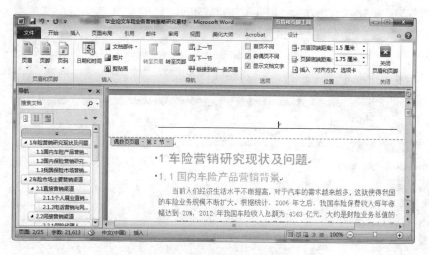

图 3-139　设置奇偶页页眉不同

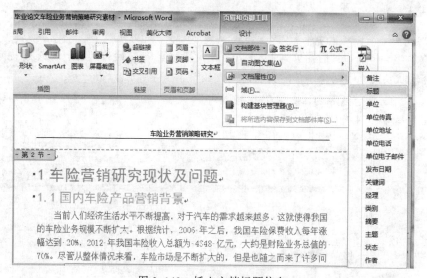

图 3-140　插入文档标题信息

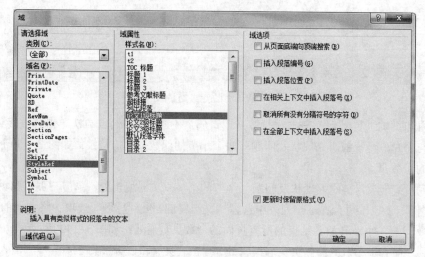

图 3-141　"域"对话框

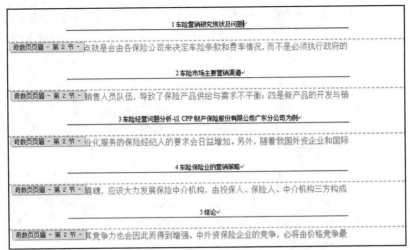

图 3-142　奇数页页眉添加论文 1 级标题信息

步骤 4：插入页码

（1）单击"页眉和页脚工具/设计"→"导航"→"转至页脚"按钮，然后将光标定位到"1 车险营销研究现状及问题"小节第一页的页脚编辑处，单击"页眉和页脚工具/设计"→"导航"→"链接到前一条页眉"按钮，断开该小节与"摘要"小节的偶数页脚链接，如图 3-143 所示。断开后该节的第一页页脚为本节的奇数页。

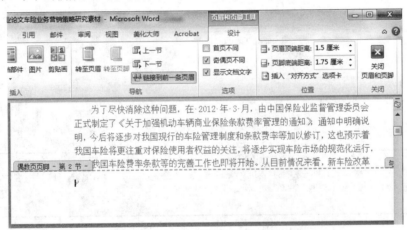

图 3-143　断开奇数页页脚链接

（2）单击"页眉和页脚工具/设计"→"页眉和页脚"→"页码"下拉按钮，在下拉列表中选择"设置页码格式"选项，如图 3-144（a）所示。弹出"页码格式"对话框，在"页码编号"区域选择"起始页码"单选按钮，在其后的文本框中输入"1"，如图 3-144（b）所示，单击"确定"按钮。

（a）选择"设置页码格式"选项

（b）"页码格式"对话框

图 3-144　设置页码格式

（3）单击"页眉和页脚工具/设计"→"页眉和页脚"→"页码"下拉按钮，在下拉列表中选择"页面底端"→"普通数字 2"选项，如图 3-145 所示，在"1 车险营销研究现状及问题"小节第一页的页脚编辑处插入页码，如图 3-146 所示。

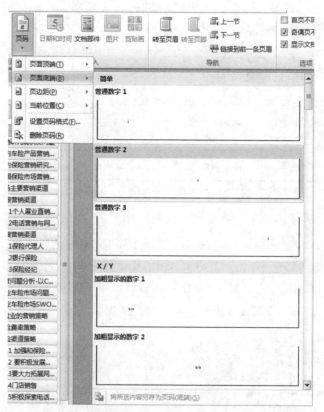

图 3-145   插入数字页码

明，今后将逐步对我国现行的车险管理制度和条款费率等加以修订，这也预示着
我国车险将更注重对保险使用者权益的关注，将逐步实现车险市场的规范化运行，
我国车险费率条款等的完善工作也即将开始。从目前情况来看，新车险改革
奇数页页脚 - 第 2 节 -

1

图 3-146   文档第 2 节奇数页插入页码

（4）光标定位到"1 车险营销研究现状及问题"小节偶数页的第一页的页脚编辑处，单击"页眉和页脚工具/设计"→"导航"→"链接到前一条页眉"按钮，断开"摘要"与"1 车险营销研究现状及问题"两个小节的页脚链接。

（5）单击"页眉和页脚工具/设计"→"页眉和页脚"→"页码"下拉按钮，在下拉列表中选择"页面底端"→"普通数字 2"选项，在"1 车险营销研究现状及问题"小节第二页的页脚编辑处插入页码，如图 3-147 所示。

图 3-147   文档第 2 节偶数页插入页码

3.3.6   制作文档封面

步骤 1：插入封面页

（1）光标定位到文档摘要部分的标题前面，如图 3-148 所示。

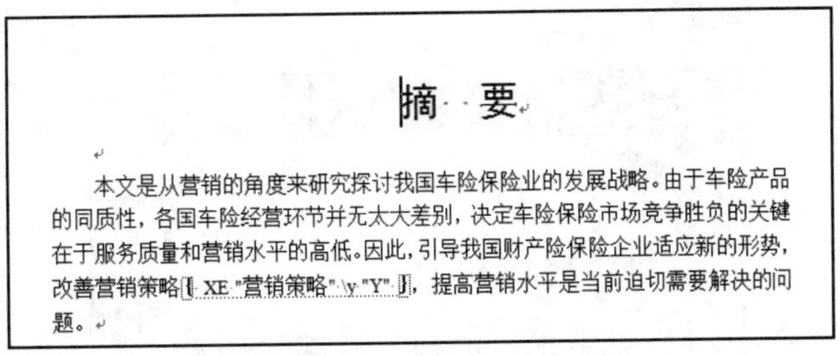

摘　要

　　本文是从营销的角度来研究探讨我国车险保险业的发展战略。由于车险产品的同质性，各国车险经营环节并无太大差别，决定车险保险市场竞争胜负的关键在于服务质量和营销水平的高低。因此，引导我国财产险保险企业适应新的形势，改善营销策略[XE "营销策略" y "Y"]，提高营销水平是当前迫切需要解决的问题。

图 3-148　定位光标

（2）单击"插入"→"页"→"封面"下拉按钮，在下拉列表中选择"细条纹"选项，如图 3-149 所示。

图 3-149　选择插入封面类型

（3）单击"副标题"域，在域录入"13 级工商企业管理专业"文本信息。

（4）将光标定位到"副标题"域的下方，单击"插入"→"插图"→"剪贴画"按钮，在"剪贴画"窗格的"搜索文字"文本框中输入"汽车"并单击"搜索"按钮，在图片列表中选择黄色赛车剪贴画，单击该剪贴画插入到封面中。

（5）选中汽车剪贴画设置"居中"对齐，单击"图片工具/格式"→"图片样式"→"其他"下拉按钮，在下拉列表中选择"居中矩形阴影"效果。

（6）单击"日期"域的下拉按钮，在弹出的日期控件中选择"2017-4-24"。

（7）单击"公司"域，在域中输入"ATB 职业技术学院"文本信息。

（8）单击"作者"域，在域中输入"小明"文本信息。

（9）选中"2017-4-24""ATB 职业技术学院""小明"文本，在"开始"选项卡"字体"组中设置字体为"宋体"，字号为"小三"。

封面的设置效果如图 3-150 所示。

图 3-150　插入文档封面

步骤 2：插入摘要文本框

（1）光标定位到文档摘要部分的标题前面，如图 3-148 所示，单击"插入"→"文本"→"文本框"下拉按钮，在下拉列表中选择"飞越型提要栏"选项，如图 3-151 所示。

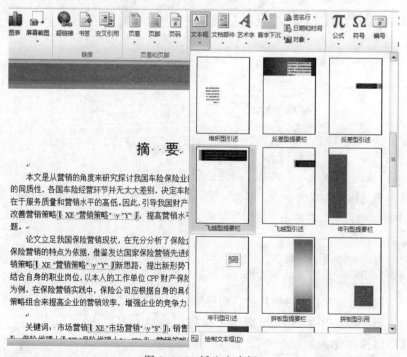

图 3-151　插入文本框

（2）将"摘要"标题、摘要内容和关键词部分的文本复制剪贴到"飞越型提要栏"文本框中，设置"摘要"

标题"居中"对齐。

（3）选中文本框，单击"绘图工具/格式"→"形状样式"→"形状填充"下拉按钮，在下拉列表中选择"主题颜色"→"紫色，强调文字颜色4，淡色80%"，设置效果如图3-152所示。

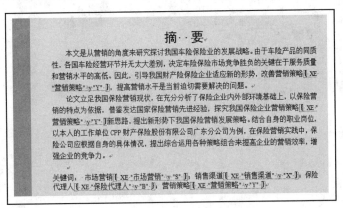

图3-152 摘要文本框设置效果

3.3.7 插入目录

步骤1：插入正文目录

（1）光标定位到"摘要"文本框下方，输入"目录"，设置字体为"黑体"，字号为"三号"，加粗，居中对齐，按【Enter】键，如图3-153所示。

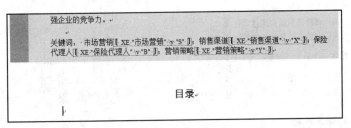

图3-153 输入"目录"文本

（2）单击"引用"→"目录"→"目录"下拉按钮，在下拉列表中选择"插入目录"选项，如图3-154所示。

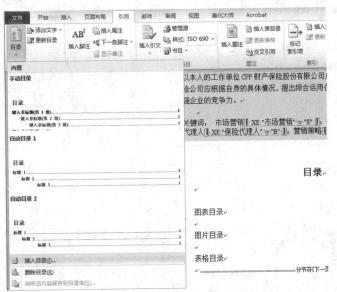

图3-154 插入目录

（3）在弹出的"目录"对话框的"格式"下拉列表框中选择"正式"选项，选中"显示页码"复选框和"页码右对齐"复选框，其他选项采用默认设置，如图 3-155 所示，单击"确定"按钮，Word 2010 根据设置好的各级标题为文档生成一个目录，如图 3-156 所示。

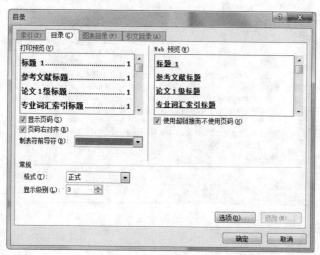

图 3-155　目录对话框

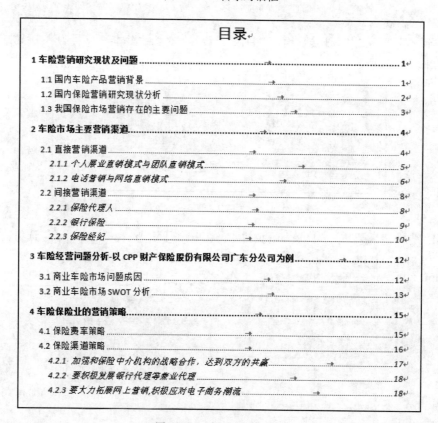

图 3-156　插入正文目录

（4）选中"目录"标题至"目录"部分的全部内容，单击"开始"→"段落"→"对话框启动器"按钮，弹出"段落"对话框，设置行距为"1.2 倍行距"。在"开始"选项卡的"字体"组中设置目录内容文本的字体为"宋体"，字号为"五号"。

（5）选中"图表目录""图片目录""表格目录"文本，在"开始"选项卡的"字体"组中设置字体为"黑体"，字号为"三号"，在"开始"选项卡的"段落"组中设置"居中"对齐方式。

步骤 2：插入图表目录

（1）将光标定位到"图表目录"标题下方，单击"引用"→"题注"→"插入表目录"按钮，打开"图表目录"对话框，在"常规"区域的"题注标签"下拉列表框中选择"图表"选项，其他采用默认选项，单击"确定"按钮，如图 3-157 所示。

（2）选中正文目录，单击"开始"→"剪贴板"→"格式刷"按钮，将正文的目录格式应用到图表目录中。在"开始"选项卡的"字体"组中取消"粗体"和"下画线"，效果如图 3-158 所示。

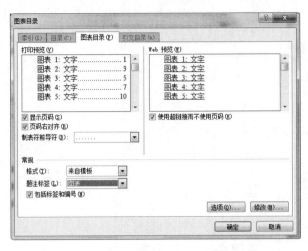

图 3-157　"图表目录"对话框

图 3-158　插入图表目录

步骤 3：插入图片目录

（1）将光标定位到"图片目录"标题下方，单击"引用"→"题注"→"插入表目录"按钮，打开"图表目录"对话框，在"常规"区域的"题注标签"下拉列表框中选择"图-"选项，其他采用默认选项，单击"确定"按钮，如图 3-157 所示。

（2）选中图表目录，单击"开始"→"剪贴板"→"格式刷"按钮，将图表目录格式应用到图片目录中，效果如图 3-159 所示。

步骤 4：插入表格目录

（1）将光标定位到"表格目录"标题下方，单击"引用"→"题注"→"插入表目录"按钮，打开"图表目录"对话框，在"常规"区域的"题注标签"下拉列表框中选择"表格"选项，其他采用默认选项，单击"确定"按钮，如图 3-157 所示。

（2）选中图表目录，单击"开始"→"剪贴板"→"格式刷"按钮，将图表目录格式应用到表格目录中，效果如图 3-160 所示。

图 3-159　插入图片目录

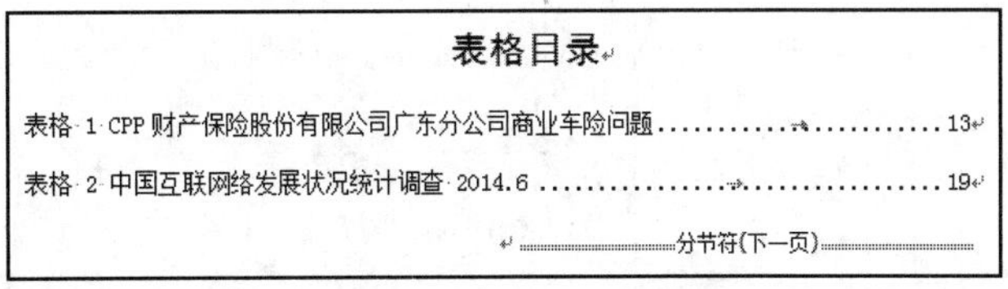

图 3-160　插入表格目录

任务拓展

任务：毕业论文排版

任务描述：利用 Word 2010 提供文本样式处理、自动插入图表题注、页眉页脚奇偶设置、自动生成目录、大纲视图等功能对毕业论文进行排版处理，毕业论文的详细排版要求如图 3-161 所示，具体排版效果如图 3-162 ~ 图 3-170 所示。

---

1. 封面

内容包括：学校名称、专业信息、论文名称、日期和作者信息。

2. 摘要

插入"瓷砖型提要栏"文本框，并添加摘要信息

摘要（正文、居中、黑体、三号、加粗、蓝色）

摘要内容（正文、宋体、小四、行距 1.5 倍）

3. 目录

（1）目录（正文、居中、宋体、三号、粗体）

1. 第一章（宋体、小四、加粗、行距 1.5 倍）...页码

1.1 小节（宋体、小四、行距 1.5 倍）...页码

1.1.1 小节（宋体、小四、行距 1.5 倍）...页码

正文部分首行缩进 2 字符，页码从 1 开始编排，范围由正文开始部分到结语部分

（2）图表目录（正文、居中、宋体、三号、粗体）

图表 1（宋体、小四、行距 1.5 倍）...页码

4. 文档正文

正文标题分为三级

1. 第一章（标题 1、居中、黑体、三号、加粗、蓝色）

1.1 小节（标题 2、顶格书写、黑体、四号、加粗、红色）

1.1.1 小节（标题 3、顶格书写、黑体、小四、加粗、绿色）

文档正文（宋体、小四、1.5 倍行距），图片、表格和图表（居中、添加题注），阿拉伯数字

和字母（Times New Roman，小四、1.5 倍行距）

正文奇数页页眉显示学校信息，偶数页页眉显示各个 1 标题信息

5. 参考文献（标题 1、居中、黑体三号、加粗、蓝色）

[1]VS.NET 应用与开发（宋体、五号、1.5 倍行距）（使用引文与书目）

6. 专业词汇索引（标题 1、居中、黑体、三号、加粗、蓝色）

（插入索引）

图 3-161　文档排版格式要求

财产险产品销售渠道管理研究
小梅
2017
2015 级金融管理专业毕业论文
ABC 职业技术学院
广州市天河区
020-85233699
020-85334789

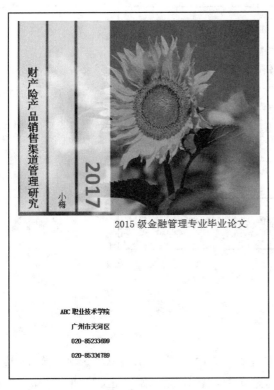

图 3-162 封面页

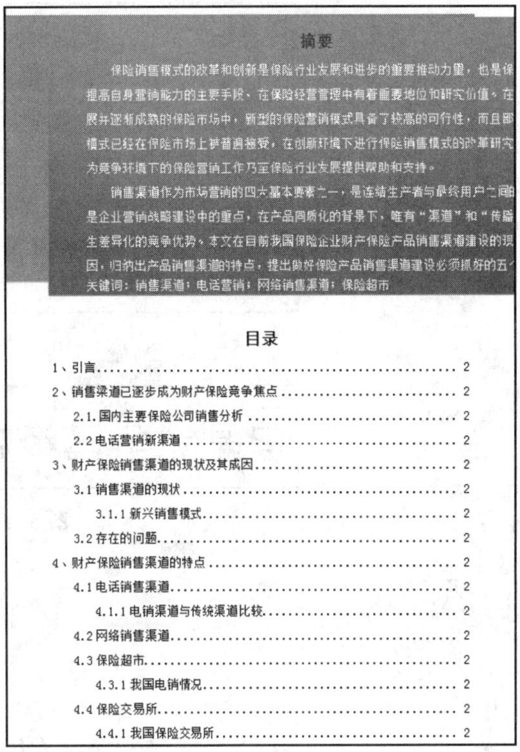

摘要
保险销售模式的改革和创新是保险行业发展和进步的重要推动力量，也是保
提高自身营销能力的主要手段，在保险经营管理中有着重要地位和研究价值。在
展并逐渐成熟的保险市场中，新型的保险营销模式具备了较高的可行性，而且部
模式已经在保险市场上普遍接受，在创新环境下进行保险销售模式的改革研究
为竞争环境下的保险营销工作乃至保险行业发展提供帮助和支持。
销售渠道作为市场营销的四大基本要素之一，是连结生产者与最终用户之间的
是企业营销战略建设中的重点，在产品同质化的背景下，唯有“渠道”和“传播
生差异化的竞争优势，本文在目前我国保险企业财产保险产品销售渠道建设的现
因，归纳出产品销售渠道的特点，提出做好保险产品销售渠道建设必须抓好的五个
关键词：销售渠道；电话营销；网络销售渠道；保险超市
目录
1、引言 2
2、销售渠道已逐步成为财产保险竞争焦点 2
2.1.国内主要保险公司销售分析 2
2.2 电话营销新渠道 2
3、财产保险销售渠道的现状及其成因 2
3.1 销售渠道的现状 2
3.1.1 新兴销售模式 2
3.2 存在的问题 2
4、财产保险销售渠道的特点 2
4.1 电话销售渠道 2
4.1.1 电销渠道与传统渠道比较 2
4.2 网络销售渠道 2
4.3 保险超市 2
4.3.1 我国电销情况 2
4.4 保险交易所 2
4.4.1 我国保险交易所 2

图 3-163 摘要目录

1、引言
1、引言

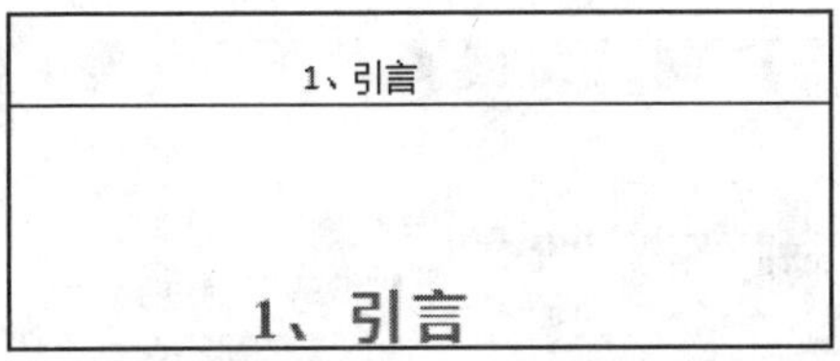

图 3-164 正文奇数页页眉

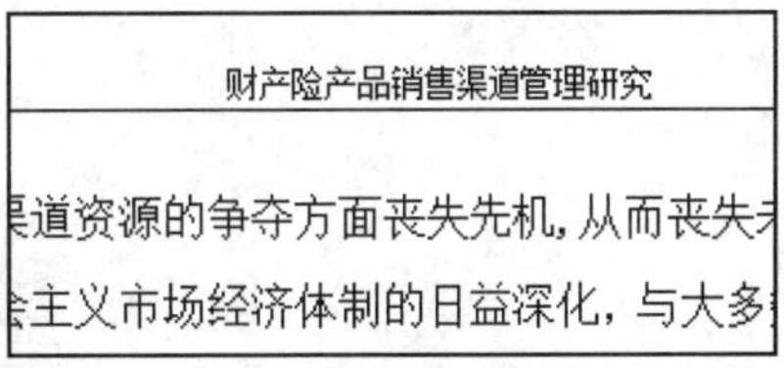

财产险产品销售渠道管理研究
渠道资源的争夺方面丧失先机，从而丧失
会主义市场经济体制的日益深化，与大多

图 3-165 正文偶数页页眉

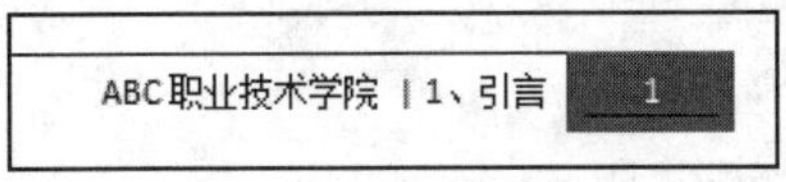

ABC 职业技术学院 | 1、引言 1

图 3-166 正文奇数页页脚

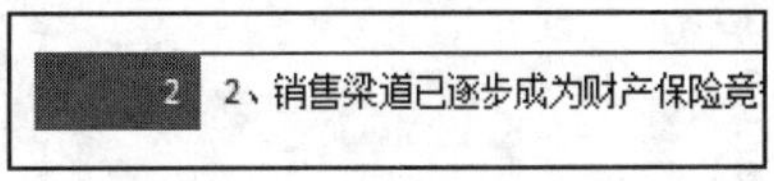

2 2、销售梁道已逐步成为财产保险竞

图 3-167 正文偶数页页脚

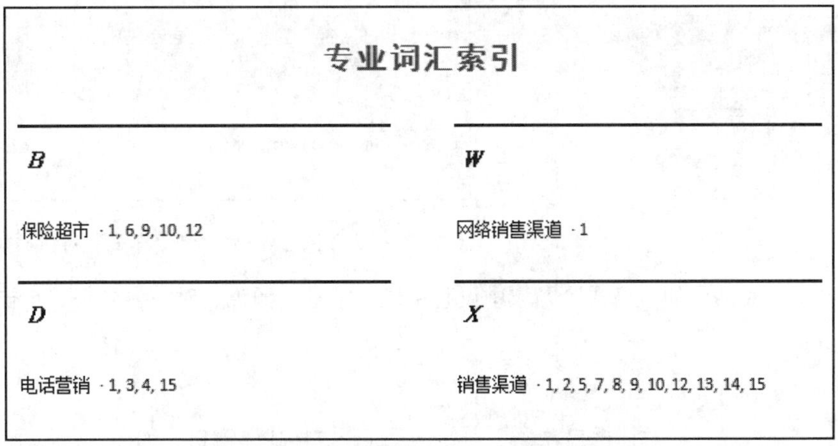

专业词汇索引
B
保险超市 · 1, 6, 9, 10, 12
D
电话营销 · 1, 3, 4, 15
W
网络销售渠道 · 1
X
销售渠道 · 1, 2, 5, 7, 8, 9, 10, 12, 13, 14, 15

图 3-168 插入索引

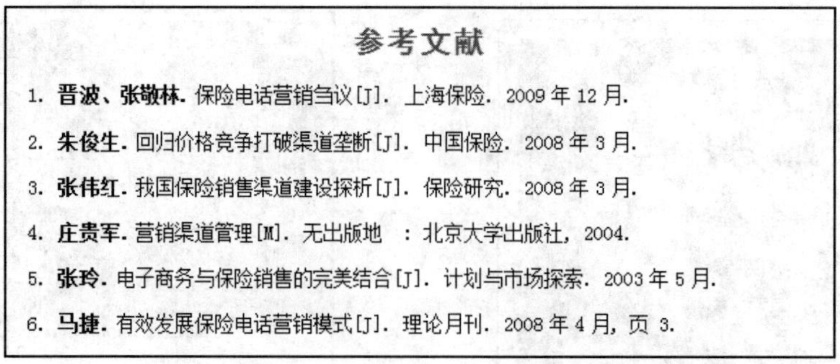

参考文献

1. **晋波、张敬林.** 保险电话营销刍议[J]. 上海保险. 2009 年 12 月.
2. **朱俊生.** 回归价格竞争打破渠道垄断[J]. 中国保险. 2008 年 3 月.
3. **张伟红.** 我国保险销售渠道建设探析[J]. 保险研究. 2008 年 3 月.
4. **庄贵军.** 营销渠道管理[M]. 无出版地 ：北京大学出版社, 2004.
5. **张玲.** 电子商务与保险销售的完美结合[J]. 计划与市场探索. 2003 年 5 月.
6. **马捷.** 有效发展保险电话营销模式[J]. 理论月刊. 2008 年 4 月, 页 3.

图 3-169　插入书目（添加参考文献）

但是竞争已经越来越激烈 (1) (2) (3)。

图 3-170　正文中插入引文

 **知识链接**

1. 修改样式

（1）单击"开始"→"样式"→"样式效果"下拉按钮，在下拉列表中选择"应用样式"选项，弹出"应用样式"窗格，如图 3-171 所示。在"样式名"下拉列表框中选择需要修改的样式，如"正文"，单击"修改"按钮，弹出"修改样式"对话框，如图 3-172 所示。

图 3-171　应用样式窗格

图 3-172　"修改样式"对话框

（2）在"修改样式"对话框的"格式"区域中设置字体、字号、颜色、对齐方式等，单击"确定"按钮完成对某一种样式的修改。

2. 样式窗格

单击"开始"→"样式"→"对话框启动器"按钮 ，打开"样式"窗口，如图 3-173 所示。"样式"窗格为用户提供了样式应用、清除已有的样式、新建样式、样式检查和管理样式功能，方便用户对文档样式进行处理。另外，通过单击"样式"窗格中的"选项"按钮，弹出"样式窗格选项"对话框，如图 3-174 所示，可以对"样式"窗格的显示样式、排序方式、样式格式等进行设置。

图 3-173　"样式"窗格

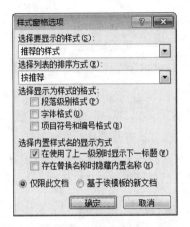

图 3-174　"样式窗格选项"对话框

3. 创建样式

在"样式"窗格中单击"新建样式"按钮，打开"根据格式设置创建新样式"对话框，如图 3-175 所示。在对话框中输入新样式的名字，选择样式类型、样式基准和后续段落样式，设置新样式的字体格式和段落格式，单击"确定"按钮，创建一个新的样式。

4. 删除样式

在"样式"窗格中单击"管理样式"按钮，弹出"管理样式"对话框，如图 3-176 所示。在"选择要编辑的样式"列表框中选择自己创建的样式或已经修改的内置样式，单击"删除"按钮。

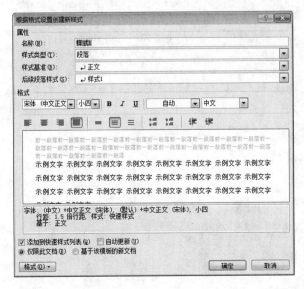

图 3-175　"根据格式设置创建新样式"对话框

图 3-176　"管理样式"对话框

5. 清除样式

选中需要清除的文本，单击"开始"→"样式"→"其他"下拉按钮，在下拉列表中选择"清除样式"命令清除文本样式。如果没有选择需要清除的文本，那么选择"清除样式"命令只清除插入点所在的行文本的样式。除此之外，使用"样式"窗格中的"全部清除"命令可以清除文档中应用的样式。

6. 检查拼写和语法

将光标定位到文档任意处，单击"审阅"→"校对"→"拼写和语法"按钮，弹出"拼写和语法"对话框，如图 3-177 所示。将"拼写和语法"对话框的"输入错误或特殊用法"多行文本框中标注为绿色的文本内容进行修改，单击"更改"按钮，然后单击"下一句"按钮，继续检查拼写和语法。

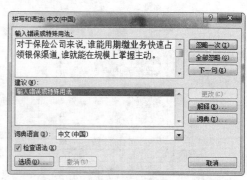

图 3-177 "拼写和语法"对话框

7. 设置自动更正

单击"文件"→"选项"命令，弹出"Word 选项"对话框，如图 3-178 所示。在"Word 选项"对话框中单击"校对"→"自动更正选项"按钮，打开"自动更正"对话框，如图 3-179 所示。在"替换"文本框中输入要替换的文本信息，在"替换为"文本框中输入替换后的文本，单击"添加"按钮，实现文本的自动替换功能。

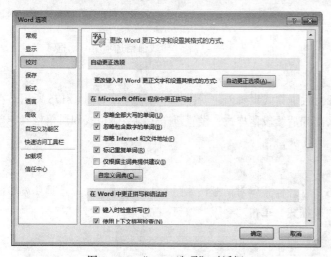

图 3-178 "Word 选项"对话框

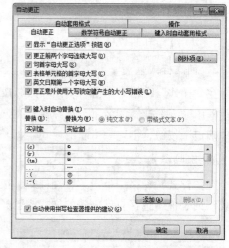

图 3-179 "自动更正"对话框

8. 添加批注

利用添加批注功能对文档撰写有错误的地方进行标记和注释。具体方法是：选中有错误的文本内容，然后单击"审阅"→"批注"→"新建批注"按钮，在文档中插入一条批注，如图 3-180 所示。根据用户的需要，可以通过 Word 2010 的"修订选项"对话框，修改批注的颜色，如图 3-181 和图 3-182 所示。

图 3-180 添加批注

修订选项
标记
插入内容(I):
单下划线
颜色(C):
按作者
删除内容(D):
删除线
颜色(C):
按作者
修订行(A):
外侧框线
颜色(C):
自动设置
批注:
红色
移动
跟踪移动(K)
源位置(O):
双删除线
颜色(C):
绿色
目标位置(V):
双下划线
颜色(C):
绿色
表单元格突出显示
插入的单元格(L):
浅蓝色
合并的单元格(L):
浅黄色
删除的单元格(L):
粉红
拆分单元格(L):
浅橙色
格式
跟踪格式设置(T)
格式(F):
(无)
颜色(C):
按作者
批注框
使用“批注框”(打印视图和 Web 版式视图)(B):
仅用于批注/格式
指定宽度(W):
6.5 厘米
度量单位(E):
厘米
边距(M):
靠右
显示与文字的连线(S)
打印时的纸张方向(P):
保留
确定
取消

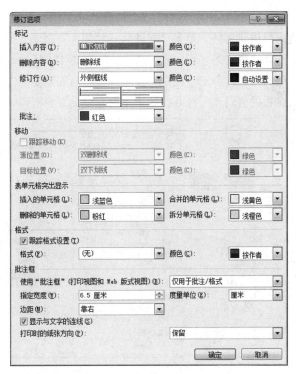

图 3-181 “修订选项”对话框

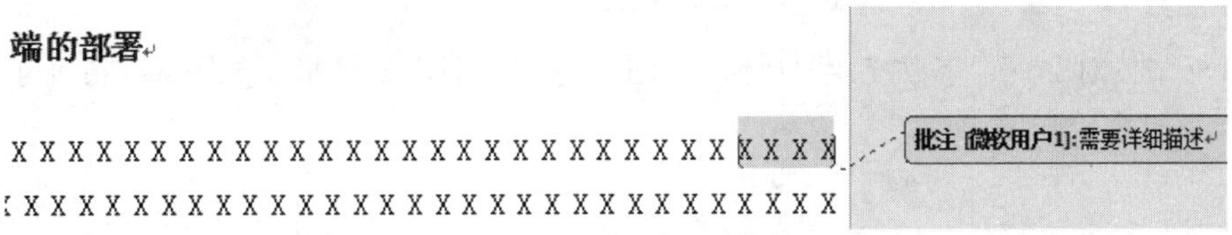

端的部署
XXXXXXXXXXXXXXXXXXXXXXXXXXXXXXX
XXXXXXXXXXXXXXXXXXXXXXXXXXXXXX
批注 [微软用户1]: 需要详细描述

图 3-182 修改批注颜色

单击“审阅”→“批注”→“删除”按钮，可以删除文档中所有批注信息，单击“删除”下拉按钮，在下拉菜单中选择“删除文档中的所有批注”命令删除批注。

9. 添加修订

在文档的批改过程中，想对修改过的地方进行恢复只要在修改处添加修订进行标记就可以帮助用户进行恢复。具体方法是：选中文本内容，然后单击“审阅”→“修订”→“修订”下拉按钮，在下拉列表中选择“修订”命令，为文本添加修订内容，如图 3-183 所示。如果修改修订的格式，可以通过“修订选项”对话框中的“标记”区域提供的选项进行设置。

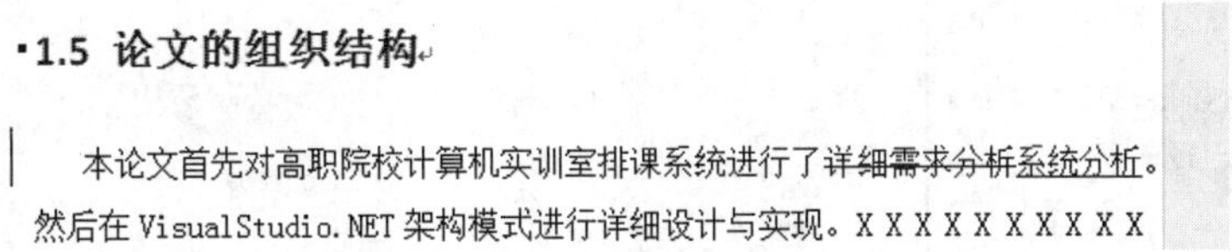

1.5 论文的组织结构
本论文首先对高职院校计算机实训室排课系统进行了详细需求分析系统分析。
然后在 VisualStudio.NET 架构模式进行详细设计与实现。XXXXXXXXXX

图 3-183 添加修订

在“审阅”选项卡的“更改”组中为用户提供了“接受”和“拒绝”修订的功能，用于帮助用户接受修改某一条修订或所有修订，或是拒绝某一条修订或所有修订。

10. 限制文档编辑

单击“审阅”→“保护”→“限制编辑”按钮，弹出“限制格式和编辑”窗格，如图 3-184 所示。Word 2010 提供了“格式设置限制”“编辑限制”“启动强制保护”三种功能进行文档编辑保护。

11．文档加密保护

通过给文档加密可限制其他用户访问文档。单击"文件"→"信息"命令，在 Word 2010 窗口中单击"保护文档"下拉按钮，在下拉列表中选择"用密码进行加密"命令，如图 3-185 所示。在弹出的"加密文档"对话框的"密码"文本框中设置访问文档的密码，单击"确定"按钮。密码输入需要两次确认，即可对文档进行保护。当用户访问该文档时，需要输入设置的密码才可打开，如果用户忘记设置的密码，则无法访问。

图 3-184　"限制格式和编辑"窗格

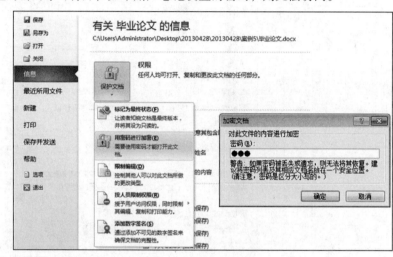

图 3-185　文档加密

12．统计文档字数

单击"审阅"→"校对"→"字数统计"按钮，弹出"字数统计"对话框，如图 3-186 所示，查看文档已经撰写的字数。

13．使用书签

使用书签能够帮助用户为篇幅很长的文档添加章节标记，使用户可以通过标记快速定位到需要查找、阅读或编辑处理的文档处。将光标定位到文档需要标记的位置，单击"插入"→"链接"→"书签"按钮，弹出"书签"对话框，如图 3-187 所示。在"书签"对话框的"书签名"文本框中输入需要的文本信息，单击"添加"按钮。通过定位书签，可以快速跳转到文档相关的标签页面。

图 3-186　"字数统计"对话框

图 3-187　"书签"对话框

3.4　任务 4　制作电子胸卡

任务描述

ABT 职业技术学院准备召开第八届学生代表大会表彰一批优秀学生，学生处需要制作大量的学生代表参会代表证，现在委托你制作一份电子版的代表证胸卡，效果如图 3-188 所示。

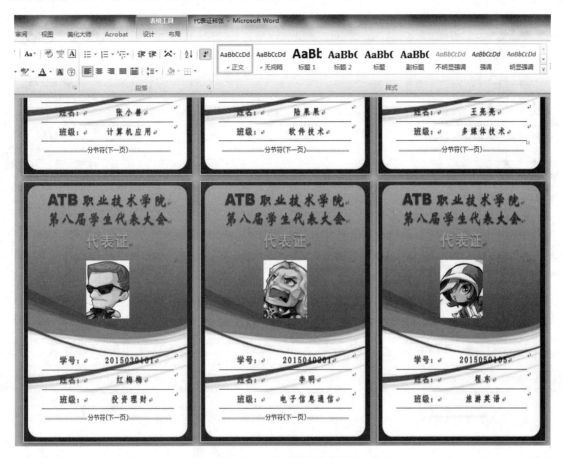

图 3-188　代表证制作效果

任务分析

实现本任务需要利用 Word 2010 的邮件合并功能，首先要创建代表证模板作为邮件合并的主文档，然后把获奖学生的学号信息、姓名信息、班级信息和照片作为邮件合并的数据源进行编辑处理，最后通过邮件合并命令完成批量的电子版代表证胸卡制作。

任务分解

本任务可以分解为以下 2 个子任务。

子任务 1：创建主文档

子任务 2：邮件合并

任务实施

3.4.1　创建主文档

步骤：创建邮件合并主文档

（1）创建一个新文档，命名为"代表证胸卡主文档"，作为邮件合并主文档。"纸张方向"采用默认的"纵向"，单击"页面布局"→"页面设置"→"纸张大小"下拉按钮，在下拉列表中选择"其他页面大小"命令，打开"页面设置"对话框。

（2）在"页面设置"对话框中选择"纸张"选项卡，在"纸张大小"下拉列表框中选择"自定义大小"选项，设置"宽度"为"10厘米"，"高度"为"15厘米"，如图3-189（a）所示。选择"页边距"选项卡，在选项卡中设置页边距"上""下"为"1厘米"，"左""右"为"1.27厘米"，单击"确定"按钮完成设置，如图3-189（b）所示，单击"确定"按钮完成设置。

（a）"纸张"选项卡

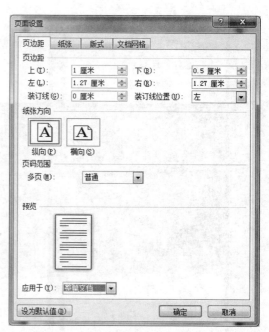
（b）"页边距"选项卡

图3-189 "页面设置"对话框

（3）在文档中添加制作代表证胸卡需要的文本信息，如图3-190所示。在"开始"选项卡"字体"组中，设置第一行文本的字体为"华文新魏"，字号为"一号"，字体颜色为"红色"；设置第二行文本的字体为"华文新魏"，字号为"二号"，字体颜色为"红色"；设置第三行文本的字体为"黑体"，字号为"一号"，字体颜色为"橙色"。选中所有文本的阴影为"向下偏移"并加粗字体，设置效果如图3-191所示。

ATB 职业技术学院
第八届学生代表大会
代表证

图3-190 添加文本信息

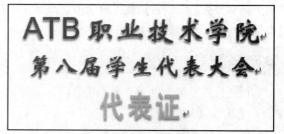

图3-191 设置文本效果

（4）单击"插入"→"表格"→"表格"下拉按钮，在下拉列表中选择"插入表格"命令，弹出"插入表格"对话框，设置表格的列数为"2"、行数为"4"。将表格中第一行的两个单元格进行合并，利用鼠标调整表格大小，设置效果如图3-192所示。单击"表格工具/设计"→"表格样式"→"边框"下拉按钮，去除表格单元格的边框，去除效果如图3-193所示。为表格单元格添加"学号："姓名："班级："文本信息，设置字体为"黑体"、字号为"四号"、字体颜色为"红色"并加粗。选中表格，单击"表格工具/布局"→"对齐方式"→"靠上居中对齐"按钮，设置单元格文本对齐方式。

图 3-192　插入表格

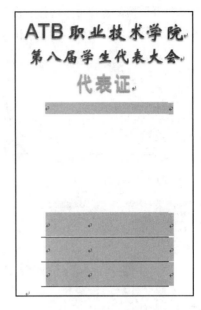

图 3-193　设置表格边框

（5）在文档中插入素材图片。单击"插入"→"插图"→"图片"按钮，弹出"插入图片"对话框，选择"胸卡背景.jpg"图片，单击"插入"按钮。选中图片，单击"图片工具/格式"→"排列"→"自动换行"下拉按钮，在下拉列表中选择"衬于文字下方"选项，将图片衬于文本下方。通过鼠标拖拉，将图片大小设置成与纸张大小相同，如图 3-194 所示。

图 3-194　插入图片效果

3.4.2　邮件合并

步骤 1：激活邮件合并

（1）单击"邮件"→"开始邮件合并"→"开始邮件合并"下拉按钮，在下拉列表中选择"信函"选项，如图 3-195 所示。

（2）单击"邮件"→"开始邮件合并"→"选择收件人"下拉按钮，在下拉列表中选择"使用现有列表"选项，如图 3-196 所示。打开"选取数据源"对话框，如图 3-197 所示，选择已有的"代表名单.xlsx"文档作为数据源，单击"打开"按钮，弹出"选择表格"对话框，选择"名单$"表格，单击"确定"按钮，如图 3-198 所示，这时"编写和插入域"组被激活可以使用，如图 3-199 所示。

图 3-195　开始邮件合并

图 3-196　选择收件人

图 3-197　"选取数据源"对话框

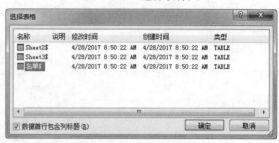

图 3-198　选择表格

图 3-199　"编写和插入"域分组

（3）插入合并域。将光标定位到文档表格中"学号"右边的单元格中，单击"邮件"→"编写和插入域"→"插入合并域"下拉按钮，在下拉列表中选择"学号"命令，完成一个合并域的插入。采用相同的方法在已经插入"学号"合并域的下面两个单元格插入"姓名"和"班级"合并域，如图 3-200 所示。

步骤 2：插入图片

（1）将光标定位到"学号："上方的单元格中，单击"插入"→"文本"→"文档部件"下拉按钮，在下拉列表中选择"域"命令，如图 3-201 所示。

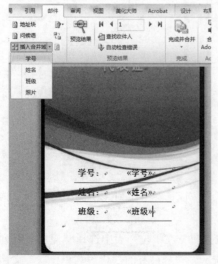

图 3-200　插入合并域

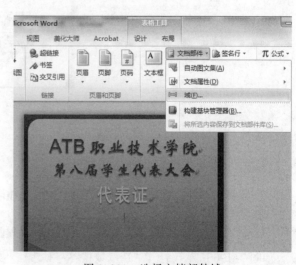

图 3-201　选择文档部件域

（2）在弹出的"域"对话框的"域名"列表框中选择"IncludePicture"选项，在"域属性"区域的"文件名或 URL"文本框中输入任意字符"P"作为链接地址，选中"更新时保留原格式"复选框，如图 3-202 所示，单击"确定"按钮。

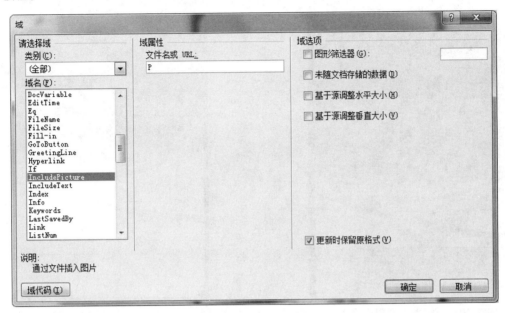

图 3-202　"域"对话框

（3）选中插入后的"IncludePicture"域，在"图片工具/格式"选项卡"大小"组中设置"IncludePicture"域的高为"4.5 厘米"、宽为"4.5 厘米"，如图 3-203 所示。

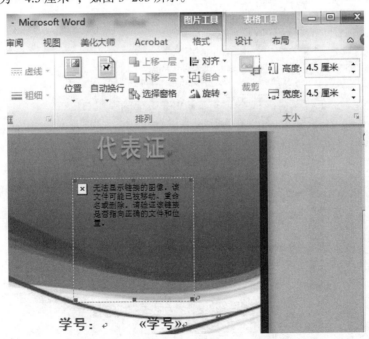

图 3-203　设置"IncludePicture"域的大小

（4）选中整个表格，按【Shift+F9】组合键，切换到插入域的代码模式，如图 3-204 所示。选中"INCLUDEPICTURE "P" \MERGEFORMAT"中的"P"字符，单击"邮件"→"编写和插入域"→"插入合并域"下拉按钮，在下拉列表中选择"照片"域进行插入，插入后再次选中表格，按【F9】键，刷新插入后效果，如图 3-205 所示。

图 3-204　插入域的代码模式

图 3-205　插入照片域后刷新的效果

步骤 3：合并结果预览

单击"邮件"→"预览结果"→"预览结果"按钮，如图 3-206 所示，如果预览检查没有问题即可完成邮件合并。

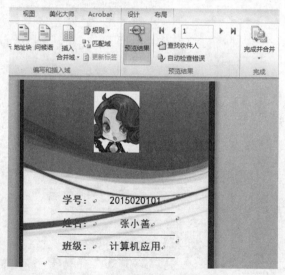

图 3-206　预览合并结果

步骤 4：合并到新文档

（1）单击"邮件"→"完成"→"完成并合并"下拉按钮，在下拉列表中选择"编辑单个文档"命令，如图 3-207 所示。在弹出的"合并到新文档"对话框中进行合并文档设置，在"合并记录"区域选择"全部"单选按钮，如图 3-208 所示，单击"确定"按钮，生成一个新文档，如图 3-209 所示。

图 3-207　完成并合并

图 3-208　"合并到新文档"对话框

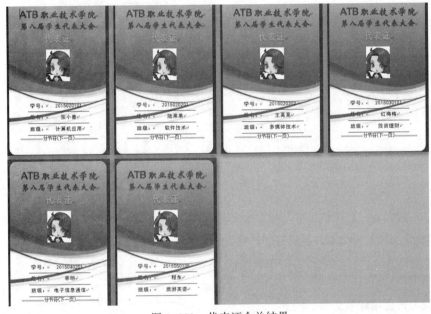

图 3-209　代表证合并结果

（2）单击快速访问工具栏中的"保存"按钮保存文档，保存后按【Ctrl+A】组合键选择整个文档，然后按【F9】键进行合并后的文档刷新，刷新后如图 3-210 所示，所有的插入域信息和照片信息都能正确显示出来。

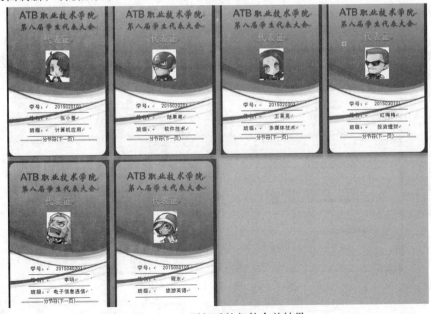

图 3-210　刷新后的邮件合并结果

步骤 5：文档打印

（1）单击"文件"→"打印"命令，在 Word 2010 窗口的右边可预览文档的打印效果，如图 3-211 所示。

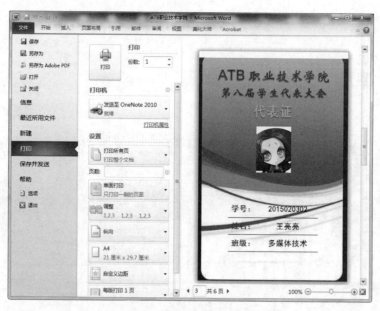

图 3-211　打印窗口

（2）如图 3-211 所示，在"打印机"下拉列表中选择已经连接的打印机型号。在"设置"下拉列表中选择打印"奇偶页""打印整个文档"等类型，设置打印的份数，最后单击"打印"按钮。

任务拓展

任务：制作一份考试合格证书文档

任务描述：利用 Word 2010 提供的合并功能制作一批学生计算机考试合格证书，证书主文档效果如图 3-212 所示。

图 3-212　考试合格证书样张

知识链接

1. 邮件合并

在 Office 中，利用邮件合并功能可以批量制作一些统一格式的文件。首先建立两个文档：一个包括所有文件共有内容的主文档 Word（比如未填写的信封等）和一个包括变化信息的数据源 Excel（填写的收件人、发件人、邮编等），然后使用邮件合并功能在主文档中插入变化的信息，合成后的文件用户可以保存为 Word 文档，可以打印出来，也可以以邮件的形式发送出去。

邮件合并主要应用在以下场合：

（1）批量打印信封：按统一的格式，将电子表格中的邮编、收件人地址和收件人打印出来。

（2）批量打印信件：主要是从电子表格中调用收件人，换一下称呼，信件内容固定不变。

（3）批量打印请柬：主要是从电子表格中调用收件人，换一下称呼，请柬内容固定不变。

（4）批量打印工资条：从电子表格调用数据。

（5）批量打印个人简历：从电子表格中调用不同字段数据，每人一页，对应不同信息。

（6）批量打印学生成绩单：从电子表格成绩中取出个人信息，并设置评语字段，编写不同评语。

（7）批量打印各类获奖证书：在电子表格中设置姓名、获奖名称和等级，在 Word 中设置打印格式，可以打印众多证书。

另外，还可批量打印准考证、明信片、信封等个人报表。

2．邮件合并结果输出方式

邮件合并结果的输出方式有 3 种，上面介绍的"合并到新文档"是其中一种，另外两种分别是"合并到打印机"和"合并到电子邮件"。

（1）合并到打印机是将邮件合并结果直接通过打印机进行文档打印输出。单击"完成并合并"按钮，在下拉列表中选择"打印文档"命令，弹出"合并到打印机"对话框，如图 3-213 所示。在对话框中可以选择全部文档打印，或是选择其中一页、几页进行打印输出。

图 3-213　"合并到打印机"对话框

（2）合并到电子邮件是将邮件合并结果通过电子邮件方式进行发送。单击"完成并合并"下拉按钮，在下拉列表中选择"发送电子邮件"命令，弹出"合并到电子邮件"对话框，如图 3-214 所示。在对话框中选择收件人、注明邮件主题、选择邮件格式和发送记录的数量，然后单击"确定"按钮，Word 2010 将调用 Outlook 进行电子邮件发送。

3．利用邮件合并向导合并邮件

"邮件合并向导"用于帮助用户在 Word 文档中完成信函、电子邮件、信封、标签或目录的邮件合并工作，采用分步完成的方式进行，适用于普通用户进行邮件合并。单击"邮件"→"开始邮件合并"→"开始邮件合并"下拉按钮，在下拉列表中选择"邮件合并分步向导"选项（见图 3-215），打开"邮件合并"窗格，启动邮件合并操作，如图 3-216 所示。通过"邮件合并"窗格提供的向导步骤，能快速引导用户一步步进行邮件合并。

图 3-214　合并到电子邮件

图 3-215　启动邮件合并向导

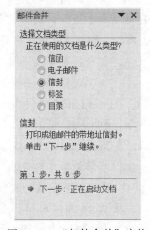

图 3-216　"邮件合并"窗格

小　结

通过本单元的学习使大家了解、掌握 Word 2010 的基本功能和常用操作命令。利用 Word 2010 进行文本格式化、段落设置、表格设计、图文混排、页面设置、电子邮件合并等知识制作出精美、实用的邀请函、图文混排海报、长文档的编辑排版和电子胸卡，具备一定的文档处理能力。

习　题

一、选择题

1. 如果想增加或删除 Word 2010 主窗口中显示的快速访问工具栏按钮，应当使用"Word 选项"对话框中的（　　　）
  A. 快速访问工具栏　　　B. 自定义功能区　　　　C. 高级　　　　　　　D. 显示

2. 在 Word 2010 的编辑状态，打开了"wl.doc"文档，若要将经过编辑后的文档以"w2.doc"为名存盘，应当执行"文件"菜单中的（　　　）命令。
  A. 保存　　　　　　　　B. 新建　　　　　　　　C. 另存为　　　　　　D. 打开

3. Word 2010 程序窗口底部显示当前文本信息的区域是（　　　）。
  A. 任务栏　　　　　　　B. 功能区　　　　　　　C. 状态栏　　　　　　D. 快速访问工具栏

4. 在编辑 Word 2010 文档时，我们常常希望在每页的顶部或底部显示页码及一些其他信息，这些信息打印在文件每页的顶部，一般称为（　　　）。
  A. 页码　　　　　　　　B. 分页符　　　　　　　C. 页眉　　　　　　　D. 页脚

5. Word 2010 的输入操作有（　　　）两种状态。
  A. 就绪和输入　　　　　B. 插入和改写　　　　　C. 插入和删除　　　　D. 改写和复制

6. Word 2010 默认的中文字体是（　　　）。
  A. 仿宋体　　　　　　　B. 宋体　　　　　　　　C. 楷体　　　　　　　D. 微软雅黑

7. 在 Word 2010 编辑状态下，执行"粘贴"命令后（　　　）。
  A. 将文档中被选择的内容复制到当前插入点处
  B. 将文档中被选择的内容移动到剪贴板
  C. 将剪贴板中的内容移动到当前插入点处
  D. 将剪贴板中的内容拷贝到当前插入点处

8. 文档视图是文档在屏幕上的显示方式，而以文档打印时的样子呈现出来的视图称为（　　　）。
  A. 页面视图　　　　　　B. Web 版式视图　　　　C. 打印预览　　　　　D. 阅读版式视图

9. 在 Word 2010 的编辑状态下打开一个文档，对文档没作任何修改，随后单击 Word 2010 主窗口标题栏右侧的"关闭"按钮或者单击"文件"→"退出"命令，则（　　　）。
  A. 仅文档窗口被关闭　　　　　　　　　　　　B. 文档和 Word 2010 主窗口全被关闭
  C. 仅 Word 2010 主窗口被关闭　　　　　　　D. 文档和 Word 2010 主窗口全未被关闭

10. 在 Word 2010 编辑状态下，可以使插入点快速移到文档首部的快捷键是（　　　）。
  A.【Ctrl+Home】　　　B.【Alt+Home】　　　　C.【Home】　　　　　D.【PgUp】

11. 在 Word 2010 中，单击"文件"→"信息"命令，右边窗口中显示的文件名所对应的文件是（　　　）。
  A. 当前被操作的文件　　　　　　　　　　　　B. 当前已经打开的所有文件
  C. 最近被操作过的文件　　　　　　　　　　　D. 扩展名是.docx 的所有文件

12. 在 Word 2010 编辑状态下，进行字体设置操作后，按新设置的字体显示的文字是（　　　）。
  A. 插入点所在段落中的文字　　　　　　　　　B. 插入点所在行中的文字

C. 文档中被选择的文字　　　　　　　　　D. 文档中的全部文字

13. 在 Word 2010 编辑状态下，设置了一个由多个行和列组成的空表格，将插入点定在某个单元格内，单击"表格工具/布局"→"表"→"选择"按钮，在下拉列表中选择"选择行"命令，然后选择"选择列"命令，则表格中被选择的部分是（　　　　）。

　　A. 插入点所在的行　　　B. 插入点所在的列　　　C. 一个单元格　　　D. 整个表格

14. 在 Word 2010 编辑状态下，执行两次"复制"操作后，则剪贴板中（　　　　）。

　　A. 仅有第一次被复制的内容　　　　　　B. 仅有第二次被复制的内容

　　C. 有两次被复制的内容　　　　　　　　D. 无内容

15. 指定一个段落的第一行缩进的段落设置称为（　　　　）。

　　A. 悬挂　　　　　　B. 首行缩进　　　　　　C. 左　　　　　　D. 右

16. 在 Word 2010 编辑状态下，对所插入的图片不能进行的操作是（　　　　）。

　　A. 放大或缩小　　　B. 从矩形边缘裁剪　　　C. 编辑图片内容　　　D. 移动其在文档中的位置

17. Word 2010 模板的扩展名是（　　　　）。

　　A. .dotx　　　　　　B. .txt　　　　　　C. .docx　　　　　　D. .tmp

18. 在编辑 Word 2010 文档时，如果用户出现了误操作，消除这一误操作的最佳方法是（　　　　）。

　　A. 单击快速访问工具栏中的"撤销"按钮恢复原内容

　　B. 重新进行正确的操作

　　C. 单击"审阅"→"修定"→"修定"按钮以恢复内容

　　D. 无法挽回

二、操作题

1. 根据任务 1、任务 2 和任务 3 所掌握的知识技巧，利用已经提供的文本素材、标题样式素材和图片素材制作设计一份美食科普简报，如图 3-217 和图 3-218 所示。

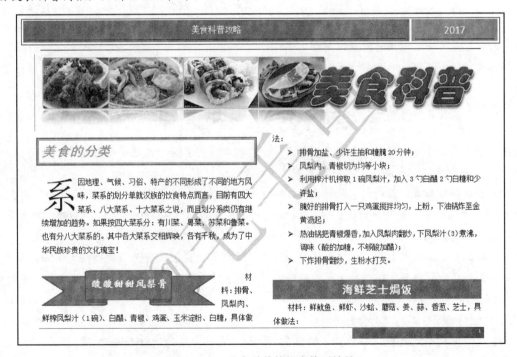

图 3-217　美食科普简报奇数页效果

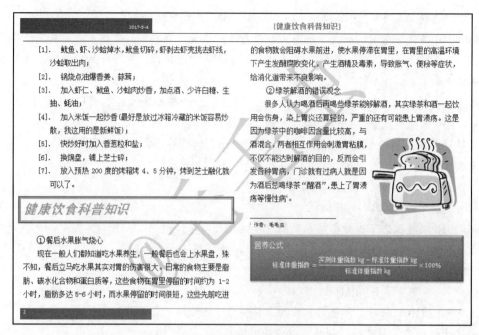

图 3-218 美食科普简报偶数页效果

设计要求如下：

（1）对文字素材进行段落格式化。字体为"宋体"，字号为"小四"，行距为固定值"20 磅"，段落首行缩进"2 字符"，如图 3-218 所示，为文本添加带圈字符，在文本段落"患上了胃溃疡等慢性病"的后面插入尾注，设置为"文档结尾"，内容为"作者：毛毛虫"。

（2）在文字素材的首行插入内置文本框，选择"透视系数提要栏"文本框。在文本框中插入图片"美食.jpg"，设置图片的大小：高为"3 厘米"、宽为"16.64 厘米"，图片样式为"映像圆角矩形"。

（3）在文档中插入"填充-红色，强调文字颜色 2，粗糙棱台"型艺术字，字体为"华文琥珀"，字号为"65"，加粗，艺术字的位置设置为"顶端居右，四周型文字环绕"。

（4）对整篇文档进行分栏，将所有文本分成两栏，间距为"3.32 字符"。将标题素材文档中的标题样式应用到文档中"美食的分类"和"健康饮食科普知识"两行文本。

（5）选择文档中"海鲜芝士焗饭"文本，设置段落底色为"橙色，强调文字颜色 6，深色 25%"，段落行距为"2.5 倍"，字体为"黑体"，字号为"小二"，颜色为"白色"并加粗。

（6）选择文档"美食分类"标题下方的整段文本，设置首字下沉。为"酸酸甜甜凤梨骨"的制作方法步骤添加项目符号"➢"。为"海鲜芝士焗饭"的制作方法添加编号[1]。

（7）在"酸酸甜甜凤梨骨"材料段落的上方插入一个形状，选择"上凸带形"，样式设置为"彩色填充-水绿色，强调颜色 5"，添加文字"酸酸甜甜凤梨骨"，字体为"华文新魏"，字号为"小二"，加粗，颜色为"白色"，设置环绕方式为"四周型环绕"，并调整到文档中合适位置。

（8）在文档第二页中插入剪贴画，剪贴画类型如图 3-218 所示，设置位置为"中间居右，四周型文字环绕"。

（9）在文档第二页绘制一个文本框并插入营养公式，如图 3-218 所示。设置文本框的样式为"强烈效果-水绿色，强调颜色 5"。

（10）设置文档的标题信息为"美食科普攻略"，文档插入页眉，奇数页页眉的样式选择"瓷砖型"，时间选择当前时间。偶数页页眉的样式选择"朴素型（偶数页）"，利用文档部件的"StyleRef"域，插入"明显引用"标题——"健康饮食科普知识"标题信息。在文档的奇数页和偶数页页脚插入"飞越型"样式页脚。

（11）为文档添加水印，水印文字信息为"@毛毛虫"。

2. 利用任务 4 所学的知识，通过邮件合并的方法制作校园一卡通，效果如图 3-219 所示。

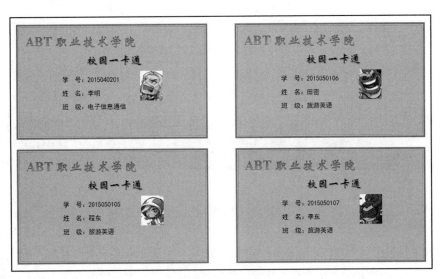

图 3-219　合并后校园一卡通

制作要求如下：

（1）使用 Excel 2010 创建数据源，如图 3-220 所示。

图 3-220　数据源

（2）新建一份 Word 2010 文档，利用表格进行排版，添加艺术字、文本信息和设置表格边框创建校园卡的邮件合并主文档，如图 3-221 所示。

图 3-221　邮件合并主文档

（3）使用邮件合并功能进行插入合并域。

（4）单击"邮件"→"编写和插入域"→"规则"下拉按钮，在下拉列表中选择"下一记录"命令实现在一个页面中显示 4 张校园一卡通的效果，并利用分栏功能实现 4 张卡片分 2 列 2 行整齐排列，效果如图 3-219 所示。

单元 4

Excel 2010 的使用

【学习目标】

Microsoft Office Excel 2010（以下简称 Excel 2010）的主要功能是进行各种数据处理、统计分析和辅助决策操作，广泛应用于管理、统计财经、金融等众多领域，在各行各业中都得到了广泛应用。Excel 中大量的公式、函数可以应用选择，使用 Microsoft Excel 可以执行计算，分析信息并管理电子表格或网页中的数据信息，制作列表与数据资料图表，可以实现许多方便的功能，带给使用者方便。

通过本单元的学习，读者将掌握以下知识和技能：

- Excel 2010 的启用和退出
- Excel 的相关术语解释
- 各种数据的录入和设置
- 函数和公式的灵活应用
- 工作表的格式设置和美化
- 图表的创建和管理
- 合并计算和分类汇总的应用
- 数据的排序和筛选
- 数据透视表和透视图的建立
- 窗口的冻结和解冻

4.1 任务 1 公司销售统计表

任务描述

Conser 公司在第一季度结束后，要针对第一季度的销售情况进行统计和分析，为了方便统计，现在需要建立一个 Conser 公司第一季度"销售统计表"，计算每个员工的个人销售额、排名以及各个部门的销售额等，统计完后生成 Conser 公司第一季度"销售统计表"。现委托你来创建这个数据表格。图 4-1 所示为 Conser 公司建立的第一季度"销售统计表"。

任务分析

实现本任务首先要创建一个 Conser 公司第一季度"销售统计表"，并录入相关销售数据，然后利用各种公式和函数完成销售额的计算，再利用数据功能统计出对应的数据，最后利用条件格式进行数据分析。

员工编号	姓名	销售团队	一月份	二月份	三月份	个人销售总计	销售排名
			Conser公司第一季度销售统计表				
X0101	程小丽	销售1部	¥ 66,500.00	¥ 92,500.00	¥ 95,500.00	¥ 254,500.00	3
X0102	张艳	销售1部	¥ 73,500.00	¥ 91,500.00	¥ 64,500.00	¥ 229,500.00	10
X0103	卢红燕	销售1部	¥ 84,500.00	¥ 71,000.00	¥ 99,500.00	¥ 255,000.00	2
X0104	李佳	销售1部	¥ 87,500.00	¥ 63,500.00	¥ 67,500.00	¥ 218,500.00	13
X0105	杜月红	销售2部	¥ 88,000.00	¥ 82,500.00	¥ 83,000.00	¥ 253,500.00	4
X0106	李成	销售1部	¥ 92,000.00	¥ 64,000.00	¥ 97,000.00	¥ 253,000.00	5
X0107	刘大为	销售1部	¥ 96,500.00	¥ 86,500.00	¥ 90,500.00	¥ 273,500.00	1
X0108	唐艳霞	销售1部	¥ 97,500.00	¥ 76,000.00	¥ 72,000.00	¥ 245,500.00	7
X0109	张恬	销售2部	¥ 56,000.00	¥ 77,500.00	¥ 85,000.00	¥ 218,500.00	13
X0110	李丽敏	销售2部	¥ 58,500.00	¥ 90,000.00	¥ 88,500.00	¥ 237,000.00	9
X0111	马燕	销售2部	¥ 63,000.00	¥ 99,500.00	¥ 78,500.00	¥ 241,000.00	8
X0112	张小丽	销售1部	¥ 69,000.00	¥ 89,500.00	¥ 92,500.00	¥ 251,000.00	6
X0113	刘艳	销售2部	¥ 72,500.00	¥ 74,500.00	¥ 60,500.00	¥ 207,500.00	15
X0114	杜乐	销售3部	¥ 62,500.00	¥ 76,000.00	¥ 57,000.00	¥ 195,500.00	18
X0115	黄海生	销售3部	¥ 62,500.00	¥ 57,500.00	¥ 85,000.00	¥ 205,000.00	16
X0116	唐艳霞	销售3部	¥ 63,500.00	¥ 73,000.00	¥ 65,000.00	¥ 201,500.00	17
X0117	张恬	销售3部	¥ 68,000.00	¥ 97,500.00	¥ 61,000.00	¥ 226,500.00	11
X0118	马小燕	销售3部	¥ 71,500.00	¥ 59,500.00	¥ 88,000.00	¥ 219,000.00	12

部门销售统计	销售1部	¥ 1,980,500.00
	销售2部	¥ 1,157,500.00
	销售3部	¥ 1,047,500.00
个人销售统计	最高额	¥ 273,500.00
	最低额	¥ 195,500.00
	平均值	¥ 232,527.78
	个人销售总计低于20万的人数	1
	人销售总计在20万到25万之间的人	11
	个人销售总计高于25万的人数	6

图 4-1　任务 1　销售统计表

任务分解

本任务可以分解为以下 5 个子任务。

子任务 1：开始使用 Excel 2010

子任务 2：录入数据

子任务 3：表格设置

子任务 4：成绩计算与统计

子任务 5：成绩分析

任务实施

4.1.1　开始使用 Excel 2010

步骤 1：启动 Excel 2010

单击 Windows 任务栏的"开始"按钮，选择"所有程序"→"Microsoft Office"→"Microsoft Office Excel 2010"命令，即可启动 Excel 2010 并打开其窗口，如图 4-2 所示。

图 4-2　Excel 2010 的启动

技巧与提示

打开 Excel 2010 的其他方法有：

（1）右击桌面空白处，在弹出的快捷菜单中选择"新建"→"Microsoft Excel 工作表"命令。

（2）历史记录中保存着用户最近 25 次使用过的文档，要想启动相关应用并同时打开这些工作簿，只需单击"文件"→"最近所用文件"命令，然后从列表中选择文件名后单击即可。

步骤 2：认识 Excel 2010 窗口

启动 Excel 2010 后，Excel 2010 会自动新建一个 Excel 2010 的工作簿，其窗口组成如图 4-3 所示。

图 4-3 Excel 2010 的窗口

与旧版本相比，Excel 2010 最明显的变化是取消了传统的菜单而代之于各种选项卡。Excel 2010 的窗口主要由快速访问工具栏、标题栏、窗口控制按钮、选项卡、名称框、编辑栏、工作表编辑区、工作表标签等组成。Excel 2010 中的快速访问工具栏、标题栏与 Word 大致相同，这里不再赘述。

名称框：名称框的主要作用是显示和定位，可以在名称框中给一个或者一组单元格定义，也可以在名称框中直接选择定义过的名称来选中相应的单元格。名称框下面的█是"全选"按钮，单击它可以选中当前工作表的全部单元格。"全选"按钮右边的 A，B，C……是列标，单击列标可以选中相应的列，"全选"按钮下面的 1，2，3……是行号，单击行号可以选中相应的整行。

编辑栏：编辑栏可以编辑对应单元格内容，如文字、公式、函数或者数据等。

选项卡：选项卡实现 Excel 2010 中主要的数据操作和管理功能。Excel 2010 中有"开始""插入""页面布局""公式""数据""审阅""视图"等选项卡，每个选项卡根据功能的不同又分为若干个组。

工作表编辑区：编辑和放置工作表的区域。如数据内容较多，可以通过工作表右侧和下方的滚动条来调整。

工作表选项卡：列出每个工作表的名字，并且完成工作表的复制、移动和重命名等操作。

4.1.2 录入数据

步骤 1：录入标题与表头

表格的标题和表头一般由字符串组成，字符串一般是由数字、字母、汉字、标点、符号、空格等组成的字符。显示时，字符串常数自动左对齐。

（1）单击选中 A1 单元格，录入文字"Conser 公司第一季度销售统计表"。

（2）单击选中 A2 单元格，录入文字"员工编号"，并在其右侧单元格中依次输入其他表头内容，设置行高和列宽，并适当调整对齐方式，结果如图 4-4 所示。

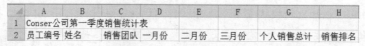

图 4-4 标题与表头

技巧与提示

选择单元格的其他方法有：

（1）单击行号可以选中整行，单击列标可以选中整列。

（2）如果要选定所有单元格，可以单击工作表左上角的"全选"按钮。

（3）按住【Shift】键单击单元格，可以选中开始和结束单元格之间的连续单元格区域；按住【Ctrl】键单击单元格，可以选中所有选择的不连续单元格。

步骤 2：录入表格内容

1）录入自动系列内容

在 A3:A20 单元格区域中输入 X0101 ~ X018。Excel 2010 具有自动填充系列内容的功能，可以自动填充等差序列、等比序列等。

在 A3 单元格输入"X0101"，选中 A3，单击右下角的填充柄，拖动填充柄直到 A20 单元格，完成"员工编号"系列的自动填充，如图 4-5 所示。

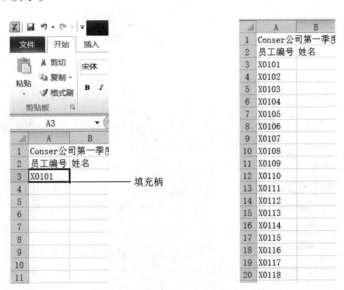

图 4-5　利用填充柄完成"员工编号"系列的填充

2）录入表格基本内容

在 B3:B20 单元格区域中依次录入员工姓名，在 C3:C20 单元格区域中依次录入员工所属销售团队，在 D3:D20 单元格区域中依次录入一月份销售额，在 E3:E20 单元格区域中依次录入二月份销售额，在 F3:F20 单元格区域中依次录入三月份销售额，在 C22:D30 单元格区域中依次录入对应内容，如图 4-6 所示。

技巧与提示

对于某些数据格式，当输入数据的宽度超过默认列宽时，数据将会延伸到下一列。对于另外一些数据格式，当列宽与输入的数据宽度不匹配时，就会显示一串"########"符号，意味着数据宽度超过了当前单元格的宽度。此时并不影响实际数值，只需增加列宽就可以显示输入的数据。

	A	B	C	D	E	F	G	H
1	Conser公司第一季度销售统计表							
2	员工编号	姓名	销售团队	一月份	二月份	三月份	个人销售	销售排名
3	X0101	程小丽	销售1部	66500	92500	95500		
4	X0102	张艳	销售1部	73500	91500	64500		
5	X0103	卢红燕	销售1部	84500	71000	99500		
6	X0104	李佳	销售1部	87500	63500	67500		
7	X0105	杜月红	销售2部	88000	82500	83000		
8	X0106	李成	销售1部	92000	64000	97000		
9	X0107	刘大为	销售1部	96500	86500	90500		
10	X0108	唐艳霞	销售1部	97500	76000	72000		
11	X0109	张恬	销售2部	56000	77500	85000		
12	X0110	李丽敏	销售2部	58500	90000	88500		
13	X0111	马燕	销售2部	63000	99500	78500		
14	X0112	张小丽	销售2部	69000	89500	92500		
15	X0113	刘艳	销售2部	72500	74500	60500		
16	X0114	杜乐	销售3部	62500	76000	57000		
17	X0115	黄海生	销售3部	62500	57500	85000		
18	X0116	唐艳霞	销售3部	63500	73000	65000		
19	X0117	张恬	销售3部	68000	97500	61000		
20	X0118	马小燕	销售3部	71500	59500	88000		
21								
22			部门销售	销售1部				
23				销售2部				
24				销售3部				
25			个人销售	最高额				
26				最低额				
27				平均值				
28				个人销售总计低于20万的人数				
29				个人销售总计在20万到25万之间的人数				
30				个人销售总计高于25万的人数				

图 4-6 表格基本内容

4.1.3 表格设置

步骤1: 字体的设置

Excel 2010 提供了几十种格式化工作表中文本和数值的方法。如果需要输出工作表或工作簿，或者提供给他人阅览，特别是报表和报告，应该尽可能使其具有吸引力同时又便于理解。例如，改进工作表的表现形式，可以采用放大标题的文本，用黑体、斜体或两者来格式化标题和字符，也可以用不同的字体和颜色格式化文本。

将"销售统计表"中的标题格式设置为隶书、20 号、加粗；将 A2:H2 单元格区域的文字设置为宋体、12 号、加粗。将 A3:H27、C29:D36 单元格区域的文字设置为宋体、12 号。

（1）选中 A1 单元格，在"开始"选项卡"字体"组的"字体"下拉列表中选择"黑体"选项，在"字号"下拉列表中选择 20 号选项，应用 **B** 按钮设置字体加粗效果。

（2）选中 A2:H2 单元格区域，在"开始"选项卡"字体"组中设置字体为宋体、12 号、加粗。效果如图 4-7 所示。

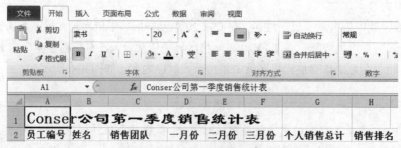

图 4-7 利用"字体"组完成标题和表头的字体设置

（3）在名称栏中输入 A3:H27 按【Enter】键确认，选中 A3:K15 单元格区域，在"开始"选项卡"字体"组中设置字体为宋体、12 号。

（4）选中 C29 单元格，按住【Shift】键（可以同时选中相邻的区域），再选中 E36 单元格，选中 C29:D36 单元格区域，单击"开始"选项卡"字体"组右下角的"对话框启动器"按钮 ，弹出"设置单元格格式"对话框，在其中进行字体设置。选择"字体"选项卡，在"字体"下拉列表中选择"宋体"，"字号"选择 12 号，在预览框中可以看到格式化之后的效果，如图 4-8 所示。

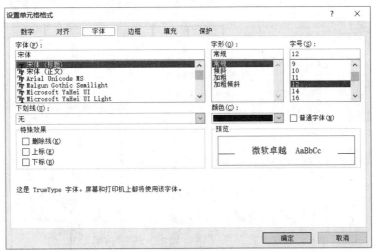

图 4-8　"设置单元格格式"对话框的"字体"选项卡

（5）选中 D3:G20 单元格区域，单击"开始"选项卡"数字"组右下角的"对话框启动器"按钮，在弹出的对话框中设置数字格式为"会计专用"，如图 4-9 所示。

图 4-9　"设置单元格格式"对话框的"数字"选项卡

选中 E22:F27 单元格区域，单击"开始"选项卡"数字"组右下角的"对话框启动器"按钮，在弹出的对话框中设置数字格式为"会计专用"。

步骤 2：设置单元格内容的对齐方式

在正常情况下，单元格中的文本数据靠左对齐，数值型数据靠右对齐。适当的数据对齐方式可以提高工作表的可读性，同时与数据显示的习惯标准相一致（像会计专用数据中的小数点对齐方式）。

（1）选择 A1:H1 单元格区域，单击"开始"→"对齐方式"→"合并后居中"按钮，实现表格标题的合并后居中，如图 4-10 所示。

（2）选择 D229:E22 单元格区域，单击"开始"→"对齐方式"→"合并后居中"按钮，实现合并后居中，利用格式刷，复制 D22:E22 单元格区域的格式，完成 D23:E23、D24:E24、D25:E25、D26:E26、D27:E27、D28:E28、D29:E29 单元格区域的合并设置。

图 4-10　设置标题为合并后居中

（3）选择 C22:C24 单元格区域，单击"开始"→"对齐方式"→"合并后居中"按钮，单击"开始"→"对齐方式"→"垂直居中"按钮，实现水平居中、垂直居中。单击"开始"→"对齐方式"→"自动换行"按钮，实现自动换行格式。效果如图 4-11 所示。

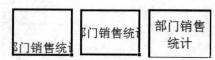

图 4-11　三种对齐方式效果

（4）选择 C25:C30 单元格区域并右击，在弹出的快捷菜单中选择"设置单元格格式"命令，弹出"设置单元格格式"对话框，选择"对齐"选项卡，在"文本控制"区域选中"合并单元格"复选框，对齐方式设置为"居中"，完成单元格合并，如图 4-12 所示。再单击"开始"→"对齐方式"→"自动换行"按钮，实现自动换行格式。

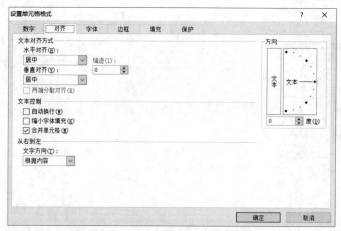

图 4-12　"设置单元格格式"对话框的"对齐"选项卡

技巧与提示

Excel 2010 提供了三种单元格合并的方法，分别是合并后居中、跨越合并、合并单元格。效果如图 4-13 所示。

（1）合并后居中：将选择的多个单元格合并成一个较大的单元格，并将新单元格内容水平居中，垂直向下对齐，通常用于创建跨列标签。

（2）跨越合并：将所选单元格的每行合并为一个更大的单元格

（3）合并单元格：将所选单元格合并为一个单元格。

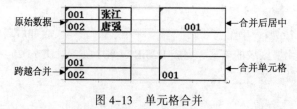

图 4-13　单元格合并

步骤 3：边框的设置

（1）选中 A1:H20 单元格区域，单击"开始"→"字体"→"边框"下拉按钮，在下拉列表中选择"所有框线"选项，将所选区域设置为实线边框，如图 4-14 所示。

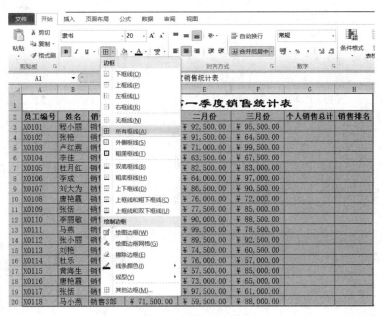

图 4-14　设置边框

（2）右击 C22:F30 单元格区域，在弹出的快捷菜单中选择"设置单元格格式"命令，弹出"设置单元格格式"对话框，选择"边框"选项卡，设置外粗实线、内虚线边框，如图 4-15 所示。

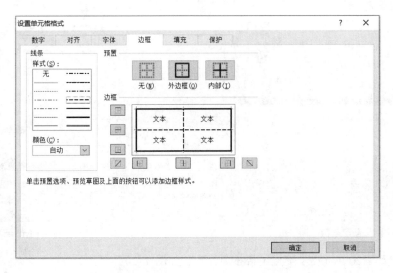

图 4-15　"设置单元格格式"对话框的"边框"选项卡

4.1.4　成绩计算与统计

利用 Excel 2010 的函数、公式、填充柄等功能可以快速、准确、方便地计算统计出所需要的数据结果。

步骤 1：计算个人销售总计和销售排名

（1）个人销售总计的计算方法是 3 个月的销售额的总和，可以用公式计算，也可以直接用求和函数完成。
单击选中 G3 单元格，在编辑框中输入公式"=D3+E3+F3"，按【Enter】键确认公式运算，计算出销售总计。

向下拖动填充柄直到 G20 单元格，完成所有员工销售总计的计算，如图 4-16 所示。

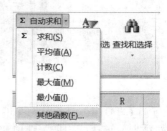

图 4-17 常用函数命令

员工编号	姓名	销售团队	一月份	二月份	三月份	个人销售总计	销售排名
Conser公司第一季度销售统计表							
X0101	程小丽	销售1部	￥ 66,500.00	￥ 92,500.00	￥ 95,500.00	￥ 254,500.00	
X0102	张艳	销售1部	￥ 73,500.00	￥ 91,500.00	￥ 64,500.00	￥ 229,500.00	
X0103	卢红燕	销售1部	￥ 84,500.00	￥ 71,000.00	￥ 99,500.00	￥ 255,000.00	
X0104	李佳	销售1部	￥ 87,500.00	￥ 63,500.00	￥ 67,500.00	￥ 218,500.00	
X0105	杜月红	销售2部	￥ 88,000.00	￥ 82,500.00	￥ 83,000.00	￥ 253,500.00	
X0106	李成	销售1部	￥ 92,000.00	￥ 64,000.00	￥ 97,000.00	￥ 253,000.00	
X0107	刘大为	销售1部	￥ 96,500.00	￥ 86,500.00	￥ 90,500.00	￥ 273,500.00	
X0108	唐艳霞	销售1部	￥ 97,500.00	￥ 76,000.00	￥ 72,000.00	￥ 245,500.00	
X0109	张恬	销售2部	￥ 56,000.00	￥ 77,500.00	￥ 85,000.00	￥ 218,500.00	
X0110	李丽敏	销售2部	￥ 58,500.00	￥ 90,000.00	￥ 88,500.00	￥ 237,000.00	
X0111	马燕	销售2部	￥ 63,000.00	￥ 99,500.00	￥ 78,500.00	￥ 241,000.00	
X0112	张小丽	销售1部	￥ 69,000.00	￥ 89,500.00	￥ 92,500.00	￥ 251,000.00	
X0113	刘艳	销售2部	￥ 72,500.00	￥ 74,500.00	￥ 60,500.00	￥ 207,500.00	
X0114	杜乐	销售3部	￥ 62,500.00	￥ 76,000.00	￥ 57,000.00	￥ 195,500.00	
X0115	黄海生	销售3部	￥ 62,500.00	￥ 57,500.00	￥ 85,000.00	￥ 205,000.00	
X0116	唐艳霞	销售3部	￥ 63,500.00	￥ 73,000.00	￥ 65,000.00	￥ 201,500.00	
X0117	张恬	销售3部	￥ 68,000.00	￥ 97,500.00	￥ 61,000.00	￥ 226,500.00	
X0118	马小燕	销售3部	￥ 71,500.00	￥ 59,500.00	￥ 88,000.00	￥ 219,000.00	

图 4-16 利用公式计算个人销售总计

（2）销售排名的计算方法是根据每名员工的个人销售总计来进行排序，可以用 RANK 函数完成计算。

单击选中 H3 单元格，单击"开始"→"编辑"→"自动求和"下拉按钮，在下拉列表中选择"其他函数"选项（见图 4-17），弹出"插入函数"对话框，如图 4-18 所示。搜索"RANK"函数，在"函数参数"对话框中设置 Number 参数为"G3"，Ref 参数为绝对引用的"$G$3:$G$20"（见图 4-19），单击"确定"按钮，应用 RANK 函数求出排名名次。

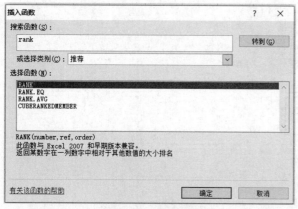

图 4-18 搜索函数

图 4-19 设置 RANK 函数参数

向下拖动填充柄直到 H20 单元格，完成销售排名计算，如图 4-20 所示。

步骤 2：按照部门和个人统计销售情况

（1）统计每个部门的销售总额，每个部门的销售总额就是每个部门的销售员的销售额的总和，SUMIF 函数可以实现符合指定条件的值进行求和，利用它可以计算每个部门的销售总额。

单击选中 F22 单元格，单击编辑栏中的"插入函数"按钮 f_x，弹出"插入函数"对话框，搜索"SUMIF"函数，在"函数参数"对话框中设置 Range 参数为"C3:C20"，Criteria 参数为"销售 1 部"，Sum_range 参数为"G3:G20"（见图 4-21），单击"确定"按钮应用 SUMIF 函数求出销售 1 部的部门销售总额。

员工编号	姓名	销售团队	一月份	二月份	三月份	个人销售总计	销售排名
						Conser公司第一季度销售统计表		
X0101	程小丽	销售1部	¥ 66,500.00	¥ 92,500.00	¥ 95,500.00	¥ 254,500.00	3
X0102	张艳	销售1部	¥ 73,500.00	¥ 91,500.00	¥ 64,500.00	¥ 229,500.00	10
X0103	卢红燕	销售1部	¥ 84,500.00	¥ 71,000.00	¥ 99,500.00	¥ 255,000.00	2
X0104	李佳	销售1部	¥ 87,500.00	¥ 63,500.00	¥ 67,500.00	¥ 218,500.00	13
X0105	杜月红	销售2部	¥ 88,000.00	¥ 82,500.00	¥ 83,000.00	¥ 253,500.00	4
X0106	李成	销售1部	¥ 92,000.00	¥ 64,000.00	¥ 97,000.00	¥ 253,000.00	5
X0107	刘大为	销售1部	¥ 96,500.00	¥ 86,500.00	¥ 90,500.00	¥ 273,500.00	1
X0108	唐艳霞	销售1部	¥ 97,500.00	¥ 76,000.00	¥ 72,000.00	¥ 245,500.00	7
X0109	张恬	销售2部	¥ 56,000.00	¥ 77,500.00	¥ 85,000.00	¥ 218,500.00	13
X0110	李丽敏	销售2部	¥ 58,500.00	¥ 90,000.00	¥ 88,500.00	¥ 237,000.00	9
X0111	马燕	销售2部	¥ 63,000.00	¥ 99,500.00	¥ 78,500.00	¥ 241,000.00	8
X0112	张小丽	销售1部	¥ 69,000.00	¥ 89,500.00	¥ 92,500.00	¥ 251,000.00	6
X0113	刘艳	销售2部	¥ 72,500.00	¥ 74,500.00	¥ 60,500.00	¥ 207,500.00	15
X0114	杜乐	销售3部	¥ 62,500.00	¥ 76,000.00	¥ 57,000.00	¥ 195,500.00	18
X0115	黄海生	销售3部	¥ 62,500.00	¥ 57,500.00	¥ 85,000.00	¥ 205,000.00	16
X0116	唐艳霞	销售3部	¥ 63,500.00	¥ 73,000.00	¥ 65,000.00	¥ 201,500.00	17
X0117	张恬	销售3部	¥ 68,000.00	¥ 97,500.00	¥ 61,000.00	¥ 226,500.00	11
X0118	马小燕	销售3部	¥ 71,500.00	¥ 59,500.00	¥ 88,000.00	¥ 219,000.00	12

图 4-20　排名结果

图 4-21　设置 SUMIF 函数参数

单击选中 F23 单元格，利用 SUMIF 函数，在"函数参数"对话框中设置 Range 参数为"C3:C20"，Criteria 参数为"销售 2 部"，Sum_range 参数为"G3:G20"，单击"确定"按钮应用 SUMIF 函数求出销售 2 部的部门销售总额。

单击选中 F24 单元格，利用 SUMIF 函数，在"函数参数"对话框中设置 Range 参数为"C3:C20"，Criteria 参数为 "销售 3 部"，Sum_range 参数为"G3:G20"，单击"确定"按钮应用 SUMIF 函数求出销售 3 部的部门销售总额，如图 4-22 所示。

（2）统计销售员个人销售的最高额、最低额和平均值，可以直接利用最大值、最小值和平均值函数计算。

单击选中 F25 单元格，在单元格中输入"="，在编辑栏的名称框下拉列表中会出现常用函数（见图 4-23），选择"MAX"函数，修改函数的取值范围为"G3:G20"，按【Enter】键应用最大值函数求出个人销售额的最高值。

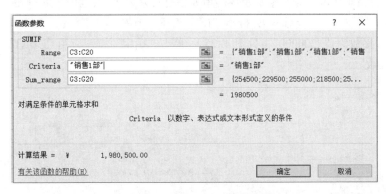

图 4-22　部门销售统计结果　　　　　图 4-23　调用 MAX 函数

单击选中 F26 单元格，在单元格中输入"=m"，在单元格下方出现常用函数列表（见图 4-24），选择"MIN"函数，修改函数的取值范围为"G3:G20"，按【Enter】键应用最小值函数求出个人销售额的最低值。

单击选中 F27 单元格，单击"开始"→"编辑"→"自动求和"下拉按钮，在下拉列表中选择"平均值"选项，修改函数的取值范围为"G3:G20"，按【Enter】键应用平均值函数求出个人销售额的平均值。

图 4-24　调用 MIN 函数

（3）统计不同销售额范围内的销售员人数，包括个人销售总计低于 20 万的人数、个人销售总计在 20～25 万的人数、个人销售总计高于 25 万的人数。

COUNTIF 函数可以对指定区域中符合指定条件的单元格进行计数。单击选中 F28 单元格，单击编辑栏中的"插入函数"按钮 f_x，弹出"插入函数"对话框，搜索"COUNTIF"函数，在"函数参数"对话框中设置 Range 参数为"G3:G20"，Criteria 参数为"<200000"（见图 4-25），单击"确定"按钮应用 COUNTIF 函数求出个人销售总计低于 20 万的销售员人数。

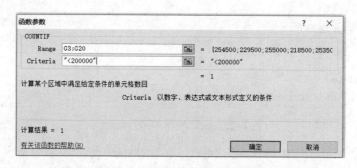

图 4-25　设置 COUNIF 函数参数

COUNTIFS 函数可以计算多个区域中满足给定条件的单元格的个数。单击选中 F29 单元格，单击编辑栏中的"插入函数"按钮 f_x，弹出"插入函数"对话框，搜索"COUNTIFS"函数，在"函数参数"对话框中设置 Criteria_Rang1 参数为"G3:G20"，Criteria1 参数为">=200000"，Criteria_Rang2 参数为"G3:G20"，Criteria2 参数为"<=250000"，单击"确定"按钮应用 COUNTIFS 函数求出个个人销售总计在 20～25 万的销售员人数，如图 4-26 所示。

单击选中 F30 单元格，单击编辑栏中的"插入函数"按钮 f_x，弹出"插入函数"对话框，搜索"COUNTIF"函数，在"函数参数"对话框中设置 Range 参数为"G3:G20"，Criteria 参数为">=250000"，单击"确定"按钮应用 COUNTIF 函数求出个人销售总计大于 25 万的销售员人数，结果如图 4-27 所示。

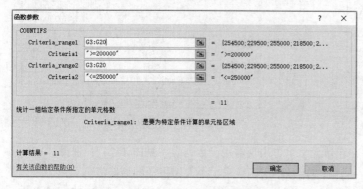

图 4-26　设置 COUNTIFS 函数参数

部门销售 统计	销售1部	¥1,980,500.00
	销售2部	¥1,157,500.00
	销售3部	¥1,047,500.00
个人销售 统计	最高额	¥273,500.00
	最低额	¥195,500.00
	平均值	¥232,527.78
	个人销售总计低于20万的人数	1
	人销售总计在20万到25万之间的人	11
	个人销售总计高于25万的人数	6

图 4-27　个人销售总计统计结果

4.1.5　成绩分析

步骤 1：找出所有个人单月销售额的前三名

选择 D3:F20 单元格区域，单击"开始"→"样式"→"条件格式"下拉按钮，在下拉列表中选择"项目选取规则"→"值最大的 10 项"选项，设置选取最大值为"3"，最大项格式为"浅红填充色深红色文本"，如图 4-28 所示。

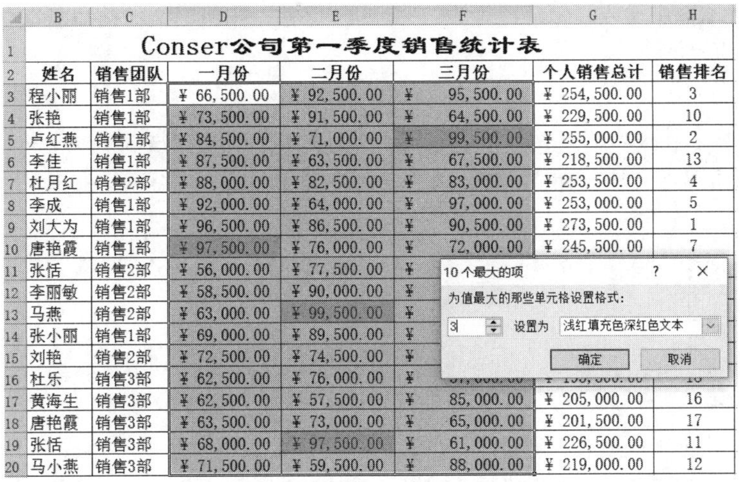

图 4-28　设置项目选取规则

步骤 2：找出所有销售总额低于平均值的个人销售总额

选择 G3:G20 单元格区域，单击"开始"→"样式"→"条件格式"下拉按钮，在下拉列表中选择"突出显示单元格规则"→"小于"选项，设置平均值为"F27"（即个人销售总额的平均值），设置为"绿填充色深绿色文本"，如图 4-29 所示。

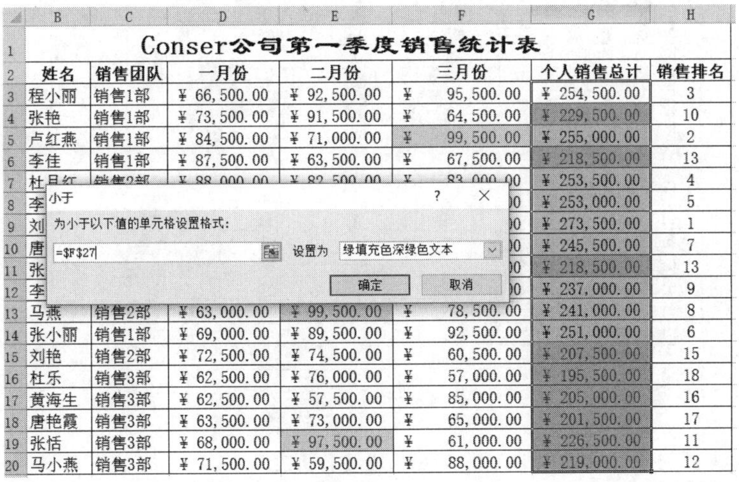

图 4-29　设置"项目选取规则"

也可以利用"条件格式"中的"低于平均值"进行设置，具体方法为选择 G3:G20 单元格区域，单击"开始"→"样式"→"条件格式"下拉按钮，在下拉列表中选择"项目选取规则"→"低于平均值"选项，设置为"绿填充色深绿色文本"即可。

步骤 3：命名和保存工作簿

与计算机中的其他文件一样，为了以后使用，应该保存编辑好的工作簿文件。Excel 允许用户使用多种文件格式保存工作簿，以便能够用不同的电子表格软件甚至是非电子表格软件打开并进行操作，例如 Microsoft Word、Access 和 Web。

下面将前面创建的工作簿进行保存。

（1）单击"开始"→"另保存"命令。

（2）选择保存位置，如"桌面"。

（3）在"保存类型"下拉列表框中选择"Microsoft Excel 工作簿(*.xlsx)"选项。

（4）在"文件名"文本框中输入"销售统计表"，单击"保存"按钮，文件被命名保存。

技巧与提示

Excel 可以保存为多种文件格式，如 Web 页、XML 表格、Excel 老版本格式、Lotus 格式、DBASE 格式等。

与其他 Windows 应用程序文件一样，工作簿文件名可包含长达 255 个字符，但是不允许包含下列字符：/、<、>、*、|、:、、; 等。

任务拓展

任务：制作成绩分析表

任务描述：现在要统计班级成绩表，通过一个学期的学习，要根据学生的平时成绩、期中成绩和期末成绩统计他们的最终成绩。要求：计算出每个学生的最终成绩（最终成绩=平时成绩×30%+期中成绩×20%+期末成绩×50%），并计算出各个成绩的最高分、最低分、平均分；根据学生的最终成绩给出不同的等级，其中最终成绩大于或等于 90 分为优秀，75～90 分（包含 75 分）为良好，60～75 分（包含 60 分）为一般，60 分以下为不及格；为了突出显示最终成绩，利用"蓝-白-红色阶"进行显示，效果如图 4-30 所示。

成绩分析表

学号	姓名	性别	平时成绩	期中成绩	期末成绩	最终成绩	等级
001	王佳薇	女	89	86	79	83.40	良好
002	石蓓	男	65	91	86	80.70	良好
003	韩贝宁	女	71	0	59	50.80	不及格
004	王亚辰	男	83	96	89	88.60	良好
005	张琰	女	76	89	67	74.10	一般
006	朱文博	女	62	96	86	80.80	良好
007	程心怡	女	62	88	65	68.70	一般
008	付梓兵	男	85	73	72	76.10	良好
009	张玉薇	女	80	92	66	75.40	良好
010	罗典	女	100	77	81	85.90	良好
011	卢欣怡	女	95	90	90	91.50	优秀
012	饶雨萱	男	63	86	66	69.10	一般
013	吕颜	女	69	91	72	74.90	一般
014	王亚楠	男	92	92	78	85.00	良好
015	李嘉雪	女	36	83	66	60.40	一般
平均分			75.2	82	74.8	76.36	
最高分			100	96	90	91.5	
最低分			36	0	59	50.8	

图 4-30　成绩分析表

知识链接

1．理解 Excel 2010 中的基本概念

1）工作簿

工作簿是指 Excel 2010 中用来储存并处理工作数据的文件。也就是说 Excel 2010 文档就是工作簿。它是 Excel 2010 工作区中一个或多个工作表的集合，其扩展名为.xlsx。在 Excel 2010 中用来储存并处理工作数据的文件称为工作簿。每个工作簿可以拥有许多不同的工作表，默认情况下每个工作簿包含 3 个工作表，可以增加、删除和修改工作表，工作簿中最多可建立 255 个工作表。

2）工作表

工作表是显示在工作簿窗口中的表格，工作表由列标、行号和网格线组成，工作表又称电子表格。每个工作表有一个名字，工作表名显示在工作表标签上。工作表标签显示了系统默认的前三个工作表名：Sheet1、Sheet2、Sheet3。

在工作表编辑区的下面，　左面的按钮用来管理工作簿中的工作表，如图 4-31 所示，图中所显示的是工作表标签，上面显示的

图 4-31　工作表标签

是每个工作表的名称，单击工作表标签可以转换到相应的工作表中。在工作表标签中，可以进行工作表的复制、移动和重命名等操作。

3）单元格

单元格是 Excel 中表格的最小单位，可以合并拆分。每个工作表由 1 048 576 行和 16 384 列组成，列和行相交形成单元格，它是存储数据和公式及进行运算的基本单位。

单元格按所在的行列位置来命名。例如："B5"指的是"B"列与第 5 行交叉位置上的单元格，"A2:B5"指的是"A2"单元格和"B5"单元格之间的一组单元格。

4）工作簿、工作表与单元格之间的关系

工作簿、工作表、单元格三者之间的关系是包含与被包含的关系，即工作簿中可以包含多张工作表，而工作表中则包含多个单元格。

2．认识 Excel 2010 的选项卡

在 Excel 2010 窗口上方看起来像菜单的名称其实是选项卡的名称，当单击这些名称时并不会打开菜单，而是切换到与之相对应的选项卡。每个选项卡根据功能的不同又分为若干个组，各选项的功能如下所述：

1）"开始"选项卡

"开始"选项卡中包括剪贴板、字体、对齐方式、数字、样式、单元格和编辑 7 个组，对应 Excel 2003 的"编辑"和"格式"菜单的部分命令。该选项卡主要用于帮助用户对 Excel 2010 表格进行文字编辑和单元格的格式设置，是用户最常用的选项卡，如图 4-32 所示。

图 4-32　"开始"选项卡

2）"插入"选项卡

"插入"选项卡包括表、插图、图表、迷你图、筛选器、链接、文本和符号 8 个组，对应 Excel 2003 的"插入"菜单的部分命令，主要用于在 Excel 2010 表格中插入各种对象，如图 4-33 所示。

图 4-33　"插入"选项卡

3）"页面布局"选项卡

"页面布局"选项卡包括主题、页面设置、调整为合适大小、工作表选项、排列 5 个组，对应 Excel 2003 的"页面设置"和"格式"菜单的部分命令，用于帮助用户设置 Excel 2010 表格页面样式，如图 4-34 所示。

图 4-34 "页面布局"选项卡

4）"公式"选项卡

"公式"选项卡包括函数库、定义的名称、公式审核和计算 4 个组，用于在 Excel 2010 表格中进行各种数据计算，如图 4-35 所示。

图 4-35 "公式"选项卡

5）"数据"选项卡

"数据"选项卡包括获取外部数据、连接、排序和筛选、数据工具和分级显示 6 个组，主要用于在 Excel 2010 表格中进行数据处理相关方面的操作，如图 4-36 所示。

图 4-36 "数据"选项卡

6）"审阅"选项卡

"审阅"选项卡包括校对、中文简繁转换、语言、批注和更改 5 个组，主要用于对 Excel 2010 表格进行校对和修订等操作，适用于多人协作处理 Excel 2010 表格数据，如图 4-37 所示。

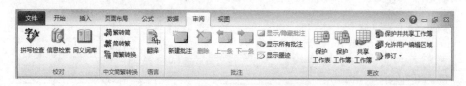

图 4-37 "审阅"选项卡

7）"视图"选项卡

"视图"选项卡包括工作簿视图、显示、显示比例、窗口和宏 5 个组，主要用于帮助用户设置 Excel 2010 表格窗口的视图类型，以方便操作，如图 4-38 所示。

图 4-38 "视图"选项卡

3. 列宽及调整列宽的方法

列宽即每个单元格列的宽度，虽然一个单元格可以存放多达 32 000 个字符，但是默认的列宽仅能容纳 8.43 个字符。

Excel 2010 中调整列宽的方法：

（1）单击"开始"→"单元格"→"格式"下拉按钮，在下拉列表中选择"列"→"列宽"选项，输入所希望的列宽字符数。

（2）选择要进行设置列宽的列号并右击，在弹出的快捷菜单中选择"列宽"命令，输入所希望的列宽字符数。

（3）通过向左或向右拖动列标的右框线增加或缩小列宽。当把鼠标指针移动到列标右框线上时，指针变为可调整的形状，提示可调整列宽，向右拖动鼠标，可以增加列宽，向左拖动鼠标可以缩小列宽。

（4）当列中的数据的宽度超过列宽时，双击列标右框线可自动调整列宽。

> **技巧与提示**
>
> 使用相同的方法也可以调整行高。行高和列宽都是使用磅作为默认单位。

4. 填充等比序列

在要输入内容的第一个单元格（如 A1）中输入起始值"1"，单击"开始"→"编辑"→"填充"→"系列"选项（见图 4-39），弹出"序列"对话框（见图 4-40），"序列产生在"选择"列"，"类型"选择"等比序列"，"步长值"为"2"，"终止值"为"800"，单击"确定"按钮就可以得到一列上下相邻单元格等比值为 2，最高值为 800 的等比序列。

图 4-39　"系列"命令

如果在 Excel 2010 中输入的文本中含有递增或者按某种规律变化时（见图 3-41），可以采用填充序列的方式，利用填充句柄完成快速填充。

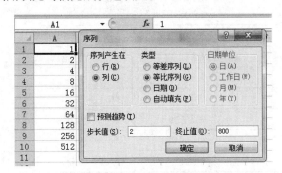

图 4-40　利用"系列"命令完成等比序列的填充　　　　图 4-41　利用"填充柄"快速完成填充

5. 函数

Excel 2010 提供了丰富的函数，可以进行数据库分析、日期和时间处理、统计分析、数学计算、财务运算等数据的处理和分析。

在多数情况下，一个函数由两部分组成：函数名和参数表。

参数表要括在圆括号中，将数据输入到函数中后才能计算出函数的结果。对于函数，其参数可以是常数、单元格引用、单元格区域、区域的名字或另一个函数，当一个函数包含多个参数时，这些参数由逗号分隔开。表4-1列出了常用的函数。

表4-1 常用函数

函数名称	功　能
SUM(number1,number2,…)	计算单元格区域中所有数值的和
AVERAGE(number1,number2,…)	返回其参数的算术平均值
COUNT(value1,value2,…)	计算包含数字的单元格及参数列表中的数字的个数
COUNTIF(range,criteria)	统计某个区域内符合用户指定的单个条件的单元格数量
COUNTIFS(criteria_range1, criteria1, criteria_range2, criteria2,…)	将多个条件应用到跨多个区域的单元格，然后统计满足所有条件的次数
COUNTA(value1,[value2], …)	计算区域中不为空的单元格的个数
MAX(number1,number2,…)	返回一组参数的最大值，忽略逻辑值及文本字符
MIN(number1,number2,…)	返回一组参数的最小值，忽略逻辑值及文本字符
HLOOKUP(lookup_value, table_array, row_index_num,[range_lookup])	在表格或数值数组的首行查找指定的数值，并在表格或数组中指定行的同一列中返回一个数值
IF(logical_test,value_if_true,value_if_false)	判断一个条件是否满足，如果满足返回一个值，如果不满足则返回另外一个值
PMT(rate,nper,pv,fv,type)	计算在固定利率下，贷款的等额分期偿还额
IPMT(rate, per, nper, pv, [fv], [type])	基于固定利率及等额分期付款方式，返回给定期数内对投资的利息偿还额
PPMT(rate, per, nper, pv, [fv], [type])	基于固定利率及等额分期付款方式，返回投资在某一给定期间内的本金偿还额
RANK(number,ref,[order])	返回一个数字在数字列表中的排位
INDEX(array, row_num, [column_num])	返回表格或区域中的值或值的引用

6. 公式

公式是工作表中的数值进行计算的等式。在公式中，可以对工作表数值进行加、减、乘、除等运算。只要输入正确的公式，就会立即在单元格中显示计算结果。如果工作表中的数据有变动，系统会自动将变动后的答案算出，使用户能够随时观察到正确的结果。

采用公式进行计算时，需要用到相应的运算符，表4-2列出了 Excel 2010 中的算术运算符，表4-3列出了 Excel 2010 中的比较运算符。

表4-2 算术运算符　　　　　　　　　　　表4-3 比较运算符

算术运算符	含义	示例
+	加法	1 + 1
−	减法	2 − 1
*	乘法	2*3
/	除法	6/2
^	幂（乘方）	2^5
%	百分比	42%

比较运算符	含义	示例
=	等于	A1="晴天"
>	大于	3>1
<	小于	A<C
>=	大于或等于	A3>=12
<=	小于或等于	D4<=E4
<>	不等于	A2<>B2

Excel 2010 允许用户通过使用括号来改变运算符的优先级，括号内的运算符比括号外的运算符优先级高。公式是由用户自己设计并结合常量数据、单元格引用、运算符等元素进行数据处理和计算的算式。用户使用公式是为了有目的地计算结果，因此 Excel 2010 的公式必须（且只能）返回值。下面的表达式就是一个简单的公式实例。

=(C2+D3)*5

从公式的结构来看，构成公式的元素通常包括等号、常量、引用和运算符等元素。其中，等号是不可或缺的。但在实际应用中，公式还可以使用数组、Excel 函数或名称（命名公式）进行运算。

　　如果在某个区域使用相同的计算方法，用户不必逐个编辑函数公式，这是因为公式具有可复制性。如果希望在连续的区域中使用相同算法的公式，可以通过"双击"或"拖动"单元格右下角的填充柄进行公式的复制。如果公式所在单元格区域并不连续，还可以借助"复制"和"选择性粘贴"功能实现公式的复制。

7. 单元格引用

　　在 Excel 2010 中使用公式或函数时，特别是复制和填充公式或函数时，需要注意单元格的引用。单元格引用的作用在于标识工作表上的单元格或单元格区域，并指明公式中所使用的数据的位置。单元格引用分为相对引用、绝对引用和混合引用 3 种方法。

　　（1）单元格相对引用是指以单元格所在的列标和行号作为其引用。如 A1 引用了第 A 列第 1 行的单元格。这种引用的特点是将相应的计算公式复制或填充到其他单元格时，其中的单元格引用会自动随着移动的位置相对变化。例如，将 F4 单元格的函数"SUM(B4:E4)"复制到单元格 F5 时，其公式内容会相应地变为"SUM(B5:E5)"。

　　（2）绝对引用就是在列标和行号前分别加上符号"$"。例如，$A$1 表示绝对引用单元格 A1。这种引用的特点是将相应的计算公式复制或填充到其他单元格时，其中的单元格引用不会随着移动的位置变化。例如，将某一单元格的公式"= $A1$1+$B$1+$C$1"复制到其他单元格时，其公式内容还是"= $A1$1+$B$1+$C$1"。

　　（3）混合引用是指绝对列和相对行，或是绝对行和相对列。绝对引用列采用 $A1、$B1 等形式表示，绝对引用行采用 A$1、B$1 等形式表示。其主要特点是将相应的计算公式复制或填充到其他位置单元格时，相对引用会随着移动的位置变化而变化，而绝对引用不会随相对位置的变化而改变。例如，将某一单元格的公式"= $A1+B$1+$C$1"复制到其他单元格，其公式内容可能改变为"= $A2+B$1+$C$1"。

图 4-42　"条件格式"下拉列表

8. 条件格式

　　条件格式是让数据可视化的一个强有力的工具，Excel 2010 增强了条件格式的功能，提供了大量可以直接引用的内置条件格式选项。条件格式能够根据条件是使用数据条、色阶和图标集，以突出显示相关单元格，强调异常值，以及实现数据的可视化效果。单击"开始"→"样式"→"条件格式"下拉按钮，在打开的"条件格式"下拉列表（见图 4-42）中选择不同的命令，可设置不同的格式，如图 4-43 所示。

|（a）突出显示单元格规则 |（b）项目选取规则 |（c）数据条 |（d）色阶 |（e）图标集 |

图 4-43　"条件格式"子命令

　　设置条件格式的具体过程如下，选中所要设置条件格式的单元格，单击"开始"→"样式"→"条件格式"下拉按钮，在下拉列表中选择要应用的条件格式，进行适当的设置即可。

例如，对于表中数据制定规则"介于 60 到 80 之间"设置"浅红填充色深红色文本"；给表中数据添加"红色数据条"；给表中数据添加"绿-白-红"色阶；给表中数据添加"四色交通灯"图标集，如图 4-44 所示。

Excel 2010 内置的条件格式可以应对大多数情况，但是如果需要设置一些特殊的条件来满足不同的需求时，可以采用"新建格式规则"满足特殊格式的制定，如图 4-45 所示。

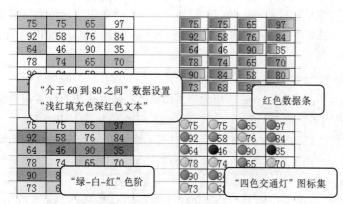

图 4-44 设置"条件格式"

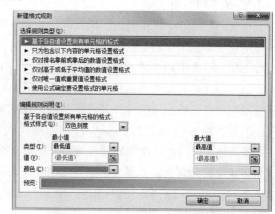

图 4-45 "新建格式规则"对话框

如果要清除所设置的条件格式，选择"开始"→"样式"→"条件格式"→"清除规则"→"清除所选单元格的规则"或者"清除整个工作表的规则"选项即可。

4.2 任务 2 职工基本情况表

任务描述

职工基本情况表一般是企业统计员工一些基本情况的表格，包括职工的姓名、所属部门、职务、工龄、学历和基本工资等情况，如图 4-46 所示。现在利用该职工基本情况表，进行各种数据的分析，例如按相关关键字排序，按给出既定条件筛选出合格数据，按相关记录进行数据汇总等。

职工基本情况表							
职工编号	姓名	部门	职务	性别	工龄	学历	基本工资
YG001	陈万地	管理	总经理	男	34	博士	¥40,000.00
YG002	杜春兰	行政	文秘	女	3	大专	¥4,800.00
YG003	杜学江	管理	研发经理	男	12	硕士	¥12,000.00
YG004	符坚	研发	员工	男	12	本科	¥7,000.00
YG005	郭晶晶	人事	员工	女	14	本科	¥6,200.00
YG006	侯登科	研发	员工	女	10	本科	¥5,500.00
YG007	侯小文	管理	部门经理	男	14	硕士	¥10,000.00
YG008	吉莉莉	管理	销售经理	女	13	硕士	¥18,000.00
YG009	江晓勇	行政	员工	女	5	本科	¥6,000.00
YG010	刘小红	研发	员工	男	6	本科	¥6,000.00
YG011	马小军	研发	员工	男	4	本科	¥5,000.00
YG012	毛兰儿	销售	员工	女	2	大专	¥4,500.00
YG013	莫一明	研发	项目经理	男	12	硕士	¥12,000.00
YG014	齐飞扬	行政	员工	男	6	本科	¥5,700.00
YG015	齐小娟	管理	人事经理	男	8	硕士	¥15,000.00

图 4-46 职工基本情况表

任务分析

本任务主要是应用 Excel 的数据处理功能，包括函数计算、关键字排序、合并计算、分类汇总、自动筛选、高级筛选、数据透视表等功能。

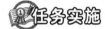任务分解

本任务可以分解为以下 5 个子任务。

子任务 1：数据计算

子任务 2：数据排序

子任务 3：数据汇总

子任务 4：数据筛选

子任务 5：数据透视表

任务实施

4.2.1　数据计算

步骤 1：计算工龄工资

（1）在基本工资右侧增加工龄工资，单击选中 I2 单元格，录入"工龄工资"。

（2）计算工龄工资，工龄工资的具体计算方法如下：工龄大于或等于 30 年的，工龄工资=工龄×80；工龄在 10 年以上（包括 10 年）30 年以下的，工龄工资=工龄×50；工龄在 1 年以上（包括 1 年）10 年以下的，工龄工资=工龄×30。

单击选中 I3 单元格，单击编辑栏中的"插入函数"按钮 f_x，弹出"插入函数"对话框，搜索"IF"函数，在"函数参数"对话框中设置 Logical_test 参数为"F3>=30"，Value_if_true 参数为"F3*80"，Value_if_false 进行 IF 函数的嵌套，参数为"IF(F3>=10,F3*50,IF(F3>=1,F3*30))"（参数设置见图 4-47），单击"确定"按钮应用 IF 函数计算出工龄工资。

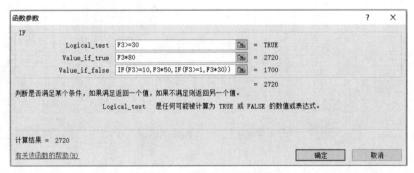

图 4-47　设置 IF 函数参数

（3）向下拖动填充柄直到 I17 单元格，完成所有工龄工资的计算。

（4）选中 I3:I17 单元格区域，单击"开始"→"数字"→"数字格式"下拉按钮，在下拉列表中选择"货币"选项，设置"工龄工资"区域的单元格格式为货币型。

也可以选中 I3:I17 单元格区域后右击，在弹出的快捷菜单中选择"设置单元格格式"命令，在弹出的对话框中选择"数字"选项卡，设置"货币"类型。

（5）设置工龄工资列，I3:I17 单元格区域的对齐方式为右对齐，效果如图 4-48 所示。

步骤 2：计算月工资

（1）在工龄工资右侧增加月工资，单击选中 J2 单元格，录入"月工资"。

（2）计算月工资，月工资等于基本工资和工龄工资的总和。单击选中 J3 单元格，录入"=H3+I3"，按【Enter】键确定，完成 J3 单元格月工资的计算。

（3）向下拖动填充柄直到 J17 单元格，完成所有月工资的计算。

职工基本情况表

职工编号	姓名	部门	职务	性别	工龄	学历	基本工资	工龄工资
YG001	陈万地	管理	总经理	男	34	博士	¥40,000.00	¥2,720.00
YG002	杜春兰	行政	文秘	女	3	大专	¥4,800.00	¥90.00
YG003	杜学江	管理	研发经理	男	12	硕士	¥12,000.00	¥600.00
YG004	符坚	研发	员工	男	12	本科	¥7,000.00	¥600.00
YG005	郭晶晶	人事	员工	女	14	本科	¥6,200.00	¥700.00
YG006	侯登科	研发	员工	女	10	本科	¥5,500.00	¥500.00
YG007	侯小文	管理	部门经理	男	14	硕士	¥10,000.00	¥700.00
YG008	吉莉莉	管理	销售经理	女	13	硕士	¥18,000.00	¥650.00
YG009	江晓勇	行政	员工	女	5	本科	¥6,000.00	¥150.00
YG010	刘小红	研发	员工	男	6	本科	¥6,000.00	¥180.00
YG011	马小军	研发	员工	男	4	本科	¥5,000.00	¥120.00
YG012	毛兰儿	销售	员工	女	2	大专	¥4,500.00	¥60.00
YG013	莫一明	研发	项目经理	男	12	硕士	¥12,000.00	¥600.00
YG014	齐飞扬	行政	员工	男	6	本科	¥5,700.00	¥180.00
YG015	齐小娟	管理	人事经理	男	8	硕士	¥15,000.00	¥240.00

图 4-48　工龄工资计算数据结果

（4）选中 J3:J17 单元格区域，单击"开始"→"数字"→"数字格式"下拉按钮，在下拉列表中选择"货币"选项，设置"月工资"区域的单元格格式为货币型。

（5）设置月工资列，J3:J17 单元格区域的对齐方式为右对齐，效果如图 4-49 所示。

J3		fx	=H3+I3						
A	B	C	D	E	F	G	H	I	J

职工基本情况表

职工编号	姓名	部门	职务	性别	工龄	学历	基本工资	工龄工资	月工资
YG001	陈万地	管理	总经理	男	34	博士	¥40,000.00	¥2,720.00	¥42,720.00
YG002	杜春兰	行政	文秘	女	3	大专	¥4,800.00	¥90.00	¥4,890.00
YG003	杜学江	管理	研发经理	男	12	硕士	¥12,000.00	¥600.00	¥12,600.00
YG004	符坚	研发	员工	男	12	本科	¥7,000.00	¥600.00	¥7,600.00
YG005	郭晶晶	人事	员工	女	14	本科	¥6,200.00	¥700.00	¥6,900.00
YG006	侯登科	研发	员工	女	10	本科	¥5,500.00	¥500.00	¥6,000.00
YG007	侯小文	管理	部门经理	男	14	硕士	¥10,000.00	¥700.00	¥10,700.00
YG008	吉莉莉	管理	销售经理	女	13	硕士	¥18,000.00	¥650.00	¥18,650.00
YG009	江晓勇	行政	员工	女	5	本科	¥6,000.00	¥150.00	¥6,150.00
YG010	刘小红	研发	员工	男	6	本科	¥6,000.00	¥180.00	¥6,180.00
YG011	马小军	研发	员工	男	4	本科	¥5,000.00	¥120.00	¥5,120.00
YG012	毛兰儿	销售	员工	女	2	大专	¥4,500.00	¥60.00	¥4,560.00
YG013	莫一明	研发	项目经理	男	12	硕士	¥12,000.00	¥600.00	¥12,600.00
YG014	齐飞扬	行政	员工	男	6	本科	¥5,700.00	¥180.00	¥5,880.00
YG015	齐小娟	管理	人事经理	男	8	硕士	¥15,000.00	¥240.00	¥15,240.00

图 4-49　月工资计算数据结果

步骤 3：重命名工作表

选中"Sheet1"工作表标签并右击，在弹出的快捷菜单中选择"重命名"命令，输入"基本数据"即可。

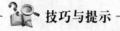 **技巧与提示**

为了不破坏原始数据，可以将"基本数据"进行复制，利用复制的工作表完成后面的排序、筛选等操作。

4.2.2　数据排序

按数据输入的顺序来解释和分析数据并不一定能获得最有效的信息。通过重新排列记录的顺序（例如从高到低、从最小到最大），可以使用户快速和容易地发现数据提供的趋势，形成预测和预报。

可以对满足特定条件的一列或多列内容排列数据行。可以按照升序排序，升序是指字母按从 A 到 Z 的顺序排列，数值型数据按照从最低到最高或最小到最大的顺序排列，日期按照从过去到现在的顺序排列。如果要按照降序排列，数据的显示正好与升序相反。

步骤 1: 按"基本工资"升序排序

选中表格中"基本工资"列中任一单元格，单击"开始"→"编辑"→"排序和筛选"→"升序"选项［见图 4-50（a）］，完成按照基本工资升序排序，结果如图 4-50（b）所示。

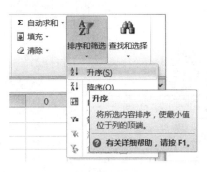

（a）排序和筛选

职工基本情况表

职工编号	姓名	部门	职务	性别	工龄	学历	基本工资	工龄工资	月工资
YG012	毛兰儿	销售	员工	女	2	大专	¥4,500.00	¥60.00	¥4,560.00
YG002	杜春兰	行政	文秘	女	3	大专	¥4,800.00	¥90.00	¥4,890.00
YG011	马小军	研发	员工	男	4	本科	¥5,000.00	¥120.00	¥5,120.00
YG006	侯登科	研发	员工	女	10	本科	¥5,500.00	¥500.00	¥6,000.00
YG014	齐飞扬	行政	员工	男	6	本科	¥5,700.00	¥180.00	¥5,880.00
YG010	刘小红	研发	员工	男	6	本科	¥6,000.00	¥180.00	¥6,180.00
YG009	江晓勇	行政	员工	男	5	本科	¥6,000.00	¥150.00	¥6,150.00
YG005	郭晶晶	人事	员工	女	14	本科	¥6,200.00	¥700.00	¥6,900.00
YG004	符坚	研发	员工	男	12	本科	¥7,000.00	¥600.00	¥7,600.00
YG007	侯小文	管理	部门经理	男	14	硕士	¥10,000.00	¥700.00	¥10,700.00
YG003	杜学江	管理	研发经理	男	12	硕士	¥12,000.00	¥600.00	¥12,600.00
YG013	莫一明	研发	项目经理	男	12	硕士	¥12,000.00	¥600.00	¥12,600.00
YG015	齐小娟	管理	人事经理	男	8	硕士	¥15,000.00	¥240.00	¥15,240.00
YG008	吉莉莉	管理	销售经理	女	13	硕士	¥18,000.00	¥650.00	¥18,650.00
YG001	陈万地	管理	总经理	男	34	博士	¥40,000.00	¥2,720.00	¥42,720.00

（b）排序结果

图 4-50　按"基本工资"升序排序

步骤 2: 按"性别"升序、"工龄"降序排序

（1）选中表格内任一单元格，单击"数据"→"排序和筛选"→"排序"按钮。

（2）在弹出的"排序"对话框中进行设置，在"主要关键字"下拉列表中选择"性别"，在"次序"下拉列表中选择"升序"。

（3）单击"添加条件"按钮，在出现的"次要关键字"下拉列表中选择"工龄"，在"次序"下拉列表中选择"降序"，如图 4-51 所示。

图 4-51　设置多关键字排序

（4）单击"确定"按钮完成排序，结果如图 4-52 所示。

职工基本情况表

职工编号	姓名	部门	职务	性别	工龄	学历	基本工资	工龄工资	月工资
YG001	陈万地	管理	总经理	男	34	博士	¥40,000.00	¥2,720.00	¥42,720.00
YG007	侯小文	管理	部门经理	男	14	硕士	¥10,000.00	¥700.00	¥10,700.00
YG003	杜学江	管理	研发经理	男	12	硕士	¥12,000.00	¥600.00	¥12,600.00
YG004	符坚	研发	员工	男	12	本科	¥7,000.00	¥600.00	¥7,600.00
YG013	莫一明	研发	项目经理	男	12	硕士	¥12,000.00	¥600.00	¥12,600.00
YG015	齐小娟	管理	人事经理	男	8	硕士	¥15,000.00	¥240.00	¥15,240.00
YG010	刘小红	研发	员工	男	6	本科	¥6,000.00	¥180.00	¥6,180.00
YG014	齐飞扬	行政	员工	男	6	本科	¥5,700.00	¥180.00	¥5,880.00
YG011	马小军	研发	员工	男	4	本科	¥5,000.00	¥120.00	¥5,120.00
YG005	郭晶晶	人事	员工	女	14	本科	¥6,200.00	¥700.00	¥6,900.00
YG008	吉莉莉	管理	销售经理	女	13	硕士	¥18,000.00	¥650.00	¥18,650.00
YG006	侯登科	研发	员工	女	10	本科	¥5,500.00	¥500.00	¥6,000.00
YG009	江晓勇	行政	员工	女	5	本科	¥6,000.00	¥150.00	¥6,150.00
YG002	杜春兰	行政	文秘	女	3	大专	¥4,800.00	¥90.00	¥4,890.00
YG012	毛兰儿	销售	员工	女	2	大专	¥4,500.00	¥60.00	¥4,560.00

图 4-52 按"性别"升序、"工龄"降序排序的数据结果

技巧与提示

如果表中有序地设置了单元格颜色、字体颜色或者图标，在排序依据中可以分别采用"单元格颜色""字体颜色""单元格图标"进行排序。

排序默认的排序方式是按照"列"排序，如果要按照"行"排序的话，在"排序"对话框中，单击"选项"按钮，弹出"排序选项"对话框，在"方向"区域选择"按行排序"单选按钮即可。

步骤3：按"学历"自定义排序

按照学历从博士、硕士、本科和大专进行排序。方法如下：

（1）选中表格内任一单元格，单击"开始"→"编辑"→"排序和筛选"→"自定义排序"选项，打开"排序"对话框。

（2）在"主要关键字"下拉列表中选择"学历"，在"次序"下拉列表中选择"自定义序列"。

（3）在弹出的"自定义序列"对话框的"输入序列"文本框中输入新的序列规则，单击"添加"按钮，完成新序列规则制定，如图 4-53 所示。

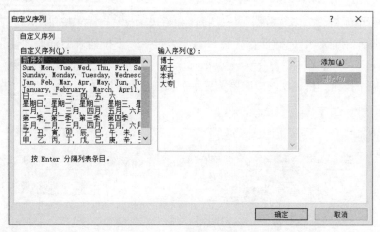

图 4-53 设置自定义序列

（4）单击"确定"按钮返回"排序"对话框，在"次序"下拉列表中出现刚创建的"博士，硕士，本科，大专"的自定义次序规则，单击"确定"按钮完成排序，结果如图 4-54 所示。

职工基本情况表

职工编号	姓名	部门	职务	性别	工龄	学历	基本工资	工龄工资	月工资
YG001	陈万地	管理	总经理	男	34	博士	¥40,000.00	¥2,720.00	¥42,720.00
YG003	杜学江	管理	研发经理	男	12	硕士	¥12,000.00	¥600.00	¥12,600.00
YG007	侯小文	管理	部门经理	男	14	硕士	¥10,000.00	¥700.00	¥10,700.00
YG008	吉莉莉	管理	销售经理	女	13	硕士	¥18,000.00	¥650.00	¥18,650.00
YG013	莫一明	研发	项目经理	男	12	硕士	¥12,000.00	¥600.00	¥12,600.00
YG015	齐小娟	管理	人事经理	男	8	硕士	¥15,000.00	¥240.00	¥15,240.00
YG004	符坚	研发	员工	男	12	本科	¥7,000.00	¥600.00	¥7,600.00
YG005	郭晶晶	人事	员工	女	14	本科	¥6,200.00	¥700.00	¥6,900.00
YG006	侯登科	研发	员工	女	10	本科	¥5,500.00	¥500.00	¥6,000.00
YG009	江晓勇	行政	员工	女	5	本科	¥6,000.00	¥150.00	¥6,150.00
YG010	刘小红	研发	员工	男	6	本科	¥6,000.00	¥180.00	¥6,180.00
YG011	马小军	研发	员工	男	4	本科	¥5,000.00	¥120.00	¥5,120.00
YG014	齐飞扬	行政	员工	男	6	本科	¥5,700.00	¥180.00	¥5,880.00
YG002	杜春兰	行政	文秘	女	3	大专	¥4,800.00	¥90.00	¥4,890.00
YG012	毛兰儿	销售	员工	女	2	大专	¥4,500.00	¥60.00	¥4,560.00

图 4-54　按"学历"自定义排序的数据结果

4.2.3　数据汇总

步骤 1：按"学历"对"基本工资"和"工龄工资"进行求和的合并计算

合并计算可以方便快速地汇总一个或者多个数据源中的数据，例如按"学历"对"基本工资"和"工龄工资"进行求和计算。方法如下：

（1）选中表格外任一空白单元格，例如 E20，确定结果存放位置。（如果放在表格内的话，会发生"源引用和目标引用区域重叠"错误。）

（2）单击"数据"→"数据工具"→"合并计算"按钮。

（3）在弹出的"合并计算"对话框中进行设置，"函数"选择"求和"，"引用位置"选择"G2:I17"（学历、基本工资、工龄工资 3 列），在"标签位置"区域选中"首行"和"最左列"复选框，如图 4-55 所示。

（4）单击确定完成合并计算，结果如图 4-56 所示。

图 4-55　设置合并计算

职工基本情况表

职工编号	姓名	部门	职务	性别	工龄	学历	基本工资	工龄工资	月工资
YG001	陈万地	管理	总经理	男	34	博士	¥40,000.00	¥2,720.00	¥42,720.00
YG002	杜春兰	行政	文秘	女	3	大专	¥4,800.00	¥90.00	¥4,890.00
YG003	杜学江	管理	研发经理	男	12	硕士	¥12,000.00	¥600.00	¥12,600.00
YG004	符坚	研发	员工	男	12	本科	¥7,000.00	¥600.00	¥7,600.00
YG005	郭晶晶	人事	员工	女	14	本科	¥6,200.00	¥700.00	¥6,900.00
YG006	侯登科	研发	员工	女	10	本科	¥5,500.00	¥500.00	¥6,000.00
YG007	侯小文	管理	部门经理	男	14	硕士	¥10,000.00	¥700.00	¥10,700.00
YG008	吉莉莉	管理	销售经理	女	13	硕士	¥18,000.00	¥650.00	¥18,650.00
YG009	江晓勇	行政	员工	女	5	本科	¥6,000.00	¥150.00	¥6,150.00
YG010	刘小红	研发	员工	男	6	本科	¥6,000.00	¥180.00	¥6,180.00
YG011	马小军	研发	员工	男	4	本科	¥5,000.00	¥120.00	¥5,120.00
YG012	毛兰儿	销售	员工	女	2	大专	¥4,500.00	¥60.00	¥4,560.00
YG013	莫一明	研发	项目经理	男	12	硕士	¥12,000.00	¥600.00	¥12,600.00
YG014	齐飞扬	行政	员工	男	6	本科	¥5,700.00	¥180.00	¥5,880.00
YG015	齐小娟	管理	人事经理	男	8	硕士	¥15,000.00	¥240.00	¥15,240.00

	基本工资	工龄工资
博士	¥40,000.00	¥2,720.00
大专	¥9,300.00	¥150.00
硕士	¥67,000.00	¥2,790.00
本科	¥41,400.00	¥2,430.00

图 4-56　合并计算数据结果

技巧与提示

如果选择引用位置时没有包括列标题，则不选中"首行"复选框。

如果第一列就是需要合并计算的数据，则不选中"最左列"复选框。

步骤 2：按"部门"对"月工资"进行平均值分类汇总计算

在含有大量记录的数据清单中，通过分类，使数据形成合理的分组，再进行分类汇总计算，就可方便地观察和评估这些数据。所谓分类汇总，就是指按照某一关键字进行分类，并分别对各类数据的某些数据项进行汇总，如求和、求平均值等。分类汇总前一定要对表中数据按汇总关键字进行排序。

现在按"部门"对"实发工资"进行平均值分类汇总计算，要先对部门进行排序，然后才能进行分类汇总计算。

（1）选中"部门"列内任一单元格，单击"开始"→"编辑"→"排序和筛选"下拉按钮，在下拉列表中选择"升序"选项，按照"部门"的"升序"进行排序，如图 4-57 所示。

职工基本情况表								
职工编号	姓名	部门	职务	性别	工龄	学历	基本工资	工龄工资	月工资
YG001	陈万地	管理	总经理	男	34	博士	¥40,000.00	¥2,720.00	¥42,720.00
YG003	杜学江	管理	研发经理	男	12	硕士	¥12,000.00	¥600.00	¥12,600.00
YG007	侯小文	管理	部门经理	男	14	硕士	¥10,000.00	¥700.00	¥10,700.00
YG008	吉莉莉	管理	销售经理	女	13	硕士	¥18,000.00	¥650.00	¥18,650.00
YG015	齐小娟	管理	人事经理	男	8	硕士	¥15,000.00	¥240.00	¥15,240.00
YG002	杜春兰	行政	文秘	女	3	大专	¥4,800.00	¥90.00	¥4,890.00
YG009	江晓勇	行政	员工	男	5	本科	¥6,000.00	¥150.00	¥6,150.00
YG014	齐飞扬	行政	员工	男	6	本科	¥5,700.00	¥180.00	¥5,880.00
YG005	郭晶晶	人事	员工	女	14	本科	¥6,200.00	¥700.00	¥6,900.00
YG012	毛兰儿	销售	员工	女	2	大专	¥4,500.00	¥60.00	¥4,560.00
YG004	符坚	研发	员工	男	12	本科	¥7,000.00	¥600.00	¥7,600.00
YG006	侯登科	研发	员工	女	10	本科	¥5,500.00	¥500.00	¥6,000.00
YG010	刘小红	研发	员工	男	6	本科	¥6,000.00	¥180.00	¥6,180.00
YG011	马小军	研发	员工	男	4	本科	¥5,000.00	¥120.00	¥5,120.00
YG013	莫一明	研发	项目经理	男	12	硕士	¥12,000.00	¥600.00	¥12,600.00

图 4-57　按"部门"升序排序的数据结果

（2）选中表格中任一单元格，单击"数据"→"分级显示"→"分类汇总"按钮。

（3）在弹出的"分类汇总"对话框中进行设置，"分类字段"选择"部门"，"汇总方式"选择"平均值"，"选定汇总项"选择"月工资"，选中"替换当前分类汇总"和"汇总结果显示在数据下方"复选框，如图 4-58 所示。

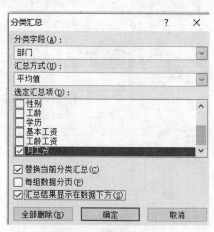

图 4-58　设置分类汇总

（4）单击"确定"按钮完成合并计算，结果如图 4-59 所示。

分级数据按钮 — 1 2 3

	A	B	C	D	E	F	G	H	I	J
1	职工基本情况表									
2	职工编号	姓名	部门	职务	性别	工龄	学历	基本工资	工龄工资	月工资
3	YG001	陈万地	管理	总经理	男	34	博士	¥40,000.00	¥2,720.00	¥42,720.00
4	YG003	杜学江	管理	研发经理	男	12	硕士	¥12,000.00	¥600.00	¥12,600.00
5	YG007	侯小文	管理	部门经理	男	14	硕士	¥10,000.00	¥700.00	¥10,700.00
6	YG008	吉莉莉	管理	销售经理	女	13	硕士	¥18,000.00	¥650.00	¥18,650.00
7	YG015	齐小娟	管理	人事经理	男	8	硕士	¥15,000.00	¥240.00	¥15,240.00
8		管理 平均值								¥19,982.00
9	YG002	杜春兰	行政	文秘	女	3	大专	¥4,800.00	¥90.00	¥4,890.00
10	YG009	江晓勇	行政	员工	女	5	本科	¥6,000.00	¥150.00	¥6,150.00
11	YG014	齐飞扬	行政	员工	男	6	本科	¥5,700.00	¥180.00	¥5,880.00
12		行政 平均值								¥5,640.00
13	YG005	郭晶晶	人事	员工	女	14	本科	¥6,200.00	¥700.00	¥6,900.00
14		人事 平均值								¥6,900.00
15	YG012	毛兰儿	销售	员工	女	2	大专	¥4,500.00	¥60.00	¥4,560.00
16		销售 平均值								¥4,560.00
17	YG004	符坚	研发	员工	男	12	本科	¥7,000.00	¥600.00	¥7,600.00
18	YG006	侯登科	研发	员工	女	10	本科	¥5,500.00	¥500.00	¥6,000.00
19	YG010	刘小红	研发	员工	男	6	本科	¥6,000.00	¥180.00	¥6,180.00
20	YG011	马小军	研发	员工	男	4	本科	¥5,000.00	¥120.00	¥5,120.00
21	YG013	莫一明	研发	项目经理	男	12	硕士	¥12,000.00	¥600.00	¥12,600.00
22		研发 平均值								¥7,500.00
23		总计平均值								¥11,052.67

图 4-59 分类汇总数据结果

（5）分类汇总可以按照不同的数据级别进行显示，默认情况下是显示所有数据，例如图 4-59 显示的是 3 级数据，也就是所有数据的内容结果。单击工作表左上角的 1 级数据按钮，就显示第一级所有数据，如图 4-60 所示。单击工作表左上角的 2 级数据按钮，就显示第二级所有数据，如图 4-61 所示。

	A	B	C	D	E	F	G	H	I	J
1	职工基本情况表									
2	职工编号	姓名	部门	职务	性别	工龄	学历	基本工资	工龄工资	月工资
23		总计平均值								¥11,052.67

图 4-60 显示 1 级数据

	A	B	C	D	E	F	G	H	I	J
1	职工基本情况表									
2	职工编号	姓名	部门	职务	性别	工龄	学历	基本工资	工龄工资	月工资
8		管理 平均值								¥19,982.00
12		行政 平均值								¥5,640.00
14		人事 平均值								¥6,900.00
16		销售 平均值								¥4,560.00
22		研发 平均值								¥7,500.00
23		总计平均值								¥11,052.67

图 4-61 显示 2 级数据

技巧与提示

取消分类汇总：选择表中任一单元格，单击“数据”→“分级显示”→“分类汇总”按钮，弹出“分类汇总”对话框，单击“全部删除”按钮即可。

4.2.4 数据筛选

通过筛选数据，可以显示出符合确定条件的记录的子集。数据筛选是将不符合条件的记录隐藏起来，这样就能把注意力集中在相应筛选出来的数据上，来对其进行检查和分析。筛选包括两类：自动筛选和高级筛选。

步骤 1：筛选出表中“基本工资”高于平均值的数据

（1）选中表格内任一单元格，单击“开始”→“编辑”→“排序和筛选”下拉按钮，在下拉列表中选择“筛选”选项，建立自动筛选，在关键字上出现下拉按钮标识。

（2）单击"基本工资"下拉按钮，在下拉列表中选择"数字筛选"→"高于平均值"选项，如图4-62所示。

（3）单击"确定"按钮完成自动筛选，结果如图4-63所示。

职工基本情况表

职工编	姓名	部门	职务	性别	工龄	学历	基本工资	工龄工资	月工资
YG001	陈万地	管理	总经理					¥2,720.00	¥42,720.00
YG002	杜春兰	行政	文秘					¥90.00	¥4,890.00
YG003	杜学江	管理	研发经理					¥600.00	¥12,600.00
YG004	符坚	研发	员工					¥600.00	¥7,600.00
YG005	郭晶晶	人事	员工					¥700.00	¥6,900.00
YG006	侯登科	研发	员工					¥500.00	¥6,000.00
YG007	侯小文	管理	部门经理						
YG008	吉莉莉	管理	销售经理						
YG009	江晓勇	行政	员工						
YG010	刘小红	研发	员工						
YG011	马小军	研发	员工						
YG012	毛兰儿	销售	员工						
YG013	莫一明	研发	项目经理						
YG014	齐飞扬	行政	员工						
YG015	齐小娟	管理	人事经理						

图4-62　设置数字筛选

职工基本情况表

	A	B	C	D	E	F	G	H	I	J
2	职工编	姓名	部门	职务	性别	工龄	学历	基本工资	工龄工资	月工资
3	YG001	陈万地	管理	总经理	男	34	博士	¥40,000.00	¥2,720.00	¥42,720.00
5	YG003	杜学江	管理	研发经理	男	12	硕士	¥12,000.00	¥600.00	¥12,600.00
10	YG008	吉莉莉	管理	销售经理	女	13	硕士	¥18,000.00	¥650.00	¥18,650.00
15	YG013	莫一明	研发	项目经理	男	12	硕士	¥12,000.00	¥600.00	¥12,600.00
17	YG015	齐小娟	管理	人事经理	男	8	硕士	¥15,000.00	¥240.00	¥15,240.00

图4-63　筛选基本工资高于平均值的数据结果

步骤2：筛选出表中名字中有"小"的职工的数据

（1）选中表格内任一单元格，单击"数据"→"排序和筛选"→"筛选"按钮，建立自动筛选，在关键字上出现下拉按钮标识。

单击"姓名"下拉按钮，在下拉列表中选择"文本筛选"→"包含"选项，弹出"自定义自动筛选方式"对话框，设置参数为"小"，如图4-64所示。

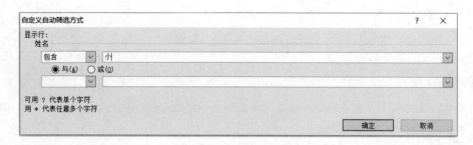

图4-64　设置自定义筛选

（2）单击"确定"按钮完成自动筛选，结果如图4-65所示。

职工基本情况表

	A	B	C	D	E	F	G	H	I	J
2	职工编	姓名	部门	职务	性别	工龄	学历	基本工资	工龄工资	月工资
9	YG007	侯小文	管理	部门经理	男	14	硕士	¥10,000.00	¥700.00	¥10,700.00
12	YG010	刘小红	研发	员工	男	6	本科	¥6,000.00	¥180.00	¥6,180.00
13	YG011	马小军	研发	员工	男	4	本科	¥5,000.00	¥120.00	¥5,120.00
17	YG015	齐小娟	管理	人事经理	男	8	硕士	¥15,000.00	¥240.00	¥15,240.00

图4-65　筛选名字中包含"小"的数据结果

步骤 3：筛选出"基本工资"在 6 000 ~ 20 000 的数据

（1）选中表格内任一单元格，单击"开始"→"编辑"→"排序和筛选"下拉按钮，在下拉列表中选择"筛选"选项，建立自动筛选，在关键字上出现下拉按钮标识。

单击"基本工资"下拉按钮，在下拉列表中选择"数字筛选"→"介于"选项，弹出"自定义自动筛选方式"对话框，设置基本工资"大于或等于 6000 与小于或等于 20000"，如图 4-66 所示。

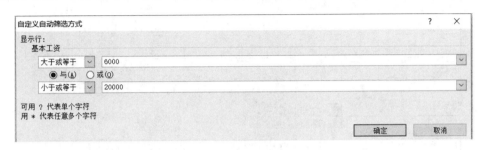

图 4-66　自定义自动筛选方式

（2）单击"确定"按钮完成自动筛选，结果如图 4-67 所示。

	A	B	C	D	E	F	G	H	I	J
1				职工基本情况表						
2	职工编↓	姓名↓	部门↓	职务↓	性别↓	工龄↓	学历↓	基本工资↓	工龄工↓	月工资↓
5	YG003	杜学江	管理	研发经理	男	12	硕士	¥12,000.00	¥600.00	¥12,600.00
6	YG004	符坚	研发	员工	男	12	本科	¥7,000.00	¥600.00	¥7,600.00
7	YG005	郭晶晶	人事	员工	女	14	本科	¥6,200.00	¥700.00	¥6,900.00
9	YG007	侯小文	管理	部门经理	男	14	硕士	¥10,000.00	¥700.00	¥10,700.00
10	YG008	吉莉莉	管理	销售经理	女	13	硕士	¥18,000.00	¥650.00	¥18,650.00
11	YG009	江晓勇	行政	员工	女	5	本科	¥6,000.00	¥150.00	¥6,150.00
12	YG010	刘小红	研发	员工	男	6	本科	¥6,000.00	¥180.00	¥6,180.00
15	YG013	莫一明	研发	项目经理	男	12	硕士	¥12,000.00	¥600.00	¥12,600.00
17	YG015	齐小娟	管理	人事经理	男	8	硕士	¥15,000.00	¥240.00	¥15,240.00

图 4-67　筛选基本工资在 6 000 ~ 20 000 的数据结果

技巧与提示

清除筛选：选中表格内任一单元格，单击"开始"→"编辑"→"排序和筛选"下拉按钮，在下拉列表中选择"清除"选项。即可清除上次筛选的结果。

解除筛选：选中表格内任一单元格，单击"开始"→"编辑"→"排序和筛选"下拉按钮，在下拉列表中选择"筛选"选项。即可删除表中设置的自动筛选，显示原来的全部数据。

步骤 4：筛选出表中"基本工资"大于 10 000 并且"月工资"大于 15 000 的数据

高级筛选不显示下拉按钮标识，而是在数据表外单独设立的条件区域输入筛选条件，条件区域允许根据复杂的条件进行筛选。

（1）选中表格外任一空白单元格，如 D19，确定筛选条件的存放位置。

（2）在该区域设置筛选条件，该条件区域至少有两行，第一行为关键字，以下各行为相应的条件值，见图 4-69。

（3）选中表格内任一单元格，单击"数据"→"排序和筛选"→"高级"按钮，弹出"高级筛选"对话框，设置高级筛选条件，如图 4-68 所示。

（4）单击"确定"按钮完成自动筛选，结果如图 4-69 所示。

图 4-68　设置高级筛选

职工基本情况表

职工编号	姓名	部门	职务	性别	工龄	学历	基本工资	工龄工资	月工资
YG001	陈万地	管理	总经理	男	34	博士	¥40,000.00	¥2,720.00	¥42,720.00
YG002	杜春兰	行政	文秘	女	3	大专	¥4,800.00	¥90.00	¥4,890.00
YG003	杜学江	管理	研发经理	男	12	硕士	¥12,000.00	¥600.00	¥12,600.00
YG004	符坚	研发	员工	男	12	本科	¥7,000.00	¥600.00	¥7,600.00
YG005	郭晶晶	人事	员工	女	14	本科	¥6,200.00	¥700.00	¥6,900.00
YG006	侯登科	研发	员工	女	10	本科	¥5,500.00	¥500.00	¥6,000.00
YG007	侯小文	管理	部门经理	男	14	硕士	¥10,000.00	¥700.00	¥10,700.00
YG008	吉莉莉	管理	销售经理	女	13	硕士	¥18,000.00	¥650.00	¥18,650.00
YG009	江晓勇	行政	员工	女	5	本科	¥6,000.00	¥150.00	¥6,150.00
YG010	刘小红	研发	员工	男	6	本科	¥6,000.00	¥180.00	¥6,180.00
YG011	马小军	研发	员工	男	4	本科	¥5,000.00	¥120.00	¥5,120.00
YG012	毛兰儿	销售	员工	女	2	大专	¥4,500.00	¥60.00	¥4,560.00
YG013	莫一明	研发	项目经理	男	12	硕士	¥12,000.00	¥600.00	¥12,600.00
YG014	齐飞扬	行政	员工	男	6	本科	¥5,700.00	¥180.00	¥5,880.00
YG015	齐小娟	管理	人事经理	男	8	硕士	¥15,000.00	¥240.00	¥15,240.00

条件区域

基本工资	月工资
>10000	>15000

结果区域

职工编号	姓名	部门	职务	性别	工龄	学历	基本工资	工龄工资	月工资
YG001	陈万地	管理	总经理	男	34	博士	¥40,000.00	¥2,720.00	¥42,720.00
YG008	吉莉莉	管理	销售经理	女	13	硕士	¥18,000.00	¥650.00	¥18,650.00
YG015	齐小娟	管理	人事经理	男	8	硕士	¥15,000.00	¥240.00	¥15,240.00

图 4-69　筛选基本工资大于 10 000 并且月工资大于 15 000 的数据结果

步骤 5：筛选出表中"基本工资"大于 10 000 或者"月工资"大于 15 000 的数据

（1）选中表格外任一空白单元格，如 D19，确定筛选条件的存放位置。

（2）在该区域设置筛选条件，该条件区域至少有两行，第一行为关键字，以下各行为相应的条件值，见图 4-70。

（3）选中表格内任一单元格，单击"数据"→"排序和筛选"→"高级"按钮，弹出"高级筛选"对话框，设置高级筛选条件。

（4）单击"确定"按钮完成自动筛选，结果如图 4-70 所示。

职工基本情况表

职工编号	姓名	部门	职务	性别	工龄	学历	基本工资	工龄工资	月工资
YG001	陈万地	管理	总经理	男	34	博士	¥40,000.00	¥2,720.00	¥42,720.00
YG002	杜春兰	行政	文秘	女	3	大专	¥4,800.00	¥90.00	¥4,890.00
YG003	杜学江	管理	研发经理	男	12	硕士	¥12,000.00	¥600.00	¥12,600.00
YG004	符坚	研发	员工	男	12	本科	¥7,000.00	¥600.00	¥7,600.00
YG005	郭晶晶	人事	员工	女	14	本科	¥6,200.00	¥700.00	¥6,900.00
YG006	侯登科	研发	员工	女	10	本科	¥5,500.00	¥500.00	¥6,000.00
YG007	侯小文	管理	部门经理	男	14	硕士	¥10,000.00	¥700.00	¥10,700.00
YG008	吉莉莉	管理	销售经理	女	13	硕士	¥18,000.00	¥650.00	¥18,650.00
YG009	江晓勇	行政	员工	女	5	本科	¥6,000.00	¥150.00	¥6,150.00
YG010	刘小红	研发	员工	男	6	本科	¥6,000.00	¥180.00	¥6,180.00
YG011	马小军	研发	员工	男	4	本科	¥5,000.00	¥120.00	¥5,120.00
YG012	毛兰儿	销售	员工	女	2	大专	¥4,500.00	¥60.00	¥4,560.00
YG013	莫一明	研发	项目经理	男	12	硕士	¥12,000.00	¥600.00	¥12,600.00
YG014	齐飞扬	行政	员工	男	6	本科	¥5,700.00	¥180.00	¥5,880.00
YG015	齐小娟	管理	人事经理	男	8	硕士	¥15,000.00	¥240.00	¥15,240.00

条件区域

基本工资	月工资
>10000	
	>15000

结果区域

职工编号	姓名	部门	职务	性别	工龄	学历	基本工资	工龄工资	月工资
YG001	陈万地	管理	总经理	男	34	博士	¥40,000.00	¥2,720.00	¥42,720.00
YG003	杜学江	管理	研发经理	男	12	硕士	¥12,000.00	¥600.00	¥12,600.00
YG008	吉莉莉	管理	销售经理	女	13	硕士	¥18,000.00	¥650.00	¥18,650.00
YG013	莫一明	研发	项目经理	男	12	硕士	¥12,000.00	¥600.00	¥12,600.00
YG015	齐小娟	管理	人事经理	男	8	硕士	¥15,000.00	¥240.00	¥15,240.00

图 4-70　筛选基本工资大于 10 000 或者月工资大于 15 000 的数据结果

技巧与提示

以下是在条件区域输入条件的几项准则：

（1）当在同一列中需要查找满足一个以上条件的记录时，需在不同的行中一行低于一行地输入每一个条件。例如筛选出学历是本科和硕士的数据（见图 4-71）。

（2）在多个列中查找满足一个条件的记录时，要在同一行的相应列表标题下输入条件。例如筛选"基本工资"大于 10 000 并且"月工资"大于 15 000 的数据（见图 4-71）。

（3）在查找满足一个条件或另外一个条件的记录时，要在分开的各行输入条件。例如筛选"基本工资"大于 10 000 或者"月工资"大于 15 000 的数据（见图 4-71）。

学历
硕士
本科

基本工资	月工资
>10000	>15000

基本工资	月工资
>10000	
	>15000

图 4-71　在条件区域输入条件的示例

4.2.5　数据透视表

数据透视表是一种对大量数据进行快速汇总和建立交叉列表的交互式报表，可以转换行和列以查看源数据的不同结果，可以显示不同页面以筛选数据，还可以根据需要显示区域中的明细数据，从而快速与简便地在一个数据表中重新组织和统计数据，把排序、筛选和汇总等功能有机地结合起来。

步骤 1：创建数据透视表

（1）选中表格内任一单元格，单击"插入"→"表格"→"数据透视表"按钮，弹出"创建数据透视表"对话框，在其中进行设置，如图 4-72 所示。

（2）单击"确定"按钮，在一个新建工作表中出现数据透视表布局界面，拖动"部门"到"行标签"区域，拖动"职务"到"列标签"区域，拖放"基本工资"到"数值"区域，如图 4-73 所示。

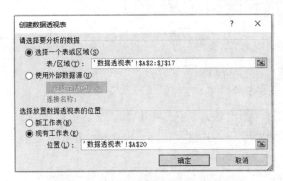

图 4-72　"创建数据透视表"对话框

图 4-73　"数据透视表字段列表"设置

（3）单击"保存"按钮，完成数据透视表的创建，如图 4-74 所示。

求和项:基本工资	列标签							
行标签	部门经理	人事经理	文秘	项目经理	销售经理	研发经理	员工	总经理	总计
管理	10000	15000			18000	12000		40000	95000
行政			4800				11700		16500
人事							6200		6200
销售							4500		4500
研发				12000			23500		35500
总计	10000	15000	4800	12000	18000	12000	45900	40000	157700

图 4-74　数据透视表界面

步骤 2：修改数据透视表

（1）增加数据透视表字段，拖动"月工资"到"数值"区域，在数据透视表中增加"月工资"项。

（2）修改数据区的汇总方式，在数据透视表中选中"月工资"字段并右击，在弹出的快捷菜单中选择"值汇总依据"→"平均值"命令，完成月工资汇总方式的更改。

（3）修改数据区中的数据显示结果，筛选出"职务"为"部门经理"和"员工"的数据，在"职务"列标签的下拉列表中选中"部门经理"和"员工"，单击"确定"按钮，完成筛选。

（4）单击"保存"按钮，完成数据透视表的修改，结果如图 4-75 所示。

列标签					
部门经理		员工		求和项:基本工资汇总	平均值项:月工资汇总
行标签	求和项:基本工资	平均值项:月工资	求和项:基本工资	平均值项:月工资		
管理	10000	10700			10000	10700
行政			11700	6015	11700	6015
人事			6200	6900	6200	6900
销售			4500	4560	4500	4560
研发			23500	6225	23500	6225
总计	10000	10700	45900	6048.75	55900	6565.555556

图 4-75 "数据透视表"修改结果

任务拓展

任务：统计职工一览表

任务描述：飞讯有限公司是一家电子商务公司，现在对于已有员工的工资情况进行统计和分析，基本情况如图 4-76 所示。

飞讯有限公司职工工资表								
编号	姓 名	性别	职称	基本工资	奖金	保险	房租费	实发工资
001	郑菁华	男	助理	898	1550	114	79	2255
002	苏国强	女	工程师	1700	1568	214	90	2964
003	李春娜	男	高级工程师	2650	1600	313	68	3870
004	吉莉莉	男	高级工程师	2720	1586	315	101	3890
005	甄士隐	男	高级工程师	2568	1748	312	80	3924
006	白宏伟	女	工程师	1595	1728	210	90	3023
007	周梦飞	男	高级工程师	2625	1712	338	101	3898
008	钱飞虎	女	工程师	1750	1604	216	90	3048
009	侯小文	男	工程师	1655	1694	210	90	3049
010	刘 占	男	助理	770	1802	118	57	2397

图 4-76 飞讯有限公司职工工资表

为了更加清楚地了解职工情况，现在要求对职工工资信息作如下统计：

（1）按"性别"进行降序排序。

（2）以"姓名"为主要关键字，升序排序，以"实发工资"为次要关键字，降序排序。

（3）按主要关键字"职称"，按照"高级工程师"→"工程师"→"助理"排序，以次要关键字"奖金"降序对职工数据进行排序。

（4）按"职称"对"基本工资""奖金""保险""房租费""实发工资"进行求平均值的合并计算。

（5）按"职称"为分类字段，利用分类汇总功能，计算每种职称"奖金"的总和、平均值。

（6）筛选出女工程师的数据。

（7）筛选出"姓名"中有"飞"的数据。

（8）筛选出"奖金"在 1 600～1 800 的数据。

（9）筛选出"基本工资"大于 2 500 并且"实发工资"大于 3 900 的数据。

（10）筛选出"基本工资"大于 2 500 或者"实发工资"大于 3 900 的数据。

（11）以"姓名"为行标签、"职称"为列标签制作数据透视表，计算"奖金"的求和汇总和"实发工资"的平均值汇总项，如图 4-77 所示。

列标签　▽			
工程师		求和项:奖金汇总	平均值项:实发工资汇总
行标签　▽　求和项:奖金	平均值项:实发工资		
白宏伟　　　1728	3023	1728	3023
侯小文　　　1694	3048.6	1694	3048.6
钱飞虎　　　1604	3047.9	1604	3047.9
苏国强　　　1568	2963.7	1568	2963.7
总计　　　　6594	3020.8	6594	3020.8

图 4-77　飞讯有限公司职工数据透视表

知识链接

1. 数据类型

Excel 2010 的数据类型包括货币、百分比、数字、会计专用、日期、时间等。对数据类型应用正确的格式，可使它应用更广泛，更便于理解和分析。表 4-4 列出了 Excel 2010 中常用的数据格式。

表 4-4　常用数字格式

类　别	显示方式	输　入	输　出
常规	显示实际输入的格式	1234	1234
数值	默认情况下，显示两位小数	1234	1234.00
货币	显示世界各地的货币符号	1234	¥ 1,234.00
会计专用	显示货币符号，并可对一列数据进行小数点对齐	1234 12	¥ 1,234.00 ¥　　12.00
日期	以各种不同格式显示日期	1234	May 18, 1903 18 – May 5/18/1903
时间	以各种不同格式显示时间	12:34	12:34AM 12:34 12:34:00
百分比	将单元格数值乘以 100，以百分数形式显示	1234	123400.00%
分数	根据精度的不同要求，以各种不同的分数显示	12.34	12 1/3
科学记数	以科学记数或指数形式显示	1234	1.23E+03
文本	严格按照输入的形式输出，包括数字在内	1234	1234
特殊	显示和格式化列表和数据库的值，例如邮政编码、电话号码、身份证号码	12345 123 – 555 – 1234 000 – 00 – 0000	12345 123 – 555 – 1234 000 – 00 – 0000
自定义	允许用户创建现有格式中没有的显示格式		以用户创建的格式显示

2. 工作表的新建与删除

工作簿中默认包含 3 个工作表，在实际应用中往往不够使用，此时可以建立新的工作表。除此之外，也可以删除多余的工作表，使得工作簿更加简洁明了。

Excel 2010 提供了两种新建工作表的方法：

（1）在"工作表标签"中单击"插入工作表"按钮。

（2）单击"开始"→"单元格"→"插入"下拉按钮，在下拉列表中选择"插入工作表"选项。

Excel 2010 删除工作表的方法：

右击所要删除的工作表标签，在弹出的快捷菜单中选择"删除"命令即可。

如果需要删除多个工作表，利用【Shift】或者【Ctrl】键选择多个工作表后再删除。

3．工作表的重命名

Excel 2010 的工作表默认名称是 Sheet1、Sheet2、Sheet3，如果建立新的工作表，会依次递增为 Sheet4、Sheet5……但这样的工作表名称往往很难分清楚每个工作表的数据信息，为了通过名称来识别具有不同作用的工作表，在实际应用中就需要对工作表重命名。

Excel 2010 提供了两种重命名工作表的方法：

（1）在"工作表标签"中双击需要重命名的工作表标签，即可在可编辑状态下输入新的工作表名字。

（2）在"工作表标签"中右击需要重命名的工作表标签，在弹出的快捷菜单中选择"重命名"命令。输入新的名字。

4．工作表的移动和复制

在大多数情况下，要创建一个包含多个同类工作表的工作簿，可以先创建一个工组表，然后将其进行复制。可以通过移动或复制工作实现在一个工作簿中改变工作表的排列顺序，或者将一个工作表放置到另一个工作簿中。

Excel 2010 提供了两种复制工作表的方法。

（1）在"工作表标签"中选中要进行复制的工作表标签并右击，在弹出的快捷菜单中选择"移动或复制"命令，在弹出的对话框中选中"建立副本"复选框即可（此方法可以在不同工作簿之间复制工作表），如图 4-78 所示。

（2）在"工作表标签"中选中要进行复制的工作表标签，按住【Ctrl】键的同时将其拖动到合适的位置即可。

当复制一个工作表时，如果工作簿中已经存在一个相同名称的工作表，Excel 会对复制的新工作表进行重命名以确保工作表名称的唯一性。如 Sheet1 会自动重命名为 Sheet1(2)。

图 4-78 "移动或复制工作表"对话框

Excel 2010 提供了两种移动工作表的方法。

（1）在"工作表标签"中选中要进行复制的工作表标签并右击，在弹出的快捷菜单中选择"移动或复制"命令，在弹出的对话框中取消选中"建立副本"复选框即可。

（2）在"工作表标签"中选中要进行复制的工作表标签，按住【Shift】键的同时将其拖动到合适的位置即可。

当一个工作簿中含有多个工作表时，可以通过【Ctrl+PgUp】和【Ctrl+PgDn】组合键进行工作表之间的切换。

5．工作表标签颜色的更改

为了方便工作表的识别，可以为不同的工作表标签设置不同的颜色。

Excel 2010 提供了两种更改工作表标签颜色的方法：

（1）在"工作表标签"中右击需要更改颜色的工作表标签，在弹出的快捷菜单中选择"工作表标签颜色"命令。

（2）单击"开始"→"单元格"→"格式"下拉按钮，在下拉列表中选择"工作表标签颜色"选项。

6．工作表的隐藏和显示

当工作表中包含重要数据不希望被别人看到时，可以通过将工作表设置为隐藏来实现。

Excel 2010 提供了两种隐藏工作表的方法：

（1）在"工作表标签"中右击需要隐藏的工作表标签，在弹出的快捷菜单中选择"隐藏"命令。

（2）单击"开始"→"单元格"→"格式"下拉按钮，在下拉列表中选择"隐藏和取消隐藏"→"隐藏工作表"选项。

显示已被隐藏的工作表：在上述两种方法中选择"取消隐藏"命令即可。

7．工作表背景

为了美化工作表，可以给工作表设置图片背景，单击"页面布局"→"页面设置→"背景"按钮，弹出"工作表背景"对话框，选择合适的图片即可完成工作表背景的设置。

4.3　任务 3　大学生消费情况统计图

任务描述

大学生作为特殊的消费群体受到越来越多的关注，为了能够更好地了解大学生的消费情况，引导大学生正确的消费观念，学校现在组织学生进行抽查，从不同专业中进行抽查，数据采集后，进行分析和总结。为了能够比较直观地观察抽查学生的消费情况，以及方便后期的分析和总结，现在要求创建"大学生消费情况统计图"，效果如图 4–79 所示。

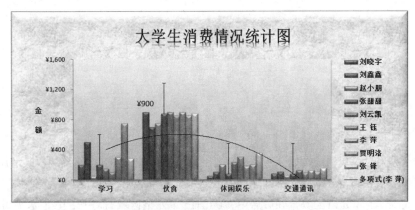

图 4–79　任务 3 大学生消费情况统计图

任务分析

图表是数据的一种可视表示形式，与表格相比能更直观地反映问题。实现本任务首先要在"大学生消费情况统计表"上计算各种消费数据的平均值、最大值和最小值，然后利用图表工具创建"柱形图"，再对图表进行布局、格式、标题等设置，最后利用趋势线分析图表数据。

任务分解

本任务可以分解为以下 5 个子任务。

子任务 1：设置工作表

子任务 2：创建图表

子任务 3：修改图表

子任务 4：美化图表

子任务 5：分析图表

任务实施

4.3.1　设置工作表

步骤 1：数据统计与设置

（1）"总计""平均值""最大值""最小值"分别利用求和 SUM、平均值 AVERAGE、最大值 MAX、最小值

MIN 函数计算出大学生消费的对应数值。

（2）设置表中的金额单元格区域 D4:H15 数据格式为货币型，其中平均值单元格区域 D13:H13 小数点位数保留 2 位，其他单元格区域小数点位数为 0。

选中 D4:H15 单元格区域并右击，在弹出的快捷菜单中选择"设置单元格格式"命令，弹出"设置单元格格式"对话框，选择"数字"选项卡，设置"货币"格式，"小数位数"为 0，如图 4-80 所示。

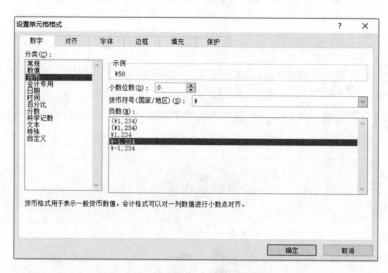

图 4-80　设置"货币"格式

选中 D13:H13 单元格区域，单击"开始"→"数字"→"增加小数位数"按钮 ⁺⁰ 两次，增加两位小数点位数。

（3）调整整个表格的格式，A1:H1 单元格区域合并后居中、垂直居中，A2:H2 单元格区域合并、水平右对齐：A13:C13、A14:C14、A15:C15 单元格区域合并后居中，D4:H15 单元格区域右对齐，其他水平居中。

（4）设置表格边框，外边框粗实线，内边框虚线。

（5）设置表格底纹，底纹为"水绿色，强调文字颜色 5、淡色 80%"。

整张工作表数据录入统计完成后的效果如图 4-81 所示

大学生消费情况统计表							
						（单位：元/月）	
姓名	系别	性别	学习	伙食	休闲娱乐	交通通讯	总计
刘晓宇	计算机系	男	¥200	¥900	¥50	¥80	¥1,230
刘鑫鑫	外语系	女	¥500	¥700	¥100	¥100	¥1,400
赵小朋	商务系	男	¥50	¥750	¥200	¥60	¥1,060
张甜甜	计算机系	女	¥200	¥880	¥80	¥75	¥1,235
刘云凯	机电系	男	¥150	¥900	¥230	¥120	¥1,400
王 钰	机电系	女	¥100	¥850	¥300	¥90	¥1,340
李 萍	艺术系	女	¥300	¥900	¥180	¥120	¥1,500
贾明洛	机电系	男	¥750	¥850	¥200	¥100	¥1,900
张 锋	艺术系	男	¥280	¥880	¥350	¥150	¥1,660
平均值			¥281.11	¥845.56	¥187.78	¥99.44	¥1,414
最大值			¥750	¥900	¥350	¥150	¥1,900
最低值			¥50	¥700	¥50	¥60	¥1,060

图 4-81　"大学生消费情况统计表"数据统计与设置结果

步骤 2：重命名工作表

选中"Sheet1"工作表标签并右击，在弹出的快捷菜单中选择"重命名"命令，输入"大学生消费统计"即可。为了美化表格，在弹出的快捷菜单中选择"工作表标签颜色"→"水绿色，强调文字颜色 5"命令即完成工作表标签的颜色设置，如图 4-82 所示。

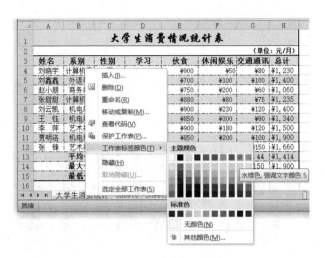

图 4-82　设置工作表标签颜色

4.3.2　创建图表

（1）选择"大学生消费情况统计表"中所需数据，包括"姓名""学习""伙食""休闲娱乐""交通通讯""总计"列，如图 4-83 所示。

大学生消费情况统计表							
						（单位：元/月）	
姓名	系别	性别	学习	伙食	休闲娱乐	交通通讯	总计
刘晓宇	计算机系	男	¥200	¥900	¥50	¥80	¥1,230
刘鑫鑫	外语系	女	¥500	¥700	¥100	¥100	¥1,400
赵小朋	商务系	男	¥50	¥750	¥200	¥60	¥1,060
张甜甜	计算机系	女	¥200	¥880	¥80	¥75	¥1,235
刘云凯	机电系	男	¥150	¥900	¥230	¥120	¥1,400
王　钰	机电系	女	¥100	¥850	¥300	¥90	¥1,340
李　萍	艺术系	女	¥300	¥900	¥180	¥120	¥1,500
贾明洛	机电系	男	¥750	¥850	¥200	¥100	¥1,900
张　锋	艺术系	男	¥280	¥880	¥350	¥150	¥1,660
平均值			¥281.11	¥845.56	¥187.78	¥99.44	¥1,414
最大值			¥750	¥900	¥350	¥150	¥1,900
最低值			¥50	¥700	¥50	¥60	¥1,060

图 4-83　数据选择情况

（2）单击"插入"→"图表"→"柱形图"下拉按钮，在下拉列表中选择"二维柱形图"→"簇状柱形图"选项，如图 4-84 所示。

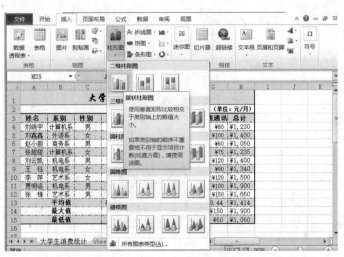

图 4-84　选择"簇状柱形图"

（3）拖动图表到合适的位置，并适当调整图表大小，如图4-85所示。

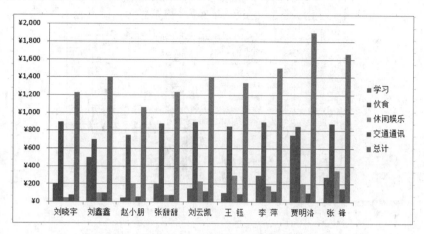

图4-85　大学生消费情况二维簇状柱形图

技巧与提示

如果已创建好的图表不能很好地反映数据之间的关系，可以根据实际需要更改图表的类型。

更改图表类型的方法有以下三种：

（1）在"插入"选项卡"图表"组中单击相应下拉按钮，在下拉列表中选择要更改的类型。

（2）单击"图表工具/设计"→"类型"→"更改图表类型"按钮，弹出"更改图表类型"对话框，选择要更改的类型。

（3）右击要更改类型的图表，在弹出的快捷菜单中选择"更改图表类型"命令，弹出"更改图表类型"对话框，选择要更改的类型。

4.3.3　修改图表

步骤1：设置图表标题

选中图表，单击"图表工具/布局"→"标签"→"图表标题"下拉按钮，在下拉列表中选择"图表上方"选项，单击出现的"图表标题"区域，在其中输入"大学生消费情况统计图"，完成图表标题的设置，如图4-86所示。

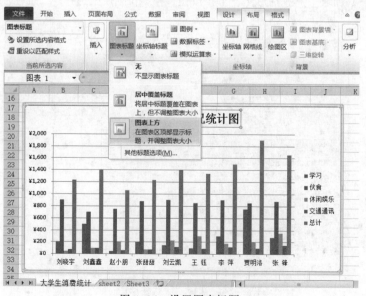

图4-86　设置图表标题

步骤 2：设置坐标轴

（1）设置坐标轴标题。选中图表，单击"图表工具/布局"→"标签"→"坐标轴标题"下拉按钮，在下拉列表中选择"主要纵坐标轴标题"→"竖排标题"选项，如图 4-87 所示，单击出现的"坐标轴标题"区域，在其中输入"金额"，完成坐标轴标题的设置。

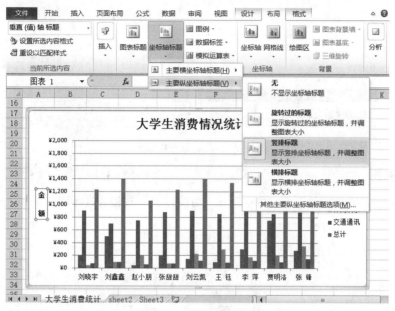

图 4-87　设置坐标轴标题

（2）更改纵坐标轴刻度。在图表中双击纵坐标轴（垂直轴）区域，弹出"设置坐标轴格式"对话框，选择"坐标轴选项"选项卡，设置主要刻度单位为"400"，如图 4-88 所示，完成纵坐标轴刻度的修改，效果如图 4-89所示。

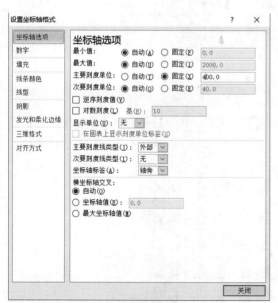

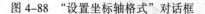

图 4-88　"设置坐标轴格式"对话框

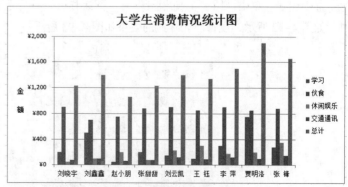

图 4-89　坐标轴格式更改后效果

步骤 3：更改数据源

选中图表，单击"图表工具/设计"→"数据"→"选择数据"按钮，弹出"选择数据源"对话框，删除"总计"数据，如图 4-90 所示。

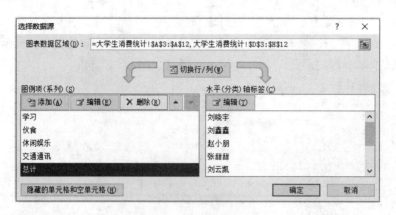

图 4-90　更改图表数据源

步骤 4：切换行和列

选中图表，单击"图表工具/设计"→"数据"→"切换行/列"按钮，进行切换行/列，效果如图 4-91 所示。

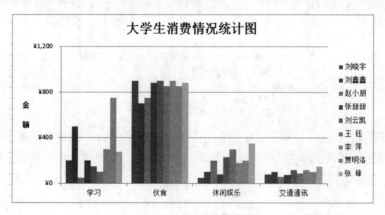

图 4-91　切换行和列的效果

4.3.4　美化图表

步骤 1：设置图表样式

选中图表，单击"图表工具/设计"→"图表样式"→"其他"下拉按钮，在下拉列表中选择"样式 26"选项，如图 4-92 所示，设置图表样式的效果如图 4-93 所示。

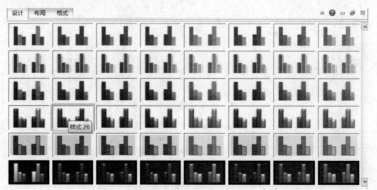

图 4-92　图表样式列表

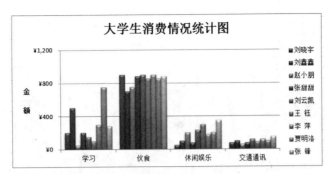

图 4-93　设置图表样式效果

步骤 2：设置文字效果

选中标题，单击"图表工具/格式"→"艺术字效果"→"其他"下拉按钮，在下拉列表中选择"填充-白色，轮廓-强调文字颜色 1"选项，单击"图表工具/格式"→"艺术字效果"→"文本效果"下拉按钮，在下拉列表中选择"映像"→"映像变体"→"紧密映像，接触"选项，设置标题的艺术字效果。

选中水平轴和图例的文字，单击"开始"→"字体"→"加粗"按钮，设置"加粗"效果，如图 4-94 所示。

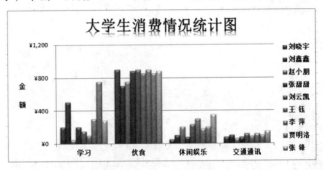

图 4-94　设置文字效果

步骤 3：设置图表区格式

右击图表区，在弹出的快捷菜单中选择"设置图表区格式"命令，弹出"设置图表区格式"对话框，选择"填充"选项卡，设置填充效果为"填充"→"图片或纹理填充"→"信纸"，如图 4-95 所示。

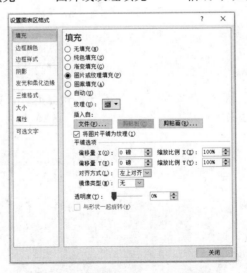

图 4-95　"设置图表区格式"对话框

选中图表区，单击"图表工具/格式"→"形状格式"→"形状效果"下拉按钮，在下拉列表中选择"预设"→"预设 2"选项，设置图表区的信纸填充效果，如图 4-96 所示。

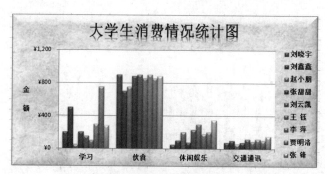

图 4-96　设置图表区格式

步骤 4：设置绘图区格式

选中绘图区，单击 "图表工具/格式"→"形状样式"→"其他"下拉按钮，在下拉列表中选择"细微效果-橙色，强调颜色 6"选项，在"形状轮廓"下拉列表中选择"轮廓无"选项。

选中绘图区中的垂直（值）轴主要网格线并右击，在弹出的快捷菜单中选择"删除"命令，删除绘图区中的网格线，如图 4-97 所示。

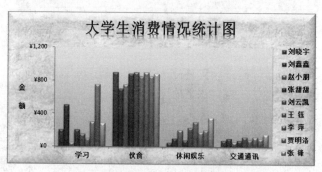

图 4-97　绘图区格式设置

技巧与提示

在图表中右击需要更改的区域，在弹出的快捷菜单中选择相应命令即可更改相应格式。

4.3.5　分析图表

步骤 1：添加数据标签

在绘图区中选中"刘晓宇"的"伙食"数据并右击，在弹出的快捷菜单中选择"添加数据标签"命令，为"刘晓宇"设置数据标签，如图 4-98 所示。

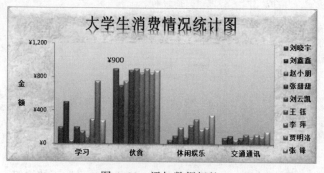

图 4-98　添加数据标签

步骤 2：添加趋势线

趋势线直接反映数据的发展趋势。

选中"李萍"系列数据并右击，在弹出的快捷菜单中选择"添加趋势线"命令，弹出"设置趋势线格式"对话框，选择"趋势线选项"选项卡，设置"趋势预测/回归分析类型"为"多项式"，如图 4-99 所示。

步骤 3：添加误差线

误差线用于显示潜在的误差或相对于系列中每个数据标志的不确定程度。

选中"张甜甜"系列数据，单击"图表工具/布局"→"分析"→"误差线"下拉按钮，在下拉列表中选择"其他误差线选项"选项，弹出"设置误差线格式"对话框，设置显示方向为"正偏差"，如图 4-100 所示。

图 4-99　"设置趋势线格式"对话框

图 4-100　"设置误差线格式"对话框

步骤 4：保存工作簿

单击"文件"→"保存"命令保存工作簿，关闭 Excel 2010。

任务拓展

任务：制作产品销售统计图

任务描述：现在公司对于前四个季度的产品销售进行统计，请根据采集的数据，利用条件格式、迷你图和图表的相关知识制作一份直观的产品销售统计图，如图 4-101 所示。

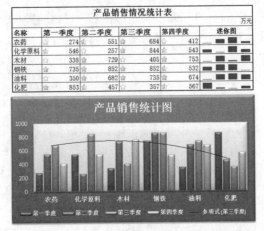

图 4-101　产品销售统计图

📖**知识链接**

1. 图表的类型

Excel 2010 中包含了大量图表类型来满足不同用户的不同使用需求，Excel 2010 中一共有 11 类图表，每一类图表又包含数量不同的图表子类型。因此，图表类型总共有 70 多种。下面列出 11 种图表类型的介绍。

1）柱形图

柱形图用于显示一段时间内的数据变化或说明各项之间的比较情况。由一系列垂直条组成，通常沿横坐标轴组织类别，沿纵坐标轴组织值。柱形图多用于同时比较多项数据。

柱形图具有下列图表子类型：

（1）簇状柱形图和三维簇状柱形图如图 4-103（a）、（b）所示。簇状柱形图使用二维垂直矩形显示值；三维簇状柱形图仅使用三维透视效果显示数据，不会使用第三条数值轴（竖坐标轴）。

（2）堆积柱形图和三维堆积柱形图如图 4-102（c）、（d）所示。堆积柱形图显示单个项目与总体的关系，并跨类别比较每个值占总体的百分比，使用二维垂直堆积矩形显示值；三维堆积柱形图仅使用三维透视效果显示值，不会使用第三条数值轴（竖坐标轴）。

（3）百分比堆积柱形图和三维百分比堆积柱形图如图 4-102（e）、（f）所示。百分比堆积柱形图和三维百分比堆积柱形图跨类别比较每个值占总体的百分比。百分比堆积柱形图使用二维垂直百分比堆积矩形显示值；三维百分比堆积柱形图仅使用三维透视效果显示值，不会使用第三条数值轴（竖坐标轴）。

（4）三维柱形图如图 4-102（g）所示。三维柱形图使用 3 个可以修改的坐标轴（横坐标轴、纵坐标轴和竖坐标轴），并沿横坐标轴和竖坐标轴比较数据点。

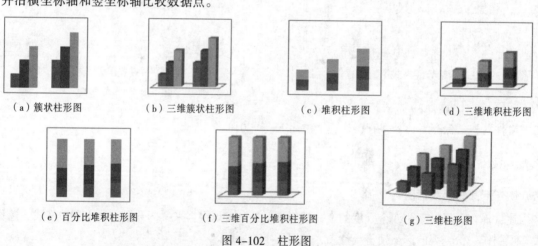

（a）簇状柱形图　　（b）三维簇状柱形图　　（c）堆积柱形图　　（d）三维堆积柱形图

（e）百分比堆积柱形图　　（f）三维百分比堆积柱形图　　（g）三维柱形图

图 4-102　柱形图

（5）圆柱图、圆锥图和棱锥图如图 4-103 所示。为矩形柱形图提供的簇状、堆积、百分比堆积和三维图表类型也可以使用圆柱图、圆锥图和棱锥图，而且它们显示和比较数据的方式相同。唯一的差别在于这些图表类型将显示圆柱、圆锥和棱锥而不是矩形。

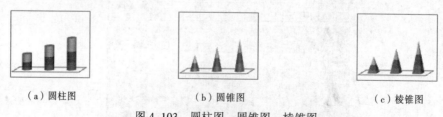

（a）圆柱图　　（b）圆锥图　　（c）棱锥图

图 4-103　圆柱图、圆锥图、棱锥图

2）饼图

饼图用于显示一个数据系列中各项的大小，与各项总和成比例。

饼图中的数据点显示为整个饼图的百分比。饼图适用于下列几种情况：仅有一个要绘制的数据系列；要绘制的数值没有负值；要绘制的数值几乎没有零值；不超过 7 个类别；各类别分别代表整个饼图的一部分。

饼图具有下列图表子类型：

（1）二维饼图和三维饼图如图 4-104（a）、（b）所示。饼图采用二维或三维格式显示各个值相对于总数值的分布情况。可以手动拉出饼图的扇区，以强调特定扇区。

（2）复合饼图和复合条饼图如图 4-104（c）、（d）所示。复合饼图或复合条饼图显示了从主饼图提取用户定义的数值并组合进次饼图或堆积条形图的饼图。如果要使主饼图中的小扇区更易于辨别，可使用此类图表。

（3）分离型饼图和分离型三维饼图如图 4-104（e）、（f）所示。分离型饼图显示每个值占总数的百分比，同时强调各个值。分离型饼图可以采用三维格式显示。可以更改所有扇区和个别扇区的饼图分离程度设置，但不能手动移动分离型饼图的扇区。

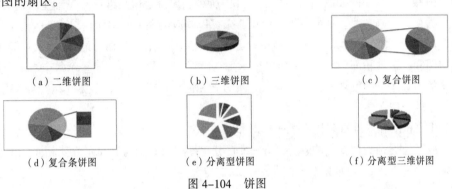

（a）二维饼图　　　　　　（b）三维饼图　　　　　　（c）复合饼图

（d）复合条饼图　　　　　（e）分离型饼图　　　　　（f）分离型三维饼图

图 4-104　饼图

3）条形图

条形图用于显示各项之间的比较情况，与柱形图相似，只是数据的显示方向不同，当轴标签过长或者显示的数值是持续型时适合使用条形图。

条形图具有下列图表子类型：

（1）簇状条形图和三维簇状条形图如图 4-105（a）、（b）所示。簇状条形图可比较多个类别的值。在簇状条形图中，通常沿纵坐标轴组织类别，沿横坐标轴组织值；三维簇状条形图使用三维格式显示水平矩形，这种图表不使用三条坐标轴显示数据。

（2）堆积条形图和三维堆积条形图如图 4-105（c）、（d）所示。堆积条形图显示单个项目与总体的关系；三维堆积条形图使用三维格式显示水平矩形，这种图表不使用三条坐标轴显示数据。

（3）百分比堆积条形图和三维百分比堆积条形图如图 4-105（e）、（f）所示。此类图表跨类别比较每个值占总体的百分比。三维百分比堆积条形图使用三维格式显示水平矩形，这种图表不使用三条坐标轴显示数据。

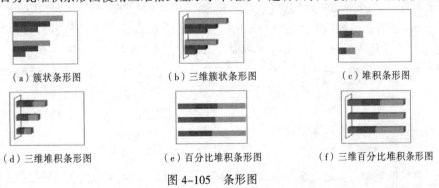

（a）簇状条形图　　　　　（b）三维簇状条形图　　　　（c）堆积条形图

（d）三维堆积条形图　　　（e）百分比堆积条形图　　　（f）三维百分比堆积条形图

图 4-105　条形图

（4）水平圆柱图、圆锥图和棱锥图如图 4-106 所示。为矩形条形图提供的簇状、堆积和百分比堆积图表类型，也可以使用圆柱图、圆锥图和棱锥图，而且它们显示和比较数据的方式相同。唯一的差别在于这些图表类型将显示圆柱、圆锥和棱锥而不是水平矩形。

（a）圆柱图　　　　　　　　（b）圆锥图　　　　　　　　（c）棱锥图

图 4-106　水平圆柱图、图锥图、棱锥图

4）面积图

面积图用于强调数量随时间而变化的程度，它显示所绘制的值的总和或部分与整体的关系。例如，表示随时间而变化的利润的数据可以绘制成面积图以强调总利润。

面积图具有下列图表子类型：

（1）二维面积图和三维面积图如图 4-107（a）、（b）所示。无论是用二维还是三维显示，面积图都显示值随时间或其他类别数据变化的趋势线。三维面积图使用 3 个可以修改的轴（横坐标轴、纵坐标轴和竖坐标轴）。通常应考虑使用折线图而不是非堆积面积图，因为使用后者时，一个系列中的数据可能会被另一系列中的数据遮住。

（2）堆积面积图和三维堆积面积图如图 4-107（c）、（d）所示。堆积面积图显示每个数值所占大小随时间或其他类别数据变化的趋势线。三维堆积面积图与其显示方式相同，但使用三维透视图。三维透视图不是真正的三维图，未使用第三个轴。

（3）百分比堆积面积图和三维百分比堆积面积图如图 4-107（e）、（f）所示。百分比堆积面积图显示每个数值所占百分比随时间或其他类别数据变化的趋势线。三维百分比堆积面积图与其显示方式相同，但使用三维透视图。三维透视图不是真正的三维图，未使用第三个轴。

（a）二维面积图　　（b）三维面积图　　（c）堆积面积图　　（d）三维堆积面积图　　（e）百分比面积图　　（f）三维百分比面积图

图 4-107　面积图

5）散点图

散点图用于显示若干数据系列中各数值之间的关系，或者将两组数字绘制为 X、Y 坐标的一个系列。散点图通常用于显示和比较数值，例如科学数据、统计数据和工程数据。

XY 散点图具有以下图表子类型：仅带数据标记的散点图、带平滑线的散点图、带平滑线和数据标记的散点图、带直线的散点图和带直线、数据标记的散点图等。

6）折线图

折线图用于显示随时间而变化的连续数据，适用于显示在相等时间间隔下数据的趋势。在折线图中，类别数据沿水平轴均匀分布，所有的值数据沿垂直轴均匀分布。如果分类标签是文本并且表示均匀分布的值（如月份、季度或财政年度），则应使用折线图。当有多个系列时，尤其适合使用折线图；对于一个系列，则应考虑使用散点图。如果有几个均匀分布的数值标签（尤其是年份），也应该使用折线图。如果拥有的数值标签多于 10 个，则应改用散点图。

折线图具有二维折线图、堆积折线图、百分比堆积折线图、带数据标记的折线图、带数据标记的堆积折线图、带数据标记的百分比堆积折线图、三维折线图。

7）股价图

通常用来显示股价的波动。不过，这种图表也可用于科学数据。例如，可以使用股价图来说明每天或每年温度的波动。必须按正确的顺序来组织数据才能创建股价图。

股价图具有以下类型：盘高-盘低-收盘图、开盘-盘高-盘低-收盘图、成交量-盘高-盘低-收盘图、成交量-开盘-盘高-盘低-收盘图等。

8）曲面图

曲面图用于找到两组数据之间的最佳组合，它就像地形图一样，通过颜色和图案来表示同数值范围区域。

曲面图具有以下类型：三维曲面图、三维曲面图（框架图）、曲面图、曲面图（俯视框架图）等。

9）圆环图

圆环图用于显示各个部分与整体之间的关系，它与饼图类似，但可以包含多个数据系列。

圆环图具有以下类型：圆环图、分离型圆环图等。

10）气泡图

气泡图使用 X 和 Y 轴的数据绘制气泡的位置，然后利用第三列数据显示气泡的大小。

气泡图具有以下类型：气泡图、三维气泡图等。

11）雷达图

雷达图用于显示数据系列相对于中心点以及各数据分类间的变化，它的每一分类都有自己的坐标轴。

雷达图具有以下类型：雷达图、带数据标记的雷达图、填充雷达图等。

12）迷你图

迷你图是 Excel 2010 新增的一项功能，它分为折线图、柱形图、盈亏。它能够在表格中的单元格内生成图形，简要地表现数据的变化。

2．图表的组成

图表由图表区、绘图区、坐标轴、标题、数据系列、图例等基本组成部分构成。用鼠标单击图表上的某个组成部分即可选定该部分。

图表中包含许多元素。默认情况下会显示其中一部分元素，而其他元素可以根据需要添加。可以通过将图表元素移到图表中的其他位置、调整图表元素的大小或更改格式来更改图表元素的显示。也可以删除不希望显示的图表元素。

图表区是指图表的全部范围，Excel 默认的图表区是由白色填充区域和黑色细实线边框组成的。

绘图区是指图表区内的图形表示的范围，即以坐标轴为边的长方形区域。设置绘图区格式，可以改变绘图区边框的样式和内部区域的填充颜色及效果。

标题包括图表标题和坐标轴标题。图表标题是显示在绘图区上方的类文本框，坐标轴标题是显示在坐标轴边上的类文本框。Excel 默认的标题是无边框的黑色文字。

数据系列是由数据点构成的，每个数据点对应工作表中的一个单元格内的数据，数据系列对应工作表中一行或一列数据。数据系列在绘图区中表现为彩色的点、线、面等图形。

坐标轴按位置不同可分为主坐标轴和次坐标轴两类，Excel 2010 默认显示的是绘图区左边的主 Y 轴和下边的主 X 轴。

图例由图例项和图例项标识组成，默认显示在绘图区右侧，为细实线边框围成的长方形。

下面以柱形图为例来解释图表组成，如图 4-108 所示。

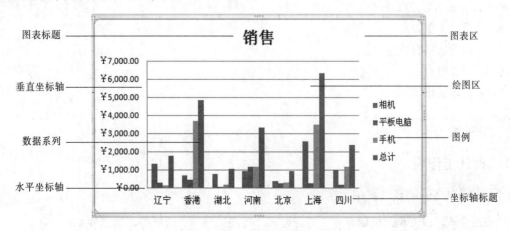

图 4-108　图表的组成

4.4 任务 4 制作景区调查问卷

任务描述

为改进景区管理，提高服务质量，促进健康发展，现在某景区预拟订制定一系列调查来了解游客在游览景区时所关心的各类问题，拟订的景区调查问卷如图 4-109 所示。

景区调查问卷								
尊敬的女士/先生:								
为提高景区服务工作水平，我们拟制定了一系列调查来了解游客在游览景区时所关心的各类问题，旨在改进景区管理、提高服务质量，促进景区健康发展的调查问卷，请您抽出宝贵时间填写本问卷，对您的耐心填写和真诚合作表示衷心感谢！								
1、您的性别?								
2、您的年龄?	□	18岁以下	□	18岁-25岁	□	26岁-45岁	□	46岁以上
3、您的居住区域?	□	城市	□	县城	□		□	
4、您的最近一次的旅游:	□	3个月	□	6个月	□	一年	□	很少出游
5、你对于本景区的整体印象?	□	很好	□	较好	□	一般	□	不好
6、您对于本景区的卫生情况?	□	很满意	□	较满意	□	一般	□	不满意
7、您觉得本景区的旅游线路设计如何?								
8、如果有机会，您下次还会继续来本景区游玩吗?								
9、你认为景区中存在哪些让您不满意的地方。								
10、请您给这次的景区游玩打分:								

作者:
5为非常满意，4为比较满意，3为满意，2为一般，1为不满意

图 4-109 任务 4 景区调查问卷表

任务分析

首先要设计出“景区调查问卷”，在上面设置适当的数据有效性设置，防止游客输入无效信息，并为了方便游客的输入在适当的位置给出说明，并对文件进行保护，最后打印调查问卷。

任务分解

本任务可以分解为以下 4 个子任务。

子任务 1：设计工作表

子任务 2：设置数据有效性

子任务 3：设置保护

子任务 4：打印工作表

任务实施

4.4.1 设计工作表

步骤 1：根据表格的需要设置单元格

根据表格的样式，设置单元格的合并、对齐方式、行高、列宽、边框等，如图 4-109 所示。

步骤 2：设置字体

表格中的字体设置如下：标题字体为宋体，字号为 16 号，加粗，其他字体为宋体，字号为 11 号，如图 4-110 所示。

步骤 3：输入内容

参照"任务 4 制作景区调查问卷"输入所需要的文字内容和符号内容，并进行适当的边框和底纹的设置，如图 4-110 所示。

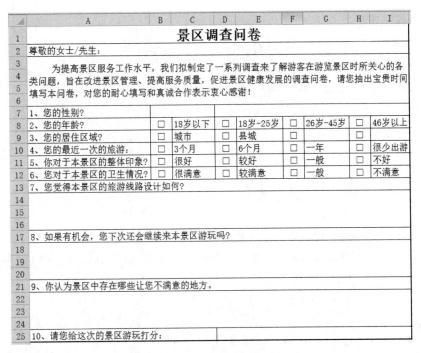

图 4-110 景区调查问卷设计结果

4.4.2 设置数据有效性

步骤 1：设置性别有效性

（1）选中 B7 单元格，单击"数据"→"数据工具"→"数据有效性"按钮，弹出"数据有效性"对话框，选择"设置"选项卡，设置有效性条件："允许"为"序列"，选中"忽略空值"和"提供下拉箭头"复选框，来源为"男,女"，如图 4-111 所示。

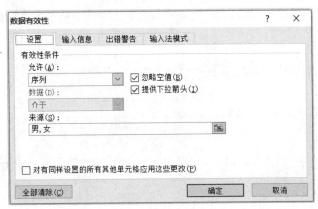

图 4-111 设置性别的数据有效性

（2）单击"确定"按钮完成数据有效性设置，效果如图 4-112 所示。

	A	B	C	D	E	F	G	H	I
7	1、您的性别？								
8	2、您的年龄？	男 女		□	18岁-25岁	□	26岁-45岁	□	46岁以上
9	3、您的居住区域？		城市	□	县城	□		□	
10	4、您的最近一次的旅游？		3个月	□	6个月	□	一年	□	很少出游
11	5、你对于本景区的整体印象？		很好	□	较好	□	一般	□	不好
12	6、您对于本景区的卫生情况？		很满意	□	较满意	□	一般	□	不满意
13	7、您觉得本景区的旅游线路设计如何？								

图 4-112　性别设置"男,女"有效性结果

步骤 2：设置分数有效性

（1）选中 D25 单元格，单击"数据"→"数据工具"→"数据有效性"按钮，弹出"数据有效性"对话框，选择"设置"选项卡，设置有效性条件："允许"为"整数"，选中"忽略空值"复选框，数据"介于"最小值"1"最大值"5"之间，如图 4-113 所示。

（2）选择"输入信息"选项卡，设置选定单元格时输入的信息：选中"选定单元格时输入信息"复选框，在"输入信息"文本框中输入"请输入 1 到 5 之间的整数，1 为不满意，5 为非常满意"，如图 4-114 所示。

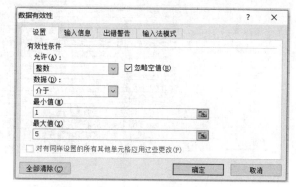

图 4-113　设置打分的数据有效性

（3）选择"出错警告"选项卡，设置输入无效数据时显示的出错警告：选中"输入无效数据时显示出错警告"复选框，在"样式"列表中选择"停止"，在"错误信息"文本框中输入"输入错误信息!!!!请给出 1 到 5 之间的整数"，如图 4-115 所示。

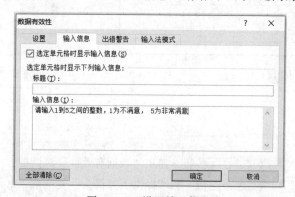

图 4-114　设置输入信息

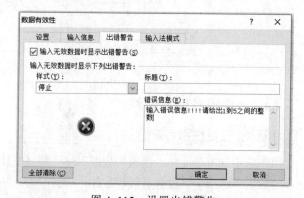

图 4-115　设置出错警告

（4）单击"确定"按钮完成数据有效性设置，此时单元格禁止输入 1 到 5 之外的整数，效果如图 4-116 所示。

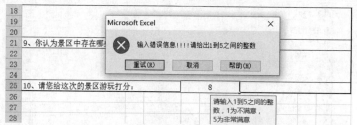

图 4-116　打分设置 1 至 5 分的有效性结果

步骤 3：增加批注

（1）选中 A25 单元格，单击"审阅"→"批注"→"新建批注"按钮，输入"5 为非常满意，4 为比较满意，

3 为满意，2 为一般，1 为不满意"的批注文字。

（2）按【Enter】键，完成批注的编辑，出现图 4-117 所示的黄色底纹的批注文字。

批注设置成功后如需变动，只须右击设置批注的单元格，在弹出的快捷菜单中选择"编辑批注"/"删除批注"/"隐藏批注"命令即可完成对应的功能。

图 4-117　批注设置后的效果

步骤 4：冻结窗格

Excel 2010 表格中的数据经常很多，一页浏览不下，需要滚动浏览，为了更好地查看标题和表头，可以利用冻结窗格功能完成标题和表头的固定浏览。

选中 A7 单元格，单击"视图"→"窗口"→"冻结窗格"下拉按钮，在下拉列表中选择"冻结拆分窗格"选项（见图 4-118），即可冻结住该单元格，效果如图 4-119 所示。

如果要取消冻结窗格设置，只要单击"视图"→"窗口"→"冻结窗格"下拉按钮，在下拉列表中选择"取消冻结窗格"选项即可。

图 4-118　设置冻结窗格

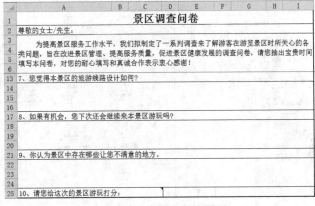

图 4-119　冻结窗格的效果

4.4.3 设置保护

步骤1：保护工作簿

通过设置保护工作簿，可以锁定工作簿的结构，可有效防止其他人在工作簿中任意添加或者删除工作表，禁止其他用户更改工作表窗口的大小和位置。

（1）打开需要保护的工作簿，单击"审阅"→"更改"→"保护工作簿"按钮，弹出"保护结构和窗口"对话框，选中"结构"和"窗口"复选框，设置密码，如图4-120所示。

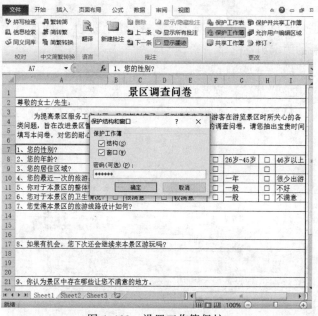

图4-120 设置工作簿保护

（2）单击"确定"按钮，再次确认密码，完成工作簿的保护。工作簿被保护后，工作表的"还原窗口"按钮、"窗口最小化"按钮消失。在工作簿的工作表标签上右击，在弹出的快捷菜单中"插入""删除""重命名"等命令无法使用，如图4-121所示。

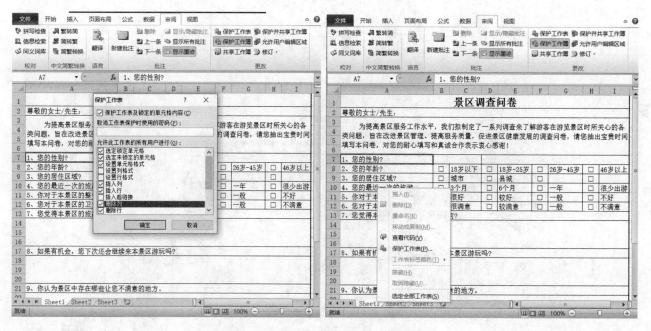

图4-121 工作簿处于保护状态

（3）如需撤销工作簿保护，单击"审阅"→"更改"→"保护工作簿"按钮，弹出"撤销工作簿保护"对话框，输入密码后单击"确定"按钮即可。

步骤 2：保护工作表

为当前工作表设置密码，能够防止工作表中的内容被随意删除和插入，避免对已经设置好的格式进行修改，而不影响其他工作表的工作。

（1）打开需要保护的工作表，单击"审阅"→"更改"→"保护工作表"按钮，弹出"保护工作表"对话框，勾选需要保护的内容，设置密码，如图 4-122 所示。

（2）单击"确定"按钮，再次确认密码，即可完成工作表的保护。

（3）如需撤销工作表保护，单击"审阅"→"更改"→"撤销工作表保护"按钮，输入密码后单击"确定"按钮即可。

步骤 3：设置允许用户编辑的区域

在工作表中可以设置允许用户编辑的单元格区域，能够让特定的用户对工作表进行设定的操作，让不同的用户拥有不同的查看和修改工作表的权限。

（1）打开需要设置的工作表，单击"审阅"→"更改"→"允许用户编辑区域"按钮，弹出"允许用户编辑区域"对话框，单击"新建"按钮选择允许编辑的区域，单击"权限"按钮，指定不同用户的操作权限，如图 4-123 所示。

图 4-122　设置工作表保护

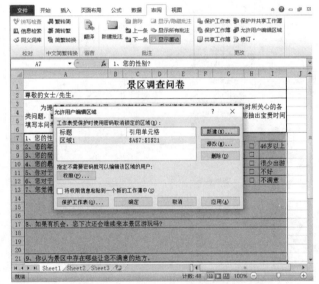
图 4-123　设置允许用户编辑区域

（2）单击"确定"按钮，即可完成允许用户编辑区域的保护。

（3）如需撤销该保护，单击"审阅"→"更改"→"允许用户编辑区域"按钮，弹出"允许用户编辑区域"对话框，选择要取消的区域，单击"删除"按钮即可。

4.4.4　打印工作表

步骤 1：设置页面

进行工作表打印之前，用户可以对纸张的大小和方向进行设置。同时，也可以对打印文字与纸张之间的距离，即页边距进行设置。

（1）选择"页面布局"→"页面设置"→"纸张大小"下拉按钮，在下拉列表中选择"A4"选项。

（2）选择"页面布局"→"页面设置"→"页边距"下拉按钮，在下拉列表中选择"自定义页边距"选项，设置上下左右页边距，如图4-124所示。

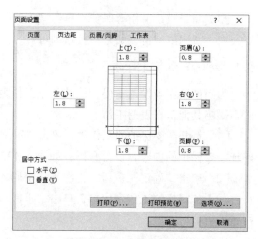

步骤2：设置打印区域

打印时，有时并不需要将整个工作表都打印出来，而只需要打印工作表中的部分单元格区域。此时就需要对打印区域进行设置。

（1）在工作表中选择需要打印的单元格区域，单击"页面布局"→"页面设置"→"打印区域"下拉按钮，在下拉列表中选择"设置打印区域"选项，此时所选单元格区域会被虚线框环绕，虚线框中即是可设置的打印区域。

（2）完成设置后，单击"文件"按钮，预览设定的打印区域的打印效果，如图4-125所示。

图4-124 设置页边距

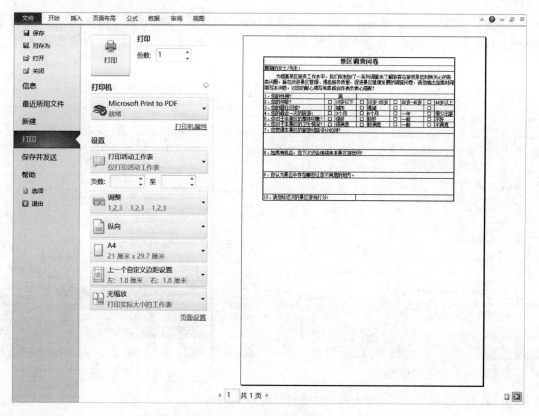

图4-125 预览打印效果

步骤3：设置打印标题行

为了方便阅读打印出来的文档，进行打印时可以在各页上设置打印标题行。

（1）单击"页面布局"→"页面设置"→"打印标题"按钮，弹出"页面设置"对话框，选择"工作表"选项卡，在"顶端标题行"中利用"选择"按钮选择需要设置为标题行的单元格地址，如图4-126所示。

（2）单击"确定"按钮，即可完成打印标题行的设置。

（3）单击"文件"→"保存"命令保存工作簿，关闭 Excel 2010。

图 4-126　设置打印标题行

任务拓展

任务：差旅费用报销单

任务描述：随着公司业务的拓展，员工们需要出差的时间越来越多，为了方便员工出差进行相应费用的报销，现在特意设计与制作符合公司需求的差旅费用报销单，如图 4-127 所示。

差旅费用报销单

姓名			部门			出差事由			报销时间		
起始			到达			天数	交通费		补助费		
							交通工具	金额	项目	标准	天数	金额
月	日	地点	月	日	地点				住宿费			
									误餐费			
									其他			
合计						小计			小计		
报销金额											
负责人			审核				报销人				

图 4-127　差旅费用报销单

知识链接

1. 冻结窗格

Excel 具有实现锁定表格的行和列的功能。当制作一个 Excel 表格时，如果列数较多，行数也较多时，一旦向下滚屏，则上面的标题行也跟着滚动，在处理数据时往往难以分清各列数据对应的标题，事实上利用"冻结窗格"功能可以很好地解决这一问题。具体方法是将光标定位在要冻结的标题行（可以是一行或多行）的下一行，然后单击"视图"→"窗口"→"冻结窗格"下拉按钮，在下拉列表中选择"冻结拆分窗格"选项即可。滚屏时，被冻结的标题行总是显示在最上面，大大增强了表格编辑的直观性。

冻结窗格有三种形式：顶部水平窗格，选取待冻结处的下一行单元格，单击"视图"→"窗口"→"冻结窗格"下拉按钮，在下拉列表中选择"冻结拆分窗格"选项；左侧垂直窗格，选取待冻结处的右边一列单元格，单击"视图"→"窗口"→"冻结窗格"下拉按钮，在下拉列表中选择"冻结拆分窗格"选项；同时顶部水平和左侧垂直窗格，单击待冻结处的右下单元格，单击"视图"→"窗口"→"冻结窗格"下拉按钮，在下拉列表中选择"冻结拆分窗格"选项。

2. 数据有效性

数据有效性是对单元格或单元格区域输入的数据从内容到数量上的限制。对于符合条件的数据，允许输入；对于不符合条件的数据，则禁止输入。这样就可以依靠系统检查数据的正确有效性，避免错误的数据录入。

一般情况下数据有效性设置不能检查已输入的数据。

小　　结

本单元主要介绍了 Excel 2010 的基本概念和基本操作方法，包括工作簿、工作表和单元格等基本概念，以及 Excel 2010 的启动、退出；单元格的编辑、格式化；工作表的编辑、格式化；公式与函数的使用、图表制作、数据处理与统计、工作表和工作簿的保护、有效性设置、打印等基本操作。

习　　题

一、选择题

1. 工作簿包含 3 个工作表：Sheet1、Sheet2 和 Sheet3，如果选择 Sheet2 工作表标签并插入一个工作表，那么，新工作表被放在（　　）。

A. 作为工作簿的第 1 个表　　　　　　　　B. 作为工作簿的最后一个表
C. Sheet2 之前　　　　　　　　　　　　　D. Sheet2 之后

2. 在数据清单中，一行数据被称为（　　）。

A. 字段　　　　　　B. 记录　　　　　　C. 筛选　　　　　　D. 数据记录单

3. 在 Excel 2010 工作表中，每个单元格都有唯一的编号称为地址，地址的使用方法是（　　）。

A. 字母+数字　　　B. 列标+行号　　　C. 数字+字母　　　D. 行号+列标

4. 准备在一个单元格内输入一个公式，应先输入（　　）先导符号。

A. $　　　　　　　B. 〈　　　　　　　C. >　　　　　　　D. =

5. 在 A1 单元格中输入=SUM(8,7,8,7)，则其值为（　　）。

A. 15　　　　　　　B. 30　　　　　　　C. 7　　　　　　　D. 8

6. 在 Excel 的工作表中，每个单元格都有其固定的地址，如"A7"表示（　　）。

A. "A" 代表 "A" 列，"7" 代表第 "7" 行　　B. "A" 代表 "A" 行，"7" 代表第 "7" 列
C. "A7" 代表单元格的数据　　　　　　　　D. 以上都不是

7. 若在数值单元格中出现一连串的 "###" 符号，希望正常显示则需要（　　）。

A. 重新输入数据　　　　　　　　　　　　B. 调整单元格的宽度
C. 删除这些符号　　　　　　　　　　　　D. 删除该单元格

8. 在 Excel 2010 操作中，将单元格指针移到 B220 单元格的最简单的方法是（　　）。

A. 拖动滚动条
B. 按 Ctrl+B220 键
C. 在名称框输入 B220 后按【Enter】键
D. 先用【Ctrl+→】组合键移到 B 列，然后用【Ctrl+↓】组合键移到 220 行

9. 字号的默认度量单位是（　　）。

A. 引导符　　　　　B. 刻度　　　　　　C. 毫米　　　　　　D. 磅

10. 如果要将数据 131.2543 修改成 131.25，应单击"开始"→"数字"→（　　）按钮。

A. 增加小数位数　　B. 减少小数位数　　C. 右对齐　　　　　D. 增加缩进量

11. 如果要冻结第 3 行的列标题和 A 列的行标题，在执行冻结窗口命令之前，应该单击（　　）单元格。

A. B2　　　　　　B. C2　　　　　　C. D2　　　　　　D. E2

12. 通过键盘和鼠标复制工作表的方法是（　　　）。

　　A. 单击工作表标签，按住【Ctrl】键不放，用鼠标指针拖动此工作表标签图标到希望的位置

　　B. 单击工作表标签，按住【Shift】键不放，用鼠标指针拖动此工作表标签图标到希望的位置

　　C. 单击工作表标签，按住【Alt】键不放，用鼠标指针拖动此工作表标签图标到希望的位置

　　D. 单击工作表标签，用鼠标指针拖动此工作表标签图标到希望的位置

13. 如果某个单元格中的公式为"=$D2"，这里的$D2属于（　　　）引用。

　　A. 相对　　　　　　　　　　　　　　B. 绝对

　　C. 列相对行绝对的混合　　　　　　　D. 列绝对行相对的混合

14. 在 Excel 2010 中，如果要在同一行或同一列的连续单元格使用相同的计算公式，可以先在第一个单元格中输入公式，然后用鼠标拖动单元格的（　　　）实现公式复制。

　　A. 行标　　　　　B. 列号　　　　　C. 填充柄　　　　　D. 框

15. 在 Excel 2010 中，如果单元格 A5 的值是单元格 A1、A2、A3、A4 的平均值，则不正确的输入公式为（　　　）。

　　A. =AVERAGE(A1:A4)　　　　　　　B. =AVERAGE(A1,A2,A3,A4)

　　C. =(A1+A2+A3+A4)/4　　　　　　　D. =AVERAGE(A1+A2+A3+A4)

二、操作题

1. 公式或者函数的应用。

（1）利用公式或者函数完成九九乘法表的制作，效果如图 4-128 所示，以 jg4_1.xlsx 为名保存。

（2）利用 PMT 函数，求出月偿还额，并且指定单元格格式，效果如图 4-129 所示，以 jg4_2.xlsx 为名保存。

1	2	3	4	5	6	7	8	9
2	4	6	8	10	12	14	16	18
3	6	9	12	15	18	21	24	27
4	8	12	16	20	24	28	32	36
5	10	15	20	25	30	35	40	45
6	12	18	24	30	36	42	48	54
7	14	21	28	35	42	49	56	63
8	16	24	32	40	48	56	64	72
9	18	27	36	45	54	63	72	81

图 4-128　九九乘法表

偿还贷款试算表		年利率变化	月偿还额
			￥-5,299.03
贷款额	1000000	3%	￥-5,545.98
年利率	2.50%	3.50%	￥-5,799.60
贷款期限（月）	240	4%	￥-6,059.80
		4.50%	￥-6,326.49
		5%	￥-6,599.56

图 4-129　贷款表

2. 打开素材文件 sx1.xlsx，参照样文（图 4-130）按要求完成工作表编辑，以 xg1.xlsx 为名保存。要求：

（1）在第 1 行和第 2 行之间插入一行，在 D2 单元格中输入"（单位：万元）"。将第 1 行行高调整为 30。

（2）标题格式：A1:D1 单元格区域合并居中，字号为 20 号，红色，"白色，背景 1，深色 15%"底纹。

（3）将 B4:E10 单元格区域设置为货币样式，2 位小数位数；并将 B4:D10 单元格区域中报价大于 3000 元的单元格设置为浅蓝色底纹（使用条件格式）；表头行文字居中显示，字体加粗。将整个表格设置为最适合的列宽。

（4）设置表格边框线。

（5）将 Sheet1 工作表重命名为"报价表"，并将此工作表复制到 Sheet2 工作表中。

（6）在 Sheet2 工作表中设置打印区域为 A1:E10，设置第 1 行和第 2 行为打印标题。

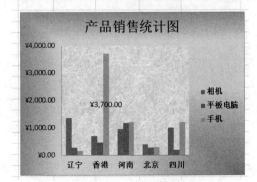

图 4-130　第 2 题样文

（7）给工作表加密，设置 6 位数密码。

（8）使用相关数据，创建一个簇状柱形图。

3. 打开素材文件 sx2.xlsx，参照样文按要求完成工作表编辑，以 xg2.xlsx 为名保存。要求：

（1）使用 Sheet1 工作表中的数据统计出总分，结果分别放在相应的单元格中。结果如图 4-131 所示。将计算后的 Sheet1 工作表复制出 6 个副本，分别命名为 1、2、3、4、5、6。

成绩统计分析表

班级	学号	姓名	英语	计算机	局域网	多媒体	总分
计算机一班	Y05122001	张成祥	89	88	78	92	347
计算机二班	Y05122002	赵若琳	75	65	89	80	309
计算机一班	Y05122003	李天励	68	89	82	78	317
计算机二班	Y05122004	王晓燕	86	60	68	72	286
计算机一班	Y05122005	谢天郁	88	56	78	84	306
计算机三班	Y05122006	郑俊霞	78	88	84	72	322
计算机三班	Y05122007	林萧天	76	68	74	81	299
计算机二班	Y05122008	高云海	86	80	82	76	324
计算机一班	Y05122009	汪夏耘	82	75	80	78	315
计算机一班	Y05122010	钟寨寨	90	82	86	95	353

图 4-131　总分计算结果

（2）在工作表 1 中，以"班级"为主要关键字，按照"计算机三班"→"计算机二班"→"计算机一班"排序，以"总分"为次要关键字，降序排序结果如图 4-132 所示。

成绩统计分析表

班级	学号	姓名	英语	计算机	局域网	多媒体	总分
计算机三班	Y05122006	郑俊霞	78	88	84	72	322
计算机三班	Y05122007	林萧天	76	68	74	81	299
计算机二班	Y05122008	高云海	86	80	82	76	324
计算机二班	Y05122002	赵若琳	75	65	89	80	309
计算机二班	Y05122004	王晓燕	86	60	68	72	286
计算机一班	Y05122010	钟寨寨	90	82	86	95	353
计算机一班	Y05122001	张成祥	89	88	78	92	347
计算机一班	Y05122003	李天励	68	89	82	78	317
计算机一班	Y05122009	汪夏耘	82	75	80	78	315
计算机一班	Y05122005	谢天郁	88	56	78	84	306

图 4-132　排序结果

（3）在工作表 2 中，筛选出"局域网"成绩在 75～85 的记录，结果如图 4-133 所示。

成绩统计分析表

班级	学号	姓名	英语	计算机	局域网	多媒体	总分
计算机三班	Y05122006	郑俊霞	78	88	84	72	322
计算机二班	Y05122008	高云海	86	80	82	76	324
计算机一班	Y05122001	张成祥	89	88	78	92	347
计算机一班	Y05122003	李天励	68	89	82	78	317
计算机一班	Y05122009	汪夏耘	82	75	80	78	315
计算机一班	Y05122005	谢天郁	88	56	78	84	306

图 4-133　"局域网"成绩筛选结果

（4）在工作表 3 中，筛选出"计算机"成绩大于 75 分并且"多媒体"成绩大于 90 分的记录，结果如图 4-134 所示。

班级	学号	姓名	英语	计算机	局域网	多媒体	总分
计算机一班	Y05122001	张成祥	89	88	78	92	347
计算机一班	Y05122010	钟寨寨	90	82	86	95	353

图 4-134　筛选结果

（5）在工作表 4 中，按照"班级"进行求平均值的合并计算，结果如图 4-135 所示。

班级	学号	姓名	英语	计算机	局域网	多媒体	总分
计算机一班			83.4	78.0	80.8	85.4	327.6
计算机二班			82.3	68.3	79.7	76.0	306.3
计算机三班			77.0	78.0	79.0	76.5	310.5

图 4-135　合并计算结果

（6）在工作表 5 中，以"班级"为分类字段，利用分类汇总功能，计算每个班级"局域网"课程的总分和平均分，结果如图 4-136 所示。

		A	B	C	D	E	F	G	H
1 2 3 4	1								
	2			成绩统计分析表					
	3	班级	学号	姓名	英语	计算机	局域网	多媒体	总分
	9	计算机一班 平均值					80.8		
	10	计算机一班 汇总					404		
	14	计算机二班 平均值					79.66667		
	15	计算机二班 汇总					239		
	18	计算机三班 平均值					79		
	19	计算机三班 汇总					158		
	20	总计平均值					80.1		
	21	总计					801		

图 4-136　分类汇总结果

（7）在工作表 6 中，以"班级"为行标签，"姓名"为列标签，制作数据透视表，计算"英语""计算机"的求和汇总项，结果如图 4-137 所示。

列标签						
	高云海		谢天郁		求和项:英语汇总	求和项:计算机汇总
行标签	求和项:英语	求和项:计算机	求和项:英语	求和项:计算机		
计算机二班	86	80			86	80
计算机一班			88	56	88	56
总计	86	80	88	56	174	136

图 4-137　数据透视表结果

单元 5

PowerPoint 2010 的应用

【学习目标】

Microsoft PowerPoint 2010（以下简称 PowerPoint 2010）的主要功能是设计和制作各种类型的演示文稿，适合于各种材料的展示，广泛应用于学术交流、工作汇报、会议议程、企业宣传、产品推介、婚礼庆典、项目竞标、管理咨询等领域。PowerPoint 2010 所创建的演示文稿可以使阐述过程简明、清晰，具有生动活泼、形象逼真的动画效果，能像幻灯片一样进行放映，具有很强的感染力。

通过本单元的学习，读者将掌握以下知识和技能：

- 创建演示文稿
- 编辑幻灯片的信息
- 幻灯片背景设置
- 创建艺术字
- 插入形状、SmartArt 图形
- 母版的使用
- 图片、图表、表格的使用
- 幻灯片动画效果的制作
- 幻灯片的链接操作
- 音频的使用
- 幻灯片的切换效果
- 幻灯片放映设置

5.1　任务 1　制作培训演示文稿

任务描述

2016 年被称为 VR 元年，虚拟现实（VR）技术将对教育行业产生颠覆性的影响。为大力普及虚拟现实技术，积极推动职业院校教学、实训模式创新，拟于 2017 年 4 月在北京举办"全国职业院校 VR（虚拟现实）技术与教学应用高级研修班"，现委托你就培训班相关内容制作成演示文稿，演示文稿效果如图 5-1 所示。

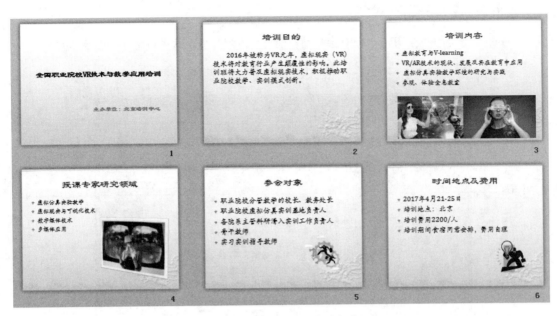

图 5-1 任务 1 培训演示文稿

任务分析

完成本任务首先要创建一个新的演示文稿，添加 6 张幻灯片，设置幻灯片版式、幻灯片主题，编辑文字，插入图片、剪贴图，最后保存并打印演示文稿。

任务分解

本任务可以分解为以下 4 个子任务。

子任务 1：开始使用 PowerPoint 2010

子任务 2：设计幻灯片

子任务 3：完善演示文稿内容

子任务 4：保存、打印演示文稿

任务实施

5.1.1 开始使用 PowerPoint 2010

步骤 1：启动 PowerPoint 2010

单击 Windows 任务栏中的"开始"按钮，选择"所有程序"→"Microsoft Office"→"Microsoft Office PowerPoint 2010"命令，即可启动 PowerPoint 2010 并打开其窗口，如图 5-2 所示。

图 5-2 PowerPoint 2010 的启动

技巧与提示

打开 PowerPoint 2010 的其他方法有：

（1）右击桌面空白处，在弹出的快捷菜单中选择"新建"→"Microsoft PowerPoint 演示文稿"命令。

（2）历史记录中保存着用户最近 25 次使用过的文档，要想启动相关应用并同时打开这些演示文稿，只需单击"文件"→"最近所用文件"命令，然后从列表中选择文件名后单击即可。

步骤 2：认识 PowerPoint 2010 窗口

启动 PowerPoint 2010 后，PowerPoint 2010 会自动新建一个演示文稿，其窗口组成如图 5-3 所示。

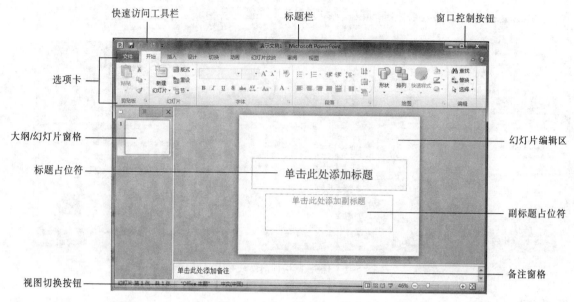

图 5-3　PowerPoint 2010 的窗口

幻灯片/大纲窗格：包含"幻灯片"和"大纲"两个选项卡。其中，"幻灯片"选项卡可显示每张幻灯片的缩略图，并能对幻灯片进行切换、移动、复制、新建和删除等操作；"大纲"选项卡可显示每张幻灯片的具体内容，并能对其中的文本进行编辑。

幻灯片编辑区：可以观看幻灯片的静态效果，在幻灯片上添加和编辑各种对象（如文本、图片、表格、图表、绘图对象、文本框、电影、声音、超链接和动画等）。

备注窗格：用于对当前幻灯片添加注释说明。

视图切换按钮：

（1）普通视图 ▣：普通视图是 PowerPoint 2010 默认的视图方式。该视图中可以同时显示"幻灯片/大纲窗格""幻灯片编辑区""备注窗格"3 个工作区域。

（2）幻灯片浏览视图 ▦：在幻灯片浏览视图下，可以同时看到演示文稿中的所有幻灯片，这些幻灯片是以缩略图显示的。可以很方便地对幻灯片进行编辑操作，如复制、删除、移动和插入幻灯片，但不能对幻灯片进行编辑修改。

（3）阅读视图 ▤：此视图模式下仅显示标题栏、阅读栏和状态栏，主要用于浏览每张幻灯片的内容。

（4）幻灯片放映 ▯：从当前幻灯片开始放映演示文稿。

步骤 3：创建一个空白演示文稿

启动 PowerPoint 2010 后，系统会自动创建一个文件名为"演示文稿 1"的空白演示文稿，其扩展名为".pptx"，空白演示文稿没有任何设计，为用户提供了最大的创作空间，如图 5-4 所示。

📖 技巧与提示

还可以通过以下方法创建演示文稿：

1）利用"样本模板"创建演示文稿

单击"文件"→"新建"命令，在右边的窗格中选择"样本模板"，选择其中的某一个模板（如"培训"），单击"创建"按钮。

2）利用"主题"创建演示文稿

单击"文件"→"新建"命令，在右边的窗格中选择"主题"，选择其中的某一个主题（如"暗香扑面"），单击"创建"按钮。

3）利用"Office.com"模板创建演示文稿

单击"文件"→"新建"命令，在右边窗格的"Office.com"模板中选择一种模板（如"专业型"），系统会自动在 Office.com 上搜索相关的模板，选择自己喜欢的模板，单击"下载"按钮，下载完成后即可创建新的演示文稿。

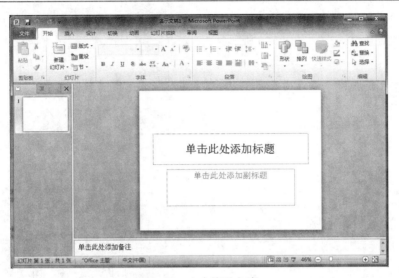

图 5-4　空白演示文稿

5.1.2　设计幻灯片

步骤 1：为演示文稿添加其他 5 张幻灯片

新建一个 PowerPoint 文件时，演示文稿中只有一张幻灯片，本案例一共有 6 张幻灯片，需要新建 5 张幻灯片。方法如下：

（1）在"幻灯片/大纲"窗格中的"幻灯片"选项卡中右击第 1 张幻灯片，在弹出的快捷菜单中选择"新建幻灯片"命令，即可完成第 2 张幻灯片的新建。

（2）依此类推，按照同样的方法添加其他 4 张幻灯片。

技巧与提示

还可以通过以下方法新建幻灯片：

（1）在"幻灯片/大纲"窗格中的"幻灯片"选项卡中选中第 1 张幻灯片，然后按【Enter】键，即可新建 1 张幻灯片。

（2）选中第 1 张幻灯片，单击"开始"→"幻灯片"→"新建幻灯片"按钮，即可在第 1 张幻灯片后面新建 1 张幻灯片。

（3）直接按【Ctrl+M】组合键，即可新建 1 张幻灯片。

步骤 2：设计幻灯片版式

"版式"用于确定幻灯片所包含的对象及各对象之间的位置关系。版式由占位符组成，占位符是指幻灯片上一种带有虚线或阴影线边缘的框，而不同的占位符可以放置不同的对象。

启动 PowerPoint 2010 时，第一张幻灯片的默认版式为"标题幻灯片"，而随后添加的幻灯片的默认版式为"标题和内容"，可以根据需要重新应用幻灯片版式，为幻灯片应用版式不仅可以使幻灯片内容更加美观和专业，而且便于对幻灯片进行编辑。

选中第 4 张幻灯片，单击"开始"→"幻灯片"→"版式"下拉按钮，在下拉列表中选择"两栏内容"选项，即可完成幻灯片版式的修改，如图 5-5 所示。

步骤 3：幻灯片的页面设置

可以对新建幻灯片的大小、方向进行设置。

单击"设计"→"页面设置"→"页面设置"按钮，弹出"页面设置"对话框，选择幻灯片方向为"横向"，选择幻灯片大小为"全屏显示(4:3)"，如图 5-6 所示。

图 5-5　设置"两栏内容"版式

图 5-6　"页面设置"对话框

步骤 4：设置幻灯片主题

PowerPoint 2010 提供了丰富的内置主题样式，用户可以根据需要选择使用不同的主题来美化演示文稿。主题为演示文稿提供设计完整的、专业的外观，包括项目符号、字体、字号、占位符的大小和位置、背景设计和填充、配色方案等，是统一修饰演示文稿外观的最快捷、最有力的方法。主题可以应用于所有的或选定的幻灯片，也可以在单个演示文稿中应用多种类型的主题。

下面将对本演示文稿的所有幻灯片设置"龙腾四海"主题，并更改主题颜色、效果。

（1）选中第 1 张幻灯片，单击"设计"→"主题"→"其他"下拉按钮，在下拉列表中选择"内置"→"龙腾四海"选项，如图 5-7 所示，然后右击相应主题，在弹出的快捷菜单中选择"应用于所有幻灯片"命令，如图 5-8 所示。

图 5-7　设置"龙腾四海"内置主题

图 5-8　将主题应用于所有幻灯片

（2）选中第一张幻灯片，单击"设计"→"主题"→"颜色"下拉按钮，在下拉列表中选择"凤舞九天"，可以看到所有幻灯片的颜色都发生了变化，如图 5-9 所示。

（3）选中第一张幻灯片，单击"设计"→"主题"→"效果"下拉按钮，在下拉列表中选择"跋涉"，对主题效果进行修改，如图 5-10 所示。

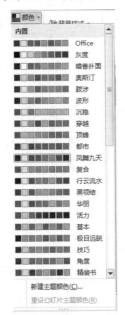

图 5-9　主题颜色列表

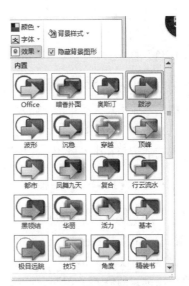

图 5-10　主题效果列表

技巧与提示

如果要取消添加的主题效果，可以在"所有主题"列表框的"内置"选项组中选择"Office 主题"。

如果只对选定的幻灯片应用主题，可以在所选主题上右击，在弹出的快捷菜单中选择"应用于选定的幻灯片"命令。

5.1.3　完善演示文稿内容

步骤 1：在幻灯片中添加文本

文字是幻灯片的基本元素，无论是基于何种主题的幻灯片，文字都是必不可少的，在 PowerPoint 中可以使用占位符、大纲视图和文本框输入文字。

（1）单击选中第 1 张幻灯片，在"标题占位符"中输入"全国职业院校 VR 技术与教学应用"，字体效果为隶书、36 号、加粗，在"副标题占位符"中输入"主办单位：北京培训中心"，字体效果为隶书、28 号、加粗。

（2）依次在第 2、3、4、5、6 张幻灯片标题占位符中输入对应的文字内容，设置标题为居中，字体效果为隶书、28 号、加粗。

（3）依次在第 2、3、4、5、6 张幻灯片内容占位符中输入相应的内容，字体效果为华文楷体、32 号，并适当调整占位符框的大小。

技巧与提示

如果要在占位符以外的位置输入文本，可以单击"插入"→"文本"→"文本框"下拉按钮，在下拉列表中选择"横排文本框"或"垂直文本框"选项，然后按住鼠标左键不放，在要插入文本框的位置拖动鼠标绘制出文本框，在绘制好的文本框中输入文本。

步骤 2：在幻灯片中插入图片

（1）选中第 3 张幻灯片，单击"插入"→"图像"→"图片"按钮，弹出"插入图片"对话框，选择要插入的图片文件"图 1.jpg"，单击"插入"按钮，调整图片的大小和位置，完成图片的插入。用同样的方法插入另外一张图片"图 2.jpg"。

（2）选中第 4 张幻灯片，单击"插入"→"图像"→"图片"按钮，弹出"插入图片"对话框中，选择要插入的图片文件"图 3.jpg"，单击"插入"按钮，完成图片的插入。

（3）选中插入的图片，单击"图片工具/格式"→"图片样式"→"其他"下拉按钮，在下拉列表中选择"棱台左透视，白色"样式。

步骤 3：在幻灯片中插入剪贴画

（1）选中第 5 张幻灯片，单击"插入"→"图像"→"剪贴画"按钮，打开"剪贴画"窗格，在"搜索文字"文本框中输入"人物"，单击"搜索"按钮，选择合适的剪贴画单击插入，并调整其大小和位置。

（2）用同样的方法在第 6 张幻灯片中插入剪贴画。

5.1.4 保存、打印演示文稿

步骤 1：命名和保存演示文稿

与计算机中的其他文件一样，为了以后使用，应该保存编辑好的演示文稿文件。PowerPoint 允许用户使用多种文件格式保存演示文稿，如 PDF、PowerPoint 放映等格式。

下面将前面创建的演示文稿进行保存。

单击"开始"→"保存"命令，在弹出的"另存为"对话框中选择保存位置，在"保存类型"下拉列表框中选择"PowerPoint 演示文稿(*.pptx)"选项，在"文件名"文本框中输入"VR 培训"，然后单击"保存"按钮，文件被命名保存。

步骤 2：打印演示文稿

演示文稿可以用"幻灯片""讲义""备注页""大纲视图"等多种形式打印。其中"讲义"就是将演示文稿的若干张幻灯片按照一定的组合方式打印在纸张上，这种形式的打印最节约纸张。

（1）单击"文件"→"打印"命令，在右侧界面中设置打印选项→"打印整个演示文稿"。设置效果如图 5-11 所示。

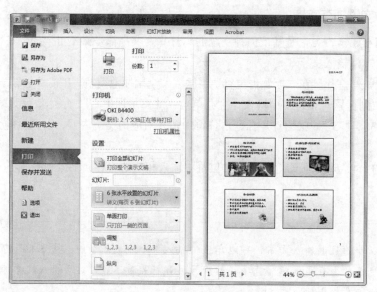

图 5-11 "打印"选项设置

（2）设置打印选项→"整页幻灯片"→"6 张水平放置的幻灯片"选项。

（3）单击"打印"按钮，开始打印。

步骤 3：关闭演示文稿

完成文件的编辑工作之后关闭文件。单击 PowerPoint 2010 窗口右上角的"关闭"按钮，即可关闭已保存的演示文稿，同时关闭 PowerPoint 2010。

任务拓展

任务：制作养老保险演示文稿

任务描述：养老保险为老年人提供了基本生活保障，使老年人老有所养。随着人口老龄化的到来，老年人口的比例越来越大，人数也越来越多，养老保险保障了老年劳动者的基本生活，等于保障了社会相当部分人口的基本生活。对于在职劳动者而言，参加养老保险，意味着对将来年老后的生活有了预期，免除了后顾之忧。制作养老保险演示文稿，要求图文并茂，清楚、明了地阐述相关的问题。养老保险演示文稿效果图如图 5-12 所示。

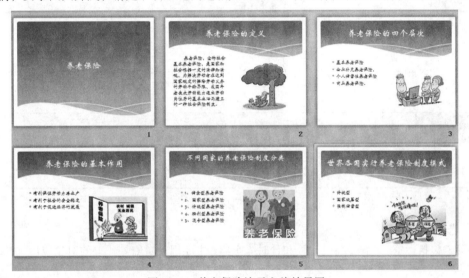

图 5-12   养老保险演示文稿效果图

知识链接

1. 认识 PowerPoint 2010 的选项卡

在 PowerPoint 2010 窗口上方看起来像菜单的名称其实是选项卡的名称，每个选项卡根据功能的不同又分为若干个组，各选项卡的功能如下所述：

1)"开始"选项卡

"开始"选项卡中包括剪贴板、幻灯片、字体、段落、绘图和编辑 6 个组，主要用于插入新幻灯片、将对象组合在一起以及设置幻灯片上的文本的格式，如图 5-13 所示。

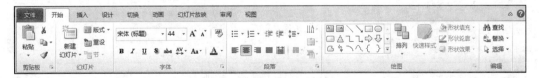

图 5-13   "开始"选项卡

2)"插入"选项卡

"插入"选项卡包括表格、图像、插图、链接、文本、符号和媒体 7 个组，主要用于将表、形状、图表、页眉和页脚插入到演示文稿中，如图 5-14 所示。

图 5-14 "插入"选项卡

3）"设计"选项卡

"设计"功选项卡包括页面设置、主题和背景 3 个组，主要用于自定义演示文稿的背景、主题设计和颜色或页面设置，如图 5-15 所示。

图 5-15 "设计"选项卡

4）"切换"选项卡

"切换"选项卡包括预览、切换到此幻灯片和计时 3 个组，主要用于对当前幻灯片应用、更改或删除切换，如图 5-16 所示。

图 5-16 "切换"选项卡

5）"动画"选项卡

"动画"选项卡包括预览、动画、高级动画和计时 4 个组，主要用于对幻灯片上的对象应用、更改或删除动画，如图 5-17 所示。

图 5-17 "动画"选项卡

6）"幻灯片放映"选项卡

"幻灯片放映"选项卡包括开始放映幻灯片、设置和监视器 3 个组，主要用于开始幻灯片放映、自定义幻灯片放映的设置和隐藏单个幻灯片，如图 5-18 所示。

图 5-18 "幻灯片放映"选项卡

7）"审阅"选项卡

"审阅"选项卡包括校对、语言、中文简繁转换、批注和比较 5 个组，主要可检查拼写、更改演示文稿中的语言或比较当前演示文稿与其他演示文稿的差异，如图 5-19 所示。

图 5-19　"审阅"选项卡

8）"视图"选项卡

"视图"选项卡包括演示文稿视图、母版视图、显示、显示比例、颜色/灰度、窗口和宏 7 个组，主要用于查看幻灯片母版、备注母版、幻灯片浏览。还可以打开或关闭标尺、网格线和绘图指导，如图 5-20 所示。

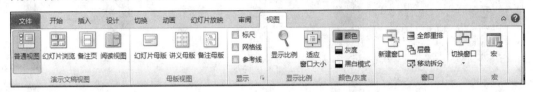

图 5-20　"视图"选项卡

2.　幻灯片的选择

在制作幻灯片的时候，经常需要在多张幻灯片之间选择，常见的选择幻灯片的方法如下：

（1）选择单张幻灯片：在"幻灯片/大纲"窗格的"幻灯片"选项卡或者"大纲"选项卡中单击需要选择的幻灯片缩略图或图标，即可选中该张幻灯片，此时幻灯片编辑区中将显示所选幻灯片内容。

（2）选择连续的多张幻灯片：在"幻灯片/大纲"窗格的"幻灯片"选项卡或者"大纲"选项卡中选择第 1 张幻灯片，然后按住【Shift】键不放并选择最后一张幻灯片，此时所选的两张幻灯片之间的所有幻灯片均被选中。

（3）选择不连续的多张幻灯片：在"幻灯片/大纲"窗格的"幻灯片"选项卡或者"大纲"选项卡中选择第 1 张幻灯片，然后按住【Ctrl】键不放，依次选择其他幻灯片即可。

（4）选择全部幻灯片：按【Ctrl+A】组合键可快速选中当前演示文稿中的所有幻灯片。

3.　幻灯片的移动和复制

在制作幻灯片的时候，经常需要复制和移动幻灯片，常见的移动和复制幻灯片的方法如下：

（1）通过鼠标拖动：在"幻灯片/大纲"窗格的"幻灯片"选项卡中的某张幻灯片缩略图上按住鼠标左键不放并拖动鼠标，此时会出现一条横线，当横线移动到需要的位置后松开鼠标，即可实现幻灯片的移动；若在拖动过程中按住【Ctrl】键不放，则可实现幻灯片的复制。在"幻灯片/大纲"窗格的"大纲"选项卡中选中幻灯片的文字部分即可用上述方法实现复制和移动。

（2）通过右键快捷菜单：右击"幻灯片/大纲"窗格的"幻灯片"选项卡或者"大纲"选项卡中的某张幻灯片，在弹出的快捷菜单中选择"剪切"（或"复制"）命令，在目标幻灯片上右击，在弹出的快捷菜单中选择"粘贴选项"→"使用目标主题"命令圖即可在目标幻灯片的下方实现幻灯片的移动或者复制。

（3）通过快捷键：选择幻灯片，按【Ctrl+X】或者【Ctrl+C】组合键，选择目标幻灯片，按【Ctrl+V】组合键即可实现幻灯片的移动或者复制。

4.　幻灯片的删除

在制作幻灯片的时候不需要的幻灯片可以将其删除，常见的删除幻灯片的方法如下：

（1）通过右键快捷菜单：在"幻灯片/大纲"窗格的"幻灯片"选项卡或者"大纲"选项卡中选中要删除的幻灯片，在弹出的快捷菜单中选择"删除幻灯片"命令即可。

（2）通过快捷键：在"幻灯片/大纲"窗格的"幻灯片"选项卡或者"大纲"选项卡中选中要删除的幻灯片，按【Delete】键即可删除。

5.2　任务2　制作教学课件

任务描述

随着社会的发展，创业逐渐成为在校大学生和毕业大学生的一种职业选择方式。李老师本学期要给在校大学生开设《大学生创业计划》这门选修课，他制作的教学课件部分内容如图 5-21 所示。

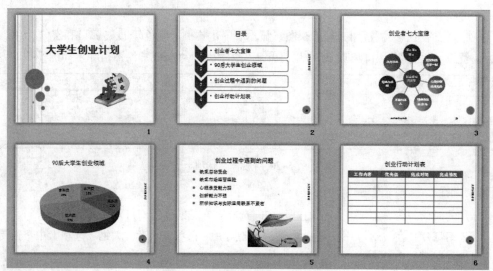

图 5-21　任务 2 教学课件效果图

任务分析

实现本任务首先要新建一个演示文稿，添加 6 张幻灯片，设置为幻灯片版式、主题，通过改变内置主题的颜色美化幻灯片，在幻灯片中输入相应的文字，插入备注内容、图片、SmartArt 图形、图表和表格，为幻灯片插入编号和页脚，要求阐述过程简明、清晰、生动，吸引学生的注意力。

任务分解

本任务可以分解为以下 5 个子任务。

子任务 1　编辑幻灯片

子任务 2　插入 SmartArt 图形

子任务 3　插入图表

子任务 4　插入表格

子任务 5　为幻灯片插入编号和页脚

任务实施

5.2.1　编辑幻灯片

步骤1：新建幻灯片

（1）启动 PowerPoint 2010，在演示文稿中新建 6 张幻灯片。

（2）单击"设计"→"主题"→"其他"下拉按钮，在下拉列表中选择"凸显"选项，所有幻灯片应用"凸显"主题，更改颜色为"波形"。

步骤 2：文本录入

（1）分别选中第 1、2、3、4、5、6 张幻灯片，输入相应的文字，并设置合适的字体、字号和对齐方式。

（2）选中第 5 张幻灯片，选中内容占位符中的文字，单击"开始"→"段落"→"对话框启动器"按钮，弹出"段落"对话框，选择"1.2 倍行距"，如图 5-22 所示。

图 5-22　设置行距

步骤 3：插入图片

（1）选中第 1 张幻灯片，插入图片"图 1.jpg"，将图片调整到合适的位置。

（2）选中第 2 张幻灯片，插入图片"图 2.jpg"，将图片调整到合适的位置。

步骤 4：插入备注内容

幻灯片备注就是用来对幻灯片中的内容进行解释、说明或补充的文字性材料，便于演讲者讲演或修改。

选中第 6 张幻灯片，单击备注窗格，输入备注内容："根据实际情况，制定切实可行的计划"。

5.2.2　插入 SmartArt 图形

SmartArt 图形是信息的一种视觉表示形式，PowerPoint 提供了多种不同布局的 SmartArt 图形，利用 SmartArt 图形可以快速、轻松、有效地传达信息。

步骤 1：插入垂直 V 形列表

（1）选中第 2 张幻灯片，单击"插入"→"插图"→"SmartArt 图形"按钮，弹出"选择 SmartArt 图形"对话框，如图 5-23 所示。

（2）单击左侧的"列表"选项，在右侧选择"垂直 V 形列表"选项，单击"确定"按钮，插入 SmartArt 图形，如图 5-24 所示。

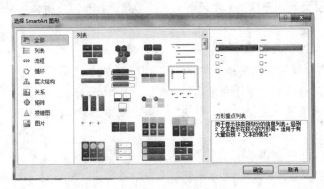

图 5-23　"选择 SmartArt 图形"对话框

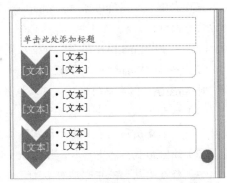

图 5-24　垂直 V 形列表

（3）根据内容添加形状。选中插入的 SmartArt 图形，单击"SmartArt 工具/设计"→"创建图形"→"添加形状"下拉按钮，在下拉列表中选择"在后面添加形状"选项，添加后文本窗格由原来的 3 个增加到 4 个，效果如图 5-25 所示。

（4）为 SmartArt 图形更改颜色。选中插入的 SmartArt 图形，单击"SmartArt 工具/设计"→"SmartArt 样式"→"更改颜色"下拉按钮，在下拉列表中选择"强调文字颜色 2"→"彩色填充-强调文字颜色 2"选项，为 SmartArt 图形修改颜色，如图 5-26 所示。

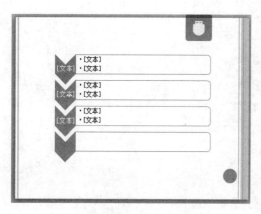

图 5-25　增加形状效果图

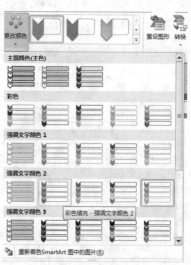

图 5-26　更改颜色

（5）选择样式效果。选中插入的 SmartArt 图形，单击"SmartArt 工具/设计"→"SmartArt 样式"→"其他"下拉按钮，在下拉列表中选择"文档的最佳匹配对象"→"强烈效果"选项，如图 5-27 所示。

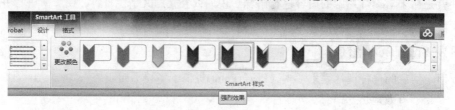

图 5-27　选择"强烈效果"样式

（6）选中插入的 SmartArt 图形，在"文本"处依次输入相应的文本。

技巧与提示

可以通过文本窗格输入和编辑在 SmartArt 图形中显示的文字。文本窗格显示在 SmartArt 图形的左侧。在文本窗格中添加和编辑内容时，SmartArt 图形会自动更新，即根据需要添加和删除形状。打开和关闭文本窗格的方法有两种：

（1）单击"SmartArt 图形"外框左侧的"扩展/收缩"按钮 。

（2）单击"SmartArt 工具/设计"→"创建图形"→"文本窗格"按钮，可以打开和关闭文本窗格。

对 SmartArt 图形中的形状，可以根据需要随时进行增加、删除和修改。

（1）增加形状：选中形状并右击，在弹出的快捷菜单中选择"添加形状"命令，或单击"SmartArt 工具/设计"→"创建图形"→"添加形状"按钮。

（2）删除形状：选中形状，按【Delete】键。

（3）修改形状：选中形状并右击，在弹出的快捷菜单中选择"更改形状"命令，或单击"SmartArt 工具/格式"→"形状"→"更改形状"按钮。

步骤 2：插入基本射线

（1）选中第 3 张幻灯片，单击"插入"→"插图"→"SmartArt 图形"按钮，弹出"选择 SmartArt 图形"对话框，选择左侧的"循环"选项，在右侧选择"基本射线图"选项，单击"确定"按钮。

（2）选中插入的 SmartArt 图形，单击"SmartArt 工具/设计"→"创建图形"→"添加形状"下拉按钮，在下拉列表中选择"在后面添加形状"选项，添加 3 个形状。

（3）选中插入的 SmartArt 图形，单击"SmartArt 工具/设计"→"SmartArt 样式"→"更改颜色"下拉按钮，在下拉列表中选择"彩色"→"彩色-强调文字颜色"选项。

（4）选中插入的 SmartArt 图形，单击"SmartArt 工具/设计"→"SmartArt 样式"→"其他"下拉按钮，在下拉列表中选择"文档最佳匹配对象"→"强烈效果"选项。

（5）选中插入的 SmartArt 图形，在"文本"处依次输入相应的文本，如图 5-28 所示。

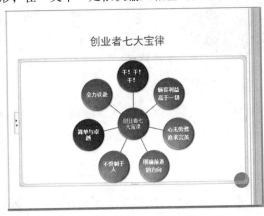

图 5-28　基本射线图

5.2.3　插入图表

在幻灯片中插入图表可以使幻灯片的视觉效果更加清晰。PowerPoint 附带了 Microsoft Graph 图表生成器，制作图表的过程类似于 Excel。

步骤：插入图表

（1）选中第 5 张幻灯片，单击内容占位符中的插入图表按钮，如图 5-29 所示。

（2）在弹出的"插入图表"对话框中选择"饼图"→"三维饼图"选项，单击"确定"按钮，如图 5-30 所示。

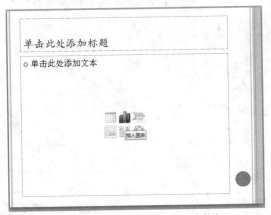

图 5-29　文本框中的插入图表按钮

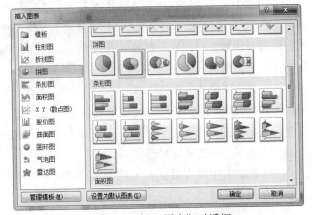

图 5-30　"插入图表"对话框

（3）在工作表中输入数据。图表数据如下：

生产类：16%　　服务类：22%　　营销类：29%　　技术类：33%

（4）选中插入的图表，单击"图表工具/设计"→"图表布局"→"快速布局"下拉按钮，在下拉列表中选择"布局 1"选项。

（5）根据输入的数据，系统会自动插入图表，如图 5-31 所示。

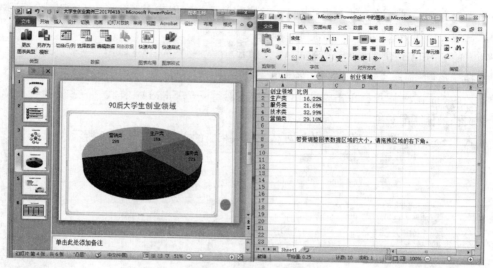

图 5-31　图表随着数据同步变化

技巧与提示

如果要修改 PowerPoint 中图表的数据，可单击"图表工具/设计"→"数据"→"编辑数据"按钮，进入 Excel 编辑状态。

制作含有图表的幻灯片通常有以下几种方法：

（1）新建幻灯片时，根据需要选定带有"内容占位符"的版式。

（2）单击"插入"→"插图"→"图表"按钮，在已有的幻灯片中插入图表。

（3）在 Excel 中制作好图表，然后复制、粘贴到幻灯片中。

5.2.4　插入表格

步骤：插入表格

（1）选中第 6 张幻灯片，单击"插入"→"表格"→"表格"下拉按钮，在下拉列表中选择"插入表格"选项，弹出"插入表格"对话框，分别输入列数 4 和行数 9，单击"确定"按钮，完成表格的插入。

（2）选中刚插入的表格，单击"表格工具/设计"→"表格样式"→"其他"下拉按钮，在下拉列表中选择"淡"→"浅色样式 2-强调 2"选项，在"表格工具/设计"→"表格样式选项"组中选中"镶边列"复选框。

（3）在表格中输入相应的文本内容，如图 5-32 所示。完成后保存演示文稿

图 5-32　插入表格

技巧与提示

制作含有表格的幻灯片通常有以下几种方法：

（1）新建幻灯片时，根据需要选定带有"内容占位符"的版式。

（2）单击"插入"→"表格"→"表格"下拉按钮，在下拉列表中选择"插入表格"选项。

（3）使用其他程序（如 Word、Excel 等）制作表格，然后复制、粘贴到幻灯片中。

5.2.5　为幻灯片插入编号和页脚

步骤 1：插入幻灯片编号和页脚

选中第 1 张幻灯片，单击"插入"→"文本"→"页眉和页脚"按钮，弹出"页眉和页脚"对话框，选中"幻灯片编号"和"页脚"复选框，在"页脚"文本框中输入文字"大学生创业培训"，如图 5-33 所示。

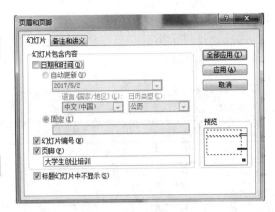

图 5-33　页眉页脚对话框

步骤 2：保存演示文稿

单击"文件"→"另存为"命令，将演示文稿命名为"大学生创业计划"，单击"保存"按钮。

技巧与提示

"页眉和页脚"对话框中各选项的含义如下：

（1）如果选择"自动更新"单选按钮，则幻灯片中的日期与系统时钟的日期一致；如果选择"固定"单选按钮，并输入日期，则幻灯片中显示的是用户自己输入的日期。

（2）如果选中"幻灯片编号"复选框，可以对幻灯片进行编号，当删除或增加幻灯片时，编号会自动更新。

（3）如果选中"标题幻灯片中不显示"复选框，则幻灯片版式为"标题"的幻灯片中，不会添加页眉和页脚。

任务拓展

任务：制作"信息工作者的一天"演示文稿

任务描述：人类社会已经进入信息时代，信息越来越受到人们的关注。信息工作者指在工作中涉及创建、收集、处理、分发和使用信息的人，现委托你将信息工作者的一天以演示文稿的形式展示出来，效果如图 5-34 所示。

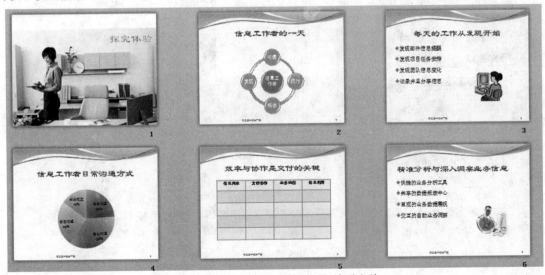

图 5-34　"信息工作者的一天"演示文稿

知识链接

SmartArt 图形

SmartArt 图形是信息的可视表示形式，Office 内置了多种不同的布局，可以从中选择适合的，从而快速轻松地创建所需的各种形状和结构。Excel、Outlook、PowerPoint 和 Word 中都可以创建 SmartArt 图形。

SmartArt 图形类型包括"列表""流程""循环""层次结构""关系""矩阵""棱锥图""图片",每种图形对应的用途如表 5-1 所示。

表 5-1　SmartArt 图形类型

图形类型	图形的用途	图形类型	图形的用途
列表	显示无序信息	关系	图示连接
流程	在流程或日程表中显示步骤	矩阵	显示各部分如何与整体关联
循环	显示连续的流程	棱锥图	显示与顶部或底部最大部分的比例关系
层次结构	创建组织结构图	图片	绘制带图片的族谱

每种类型的 SmartArt 图形包含几个不同的布局。选择了一个布局之后,可以很容易地切换 SmartArt 图形的布局或类型。新布局中将自动保留大部分文字和其他内容以及颜色、样式、效果和文本格式。同时 SmartArt 图形可以根据需要添加或删除形状来调整布局结构。

5.3　任务 3　制作公司简介演示文稿

任务描述

大风集团是一家领先的消费电器、暖通空调、机器人及工业自动化系统的科技企业集团,提供多元化的产品和服务,包括厨房家电、冰箱、洗衣机及各类小家电的消费电器业务。大风坚守"为客户创造价值"的原则,致力创造美好生活。现委托你制作公司宣传演示文稿,效果如图 5-35 所示。

图 5-35　任务 3　公司简介演示文稿

任务分析

实现本任务首先要创建一个新的演示文稿,添加 6 张幻灯片,然后为幻灯片选择合适的版式、主题,通过一定的设置美化主题,设置幻灯片背景,插入艺术字、公司的 Logo、超链接,最后为幻灯片添加动画效果。

任务分解

本任务可以分解为以下 5 个子任务。

子任务 1：设置幻灯片背景

子任务 2：插入艺术字

子任务 3：应用母版

子任务 4：设置超链接和动作

子任务 5：设置动画效果

任务实施

5.3.1　设置幻灯片背景

步骤 1：编辑幻灯片

（1）启动 PowerPoint 2010，在演示文稿中新建 6 张幻灯片。

（2）设置第 1 张幻灯片的版式为"空白"，第 3 张幻灯片的版式为"两栏内容"，其他幻灯片的版式为"标题和内容"。

（3）为所有幻灯片应用"图钉"主题选项，更改主题颜色为"奥斯汀"。

（4）分别在第 2、3、4、5 幻灯片中输入标题文本和内容文本。

（5）选中第 3 张幻灯片，插入图片"图 1.jpg"文件。

（6）选中第 4 张幻灯片，插入 SmartArt 图形"流程"→"向上箭头"，根据内容添加形状，SmartArt 样式为"文档最佳匹配对象"→"简单填充"，形式样式为"强烈效果-绿色，强调颜色 1"，更改颜色为"强调文字颜色 6"→"透明渐变范围-强调文字颜色 6"，在"文本"处输入相应的内容。

（7）选中第 5 张幻灯片，插入 SmartArt 图形"列表 6"→"水平项目符号列表"，在"文本"处输入相应的内容。

（8）选中第 6 张幻灯片，插入 SmartArt 图形"关系"→"齿轮"，在"文本"处输入相应的内容。

步骤 2：设置幻灯片背景

（1）选中第 1 张幻灯片，单击"设计"→"背景"→"背景样式"下拉按钮，在下拉列表中选择"设置背景格式"选项，弹出"设置背景格式"对话框，如图 5-36 所示。

（2）单击"填充"→"图片或纹理填充"→"文件"按钮，弹出"插入图片"对话框，找到"图 2.jpg"文件，单击"插入"按钮，返回到"设置背景格式"对话框，单击"关闭"按钮。

（3）在"设计"选项卡"背景"组中选中"隐藏背景图形"复选框，完成幻灯片的背景设置。

图 5-36　设置背景格式

技巧与提示

如果在"设置背景格式"对话框中单击"全部应用"按钮，则所有幻灯片都应用此背景，单击"重置背景"按钮则取消刚刚设置的幻灯片背景。

5.3.2 插入艺术字

（1）选中第 1 张幻灯片，单击"插入"→"文本"→"艺术字"下拉按钮，在下拉列表中选择"渐变填充-绿色，强调文字颜色 1"选项，输入文字"大风集团"，如图 5-37 所示。

（2）单击"绘图工具/格式"→"艺术字样式"→"文本填充"下拉按钮，在下拉列表中选择"标准色"→"蓝色"选项，设置艺术字的样式，如图 5-38 所示。

（3）选中插入的艺术字，单击"绘图工具/格式"→"艺术字样式"→"文本效果"下拉按钮，在下拉列表中选择"转换"→"跟随路径"→"上弯弧"选项，设置艺术字的样式，如图 5-39 所示。调整艺术字到幻灯片合适的位置。

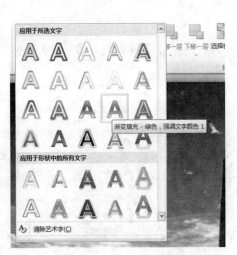
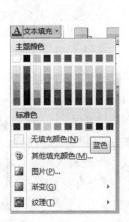
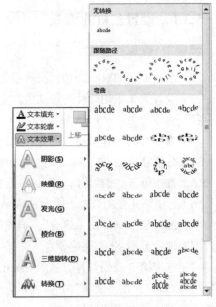

图 5-37　设置艺术字样式　　　　图 5-38　设置艺术字文本填充　　　　图 5-39　设置艺术字文本效果

5.3.3 应用母版

幻灯片主题是由系统设计好的外观，如果读者想按自己的想法统一改变整个演示文稿的外观风格，则需要使用母版。幻灯片母版是一张特殊的幻灯片，它存储了演示文稿的主题、幻灯片版式和格式等信息，更改幻灯片母版，就会影响基于该幻灯片创建的所有幻灯片。

（1）单击"视图"→"母版视图"→"幻灯片母版"按钮，进入幻灯片母版的编辑状态，如图 5-40 所示。

（2）在幻灯片母版编辑窗口的左侧有应用了不同版式的多张母版，选中"标题和内容"版式母版，单击"插入"→"图像"→"图片"按钮，弹出"插入图片"对话框，找到 Logo.jpg 文件，单击"插入"按钮，将图片拖动到幻灯片母版的右上角，如图 5-41 所示。

图 5-40　母版视图

（1）在母版编辑窗口中选择"标题和内容"版式母版，单击标题占位符边框选中它，然后在"开始"选项卡"字体"组中设置标题字体为"黑体"，字号为"44"。

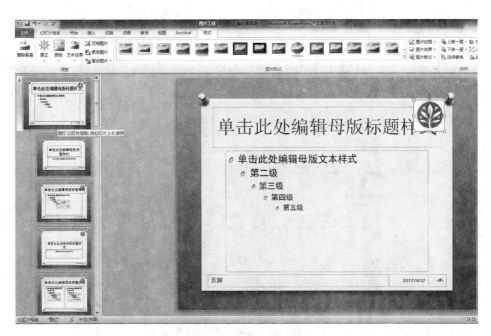

图 5-41　编辑幻灯片母版

（2）单击"幻灯片母版"→"关闭"→"关闭母版视图"按钮，退出母版编辑模式，可以看到 2～6 张幻灯片都出现了公司 Logo，标题字体也发生了改变，如图 5-42 所示。

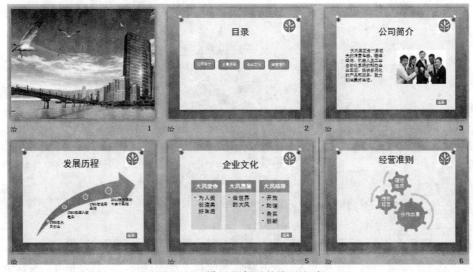

图 5-42　设置母版后的演示文稿

5.3.4　设置超链接和动作

在 PowerPoint 中插入超链接，可以实现幻灯片的轻松跳转，超链接可以链接到幻灯片、文件、网页或电子邮件地址等。超链接本身可能是文本或对象，如图片、图形或艺术字等。

步骤 1：设置链接目录

（1）选中第 2 张幻灯片，单击"插入"→"插图"→"形状"下拉按钮，在下拉列表中选择"矩形"→"圆角矩形"选项，如图 5-43 所示，拖动鼠标在幻灯片中绘制，并设置其大小：高 1.6 厘米，宽 3.6 厘米。

图 5-43　形状下拉列表

（2）选中该圆角矩形，单击"绘图工具/格式"→"形状样式"→"其他"下拉按钮，在下拉列表中选择"强烈效果–绿色，强调颜色1"。

（3）将绘制的图形复制3次，依次在每个图形中输入文字。按住【Shift】键选中插入的4个图形，单击"绘图工具/格式"→"排列"→"对齐"下拉按钮，选择"纵向分布"和"横向分布"，进行目录形状的位置调整。如图5-44所示。

图5-44 插入形状后的幻灯片

（4）选中"公司简介"，单击"插入"→"链接"→"超链接"按钮，弹出"插入超链接"对话框，单击"本文档中的位置"，选择幻灯片标题为"公司简介"的幻灯片。此时，在"幻灯片预览"区中显示所选幻灯片的缩略图，单击"确定"按钮，如图5-45所示。

图5-45 "插入超链接"对话框

（5）用相同的方法为第2张幻灯片的其他文本创建超链接。

> **技巧与提示**
>
> 　编辑超链接：选中已创建好的超链接并右击，在弹出的快捷菜单中选择"编辑超链接"命令，弹出"编辑超链接"对话框，在其中可以实现超链接的更改和删除。

步骤2：为3、4、5张幻灯片添加"返回"按钮

（1）选中第3张幻灯片，单击"插入"→"插图"→"形状"下拉按钮，在下拉列表底部的"动作按钮"选项组中提供了多种动作按钮，将光标在按钮上停留片刻，便会有相应的文字说明出现，便于用户了解每个按钮的含义，如图5-46所示。

图5-46 动作按钮选项

（2）单击"动作按钮"→"动作按钮：自定义"按钮，此时鼠标指针变为十字形状，在幻灯片的右侧部位按住鼠标左键绘制一个按钮形状，随即弹出"动作设置"对话框，选中"超链接到"单选按钮，在下拉列表中选择"幻灯片..."选项，如图 5-47 所示。

（3）在弹出的"超链接到幻灯片"对话框中选择第 2 张幻灯片"目录"，如图 5-48 所示，单击"确定"按钮。

（4）右击动作按钮，在弹出的快捷菜单中选择"编辑文本"命令，输入"返回"，调整按钮的大小和位置。

（5）按照相同的方法为其他幻灯片添加"返回"按钮。

图 5-47　"动作设置"对话框

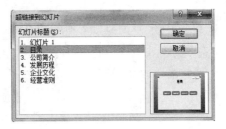

图 5-48　"超链接到幻灯片"对话框

5.3.5　设置动画效果

在 PowerPoint 中不仅可以为文本、图片、SmartArt 图形、图表等多种对象设置动画，还可以对其动画的开始方式、运行方式、播放速度、声音效果、放映顺序等进行细节的设置，从而为用户提供了更大的想象空间，便于制作出丰富多彩的演示文稿。

步骤 1：为第 1 张幻灯片的艺术字设置动画效果

选中第 1 张幻灯片中的艺术字，单击"动画"→"动画"→"其他"下拉按钮，在下拉列表中选择"进入"→"翻转式由远及近"选项，为艺术字设置动画效果，如图 5-49 所示。可以通过单击"动画"→"预览"→"预览"按钮查看设置的动画效果

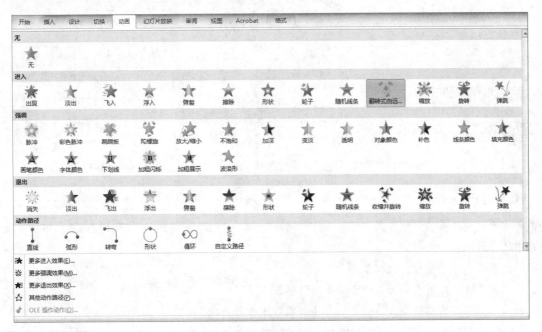

图 5-49　动画效果下拉列表

技巧与提示

在"动画效果"下拉列表中共包含4类动画预置效果：进入、强调、退出、动作路径。前3类动画效果又分为基本型、温和型、华丽型，"动作路径"动画效果分为基本、直线和曲线、特殊3种细分类型。

如果要使幻灯片中文本或对象以某种效果进入幻灯片，可以选择"进入"动画效果。

如果要使对象幻灯片中文本或对象在放映中起到强调作用，可以选择"强调"动画效果。

如果要使文本或对象在某一时刻离开幻灯片，可以选择"退出"动画效果。

如果要使文本或对象按照指定的路径移动，可以选择"动作路径"动画效果。

步骤2：为第2张幻灯片设置动画效果

（1）选中第2张幻灯片的标题占位符，单击"动画"→"动画"→"其他"下拉按钮，在下拉列表中选择"进入"→"飞入"选项，再选择"动画效果"→"方向"→"自左侧"选项，设置标题的动画效果，如图5-50所示。

（2）选中"公司简介"形状，单击"动画"→"动画"→"其他"下拉按钮，在下拉列表中选择"更多进入效果"选项，弹出"更改进入效果"对话框，选择"温和型"→"基本缩放"选项，如图5-51所示

（3）单击"动画"→"计时"→"开始"下拉按钮，在下拉列表中选择"单击时"选项，"持续时间"设置为1秒，如图5-52所示。

图5-50 动画效果选项下拉列表

图5-51 "更改进入效果"对话框

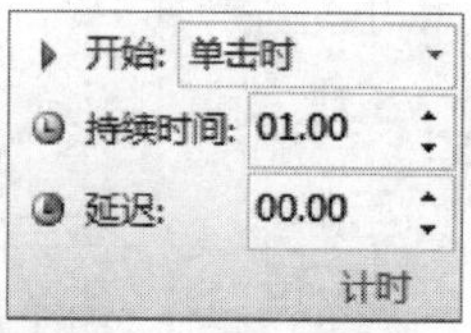

图5-52 "计时"组

（4）用上述方法为"发展历程""企业文化""经营准则"3个形状设置相同的动画效果。

技巧与提示

如果要更改动画效果的开始方式，可以单击"动画"→"计时"→"开始"下拉按钮，在下拉列表中选择以下方式中的一种：

单击时：单击鼠标才开始播放动画。

与上一动画同时：当前动画与上一个动画同时播放。

上一动画之后：当前动画要在前一个动画播放之后才开始播放。

步骤 3：利用动画刷复制动画效果

PowerPoint 2010 提供了动画刷工具，它可以将幻灯片中源对象的动画照搬到目标对象上面，如图 5-53 所示。但是动画刷不能复制动画顺序，单击动画刷只能复制一次，双击可以复制多次，如果要取消动画刷，可以按【Esc】键。

图 5-53　高级动画选项

（1）选中第 2 张幻灯片的标题占位符，单击"动画"→"高级动画"→"动画刷"按钮，此时指针变为刷子形状。

（2）选中第 3 张幻灯片，单击标题占位符，第 3 张幻灯片的标题便具有和第 2 张幻灯片标题相同的动画效果。

（3）依此类推，为第 4、5、6 张幻灯片的标题添加相同的动画效果。

步骤 4：为图片设置动画效果

（1）选中第 3 张幻灯片的图片，单击"动画"→"动画"→"其他"下拉按钮，在下拉列表中选择"进入"→"劈裂"选项。

（2）单击"动画"→"高级动画"→"动画窗格"按钮，弹出"动画窗格"窗格，右击图片动画编号，在弹出的快捷菜单中选择"效果选项"命令，如图 5-54 所示。

（3）在弹出的"劈裂"对话框中选择"效果"选项卡，在"声音"下拉列表框中选择"风铃"选项，如图 5-55所示。

图 5-54　动画窗格　　　　　　　　　　图 5-55　"劈裂"对话框

（4）按照上述方法为演示文稿的其他幻灯片添加喜欢的动画效果。

步骤 5：保存演示文稿

单击"文件"→"另存为"命令，将演示文稿命名为"大风集团简介"，单击"保存"按钮。

技巧与提示

单击"动画"→"高级动画"→"动画窗格"按钮，打开"动画窗格"，利用"动画窗格"可以方便地预览动画效果、调整动画顺序、设置动画的效果选项等。

在"动画窗格"中单击"播放"按钮，可以预览当前幻灯片中的动画效果。

单击▲或▼按钮，可以将选中对象的动画播放顺序向上或向下移动。

单击对象右侧的下拉按钮▼，在下拉列表中可以方便地设置动画效果选项、开始方式等。

如果要删除选定对象的动画，可以单击"动画"→"动画"→"无"按钮。

任务拓展

任务：制作调查报告演示文稿

任务描述：学生创业吸引着大量学生的眼光并逐渐被社会所承认和接受，同时也肩负着提高大学生毕业就业率的历史使命。在这一背景下，调查小组做了"大学生创业"相关实践调查，并制作了相关的汇报演示文稿。效果如图 5-56 所示。

图 5-56　调查报告演示文稿效果图

知识链接

母版

在 PowerPoint 中有 3 种母版：幻灯片母版、讲义母版和备注母版。这些母版可以用来制作统一的标志和背景内容，设置标题和主要文字的格式等，即母版可以为所有的幻灯片设置默认的版式和格式。

（1）幻灯片母版：幻灯片母版用于存储有关演示文稿的主题和幻灯片版式的信息，包括背景、颜色、字体、效果、占位符大小和位置。更改幻灯片母版，就会影响基于该幻灯片创建的所有幻灯片，无须在多张幻灯片上输入相同的内容，提高了工作效率。使用幻灯片母版可以像更改任何一张幻灯片一样，进行更改字体或项目符号、插入要显示在多张幻灯片上的艺术图片等操作。

（2）讲义母版：讲义母版是在母版中显示讲义的安排位置的母版，其页面四周是页眉区、日期区、页脚区和数字区，中间显示讲义的页面布局。通过讲义母版可以对讲义的页面、占位符、主题、背景进行设置。

（3）备注母版：要使用户添加的备注应用于演示文稿中所有的备注页，可以更改备注母版。例如要在所有的备注页上放置公司 Logo 或其他艺术图案，可以将其添加到备注母版中来。如果想要更改备注所使用的字形，也可以在备注母版中更改。另外，用户还可以更改幻灯片区域、备注区域、页眉、页脚、页码以及日期的外观和位置。

5.4　任务4　制作调查报告演示文稿

任务描述

为了在毕业后能够更好地适应社会，很多在校大学生选择了从事兼职工作，一方面缓解了家庭的经济压力，更重要的是在一定程度上接触了社会，获取了一些工作经验，提高了自己的综合实力。大学生兼职已是大学校园里的一种普遍现象，调查小组做了"大学生兼职"实践调查，并要求在大会上自动播放。效果如图 5-57 所示。

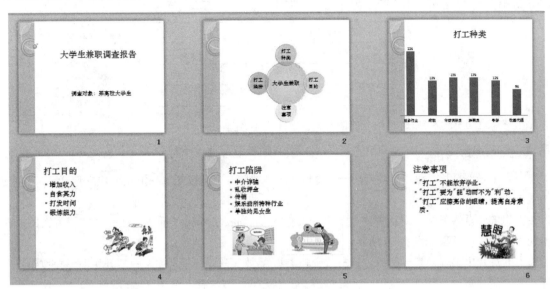

图 5-57　任务 4 大学生兼职演示文稿

任务分析

实现本任务首先要创建一个新的演示文稿，添加 6 张幻灯片，然后为幻灯片选择合适的版式、主题，通过一定的设置美化主题，插入图片、SmartArt 图形，在整个演示文稿中插入背景音乐，为幻灯片设置切换效果和放映方式。

任务分解

本任务可以分解为以下 3 个子任务。

子任务 1：插入背景音乐
子任务 2：设置幻灯片切换效果
子任务 3：设置幻灯片放映方式

任务实施

5.4.1　插入背景音乐

为了使制作的演示文稿从听觉、视觉上都能带给观众惊喜，PowerPoint 提供了插入声音和影片的功能，用户可以在演示文稿中添加各种声音文件，使其变得有声有色，更具有感染力。在幻灯片中可以插入计算机中存放的声音文件、剪辑管理器自带的声音和录制的声音。

> **步骤 1：新建、编辑幻灯片**

（1）启动 PowerPoint 2010，在演示文稿中新建 6 张幻灯片。
（2）为所有幻灯片应用"夏至"主题选项，更改主题颜色为"波形"。
（3）分别在第 1、3、4、5 张幻灯片中输入标题文本和内容文本。
（4）选中第 2 张幻灯片，插入 SmartArt 图形"循环"→"射线维恩图"，SmartArt 样式为"三维"→"嵌入"，在"文本"处输入相应的内容。
（5）选中第 3 张幻灯片，插入图表"簇状柱形图"，图表数据如下：

服务行业	22%
家教	12%
市场调研员	13%
推销员	13%
导游	12%
校园代理	9%

（6）为第4、5、6张幻灯片插入相应的图片。

步骤2：插入声音文件

（1）选中第1张幻灯片，单击"插入"→"媒体"→"音频"下拉按钮，在下拉列表中选择"文件中的音频"选项，如图5-58所示。

（2）在弹出的"插入音频"对话框中找到声音文件 music.mp3，单击"插入"按钮，完成音频的插入，幻灯片中会出现声音图标，效果如图5-59所示。

（3）选中幻灯片中出现的声音图标，单击"音频工具/播放"→"音频选项"→"开始"下拉按钮，在下拉列表中选择"跨幻灯片播放"选项，选中"循环播放，直到停止"复选框，如图5-60所示。

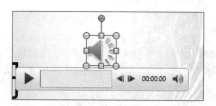

图5-58 "音频"下拉列表　　　图5-59 声音图标　　　图5-60 "音频选项"组

技巧与提示

为了使音频文件达到更加理想的效果，还可以对播放选项进行设置，比如调整播放的音量，放映时隐藏图标等。

"音频工具/播放"选项卡中主要按钮的功能如下：

"播放"按钮：单击此按钮可试听音乐效果。

"音量"按钮：单击此下拉按钮，在下拉列表中可设置音量的低、中、高或静音模式。

"放映后隐藏"复选框：选中该复选框，将隐藏该声音图标。

"循环播放，直到停止"复选框：选中该复选框，将重复播放该声音文件，直到幻灯片停止。

5.4.2　设置幻灯片切换效果

幻灯片切换效果是指在幻灯片放映过程中，播放完的幻灯片如何消失，下一张幻灯片如何显示，也就是两张连续的幻灯片之间的过渡效果。PowerPoint 可以在幻灯片之间设置切换效果，从而使幻灯片放映效果更加生动有趣。

步骤1：为第1张幻灯片设置切换方式

（1）选中第1张幻灯片，单击"切换"→"切换到此幻灯片"→"其他"下拉按钮，在下拉列表中选择"华丽型"→"时钟"选项，如图5-61所示。

（2）单击"切换"→"切换到此幻灯片"→"效果选项"下拉按钮，在下拉列表中选择"楔入"选项，如

图 5-62 所示。

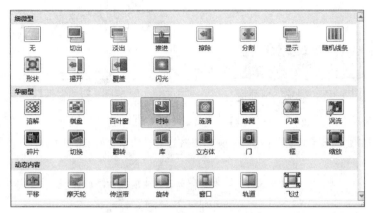

图 5-61   切换效果下拉列表

图 5-62   效果选项

（3）单击"切换"→"计时"→"声音"下拉按钮，在下拉列表中选择"风铃"选项，并设置切换的持续时间，如图 5-63 所示。

图 5-63   计时

步骤 2：为其他幻灯片设置切换方式

（1）按照相同的方法，为第 2 张幻灯片设置"摩天轮"、第 3 张幻灯片设置"百叶窗"、第 4 张幻灯片设置"随机线条"、第 5 张幻灯片设置"旋转"、第 6 张幻灯片设置"棋盘"切换方式。

（2）单击"切换"→"预览"→"预览"按钮，可以在幻灯片窗格中看到幻灯片的切换效果，如果不满意，可以随时修改。

技巧与提示

如果要为演示文稿中的所有幻灯片设置相同的切换效果，可以先任意设置一张幻灯片的切换动画，然后单击"切换"→"计时"→"全部应用"按钮。

换片方式分为手动换片和自动换片两种。如果在"计时"组中选中"单击鼠标时"复选框，则在幻灯片放映过程中，不论这张幻灯片放映了多长时间，只有单击时才换到下一页；如果选中"设置自动换片时间"复选框，并输入具体的秒数，如输入 3 秒，那么在幻灯片放映时，每隔 3 秒就会自动切换到下一页。

5.4.3   设置幻灯片放映方式

制作完演示文稿，其最终目的是放映幻灯片。在默认情况下，PowerPoint 2010 会按照预设的演讲者放映方式来放映幻灯片，放映过程需要人工控制。在 PowerPoint 2010 还有两种放映方式，一是观众自行浏览，二是展台浏览。

步骤 1：设置自动循环播放幻灯片

在一些特殊场合下，如展览会场或无人值守的会议上，播放演示文稿不需要人工干预，而是自动运行。实现自动循环放映幻灯片，需要先为演示文稿设置放映排练时间，然后再设置演示文稿的放映方式。操作如下：

（1）单击"幻灯片放映"→"设置"→"排练时间"按钮，系统会自动从第 1 张幻灯片开始放映，如图 5-64 所示。此时在幻灯片左上角会出现"录制"对话框，如图 5-65 所示。

（2）可以通过按【Enter】键或单击鼠标来控制每张幻灯片的放映速度。

（3）当放映完最后一张幻灯片时，按【Esc】键，弹出图 5-66 所示的对话框，给出放映演示文稿的总时间，单击"是"按钮，此时在幻灯片浏览视图下，可以看到每张幻灯片的左下方均显示放映该幻灯片所需要的时间。

图 5-64 幻灯片放映选项卡　　　图 5-65 "录制"对话框　　　图 5-66 提示对话框

（4）设置演示文稿的放映方式。单击"幻灯片放映"→"设置"→"设置幻灯片放映"按钮，弹出"设置放映方式"对话框，选择"放映类型"为"在展台浏览（全屏幕）"，"换片方式"为"如果存在排练时间，则使用它"，如图 5-67 所示，单击"确定"按钮。

步骤 2：放映幻灯片

使用下列方法之一，观看演示文稿的放映效果。

（1）单击"幻灯片放映"→"开始放映幻灯片"→"从头开始"按钮，从第一张幻灯片开始放映，如图 5-68 所示。

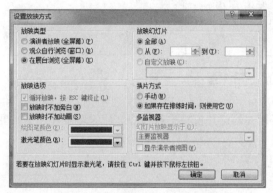

图 5-67 "设置放映方式"对话框　　　图 5-68 "开始放映幻灯片"组

（2）按【F5】键，从第 1 张幻灯片开始放映。

（3）单击窗口下方的"幻灯片放映"按钮，则从当前幻灯片开始放映。

步骤 3：结束放映过程

（1）在幻灯片的任意位置右击，在弹出的快捷菜单中选择"结束放映"命令。

（2）按【Esc】键。

步骤 4：保存演示文稿

单击"文件"→"另存为"命令，将演示文稿命名为"大学生兼职调查"，单击"保存"按钮。

任务拓展

任务：制作电子相册

任务描述：学院摄影社团在今年的摄影比赛结束后，为了能将优秀作品在社团活动中进行展示，希望可以借助 PowerPoint 制作出精美的电子相册，现将这项工作交给你，效果如图 5-69 所示。提示：完成制作相册演示文稿的任务，可以借助于 PowerPoint 中的"新建相册"功能，在制作过程中，可以加入背景音乐、设置切换效果、增加动画设置、插入超链接等突出主题，增加感染力。设置放映方式为"展台浏览"，利用"排练计时"自动循环播放。

图 5-69　电子相册效果图

知识链接

1. 幻灯片的放映类型

（1）演讲者放映：运行全屏幕显示的演示文稿，通常由演讲者自己控制放映过程。

（2）观众自行浏览：在窗口中放映幻灯片，观众可以通过"上一张"按钮 或"下一张"按钮 自行浏览幻灯片。

（3）在展台浏览：这是一种自动运行全屏幕放映的方式。

2. 控制幻灯片的放映

（1）在放映过程中右击幻灯片，在弹出的快捷菜单中选择"定位至幻灯片"命令可以随时定位到所放映的幻灯片，如图 5-70 所示。

（2）在右键快捷菜单中选择"指针"命令，可以将鼠标指针变成各种笔，在所放映的幻灯片上书写，用于突出关键点。写完后，选择"橡皮擦"或"擦除幻灯片上的所有墨迹"命令（见图 5-71），可擦除所写内容。

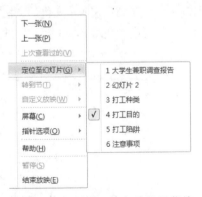

图 5-70　"定位至幻灯片"子菜单

图 5-71　"指针选项"子菜单

3. 隐藏幻灯片

用户可以根据播放演示文稿的环境来选择放映方式。如果在演讲时，由于时间或其他原因，需要临时减少演讲内容，又不想删除幻灯片，可以将不需要的幻灯片隐藏起来。操作如下：

选中需要隐藏的幻灯片，单击"幻灯片放映"→"设置"→"隐藏幻灯片"按钮，如果想要取消隐藏，只需再次执行上述操作即可。

4．自定义放映

有选择地放映幻灯片，除了隐藏幻灯片之外，还可以采用"自定义放映"方式。操作步骤如下：

（1）单击"幻灯片放映"→"开始放映幻灯片"→"自定义幻灯片放映"下拉按钮，在下拉列表中选择"自定义放映"选项，弹出"自定义放映"对话框，如图 5-72 所示。

（2）单击"新建"按钮，弹出"定义自定义放映"对话框，在"在演示文稿中的幻灯片"列表框中选择需要放映的幻灯片，单击"添加"按钮，将其添加至"在自定义放映中的幻灯片"列表框中，如图 5-73 所示。

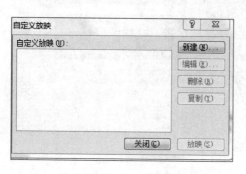

图 5-72 "自定义放映"对话框

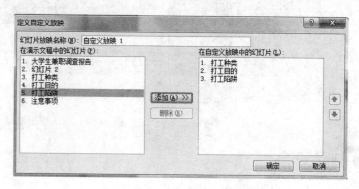

图 5-73 "定义自定义放映"对话框

（3）如果想删除已经添加进自定义放映中的幻灯片，则选中该选项，单击"删除"按钮即可。同样单击对话框中的"上移"按钮 ▲、"下移"按钮 ▼，可调整自定义放映中幻灯片的播放顺序，单击"确定"按钮，返回到"自定义放映"对话框中，单击"关闭"按钮。

（4）再次单击"幻灯片放映"→"开始放映幻灯片"→"自定义幻灯片放映"下拉按钮，在下拉列表中出现了新建幻灯片放映方式的名称"自定义放映 1"，如图 5-74 所示。选择"自定义放映 1"选项，开始按自定义的幻灯片放映方式进行放映。

图 5-74 自定义放映

小　结

本单元主要介绍了 PowerPoint 2010 的基本操作，包括幻灯片的新建、幻灯片版式的设置、创建和处理 SmartArt 图形、创建图表、创建表格的方法；还介绍了通过"动作设置"和"超链接"创建交互式演示文稿的方法；另外介绍了幻灯片中动画效果的设置、母版的应用、多媒体素材的应用、幻灯片的切换、演示文稿的放映方式设置等方法。

习　题

一、选择题

1. 在 PowerPoint 2010 各种视图中，可以同时浏览多张幻灯片，便于选择、添加、删除、移动幻灯片等操作的是（　　）。

　　A．备注页视图　　　　B．普通视图　　　　　C．幻灯片浏览视图　　D．幻灯片放映视图

2. 在幻灯片任何一个项目的结尾处，若要建立一张新的幻灯片，可以按（　　）组合键实现。

　　A．【Alt + Tab】　　　B．【Ctrl + Enter】　　C．【Shift + Tab】　　D．【Ctrl + M】

3. 在 PowerPoint 2010 的浏览视图下，对于复制对象的操作，可以使用快捷键（　　）+鼠标拖动实现。

　　A．【Shift】　　　　　B．【Alt】　　　　　　C．【Ctrl】　　　　　　D．【Alt + Ctrl】

4. 将幻灯片文档中一部分文本内容复制到别处，先要进行的操作是（　　）。

    A. 粘贴　　　　　　　B. 复制　　　　　　　C. 选择　　　　　　　D. 剪切

5. 在 PowerPoint 中，要终止幻灯片的放映，应使用的快捷键是（　　）。

    A.【Alt + F4】　　　B.【Ctrl + C】　　　C.【Esc】　　　　　D.【Ctrl + F1】

6. 下列关于 PowerPoint 的叙述中正确的是（　　）。

    A. PowerPoint 是 IBM 公司的产品　　　　　B. PowerPoint 只能双击演示文稿文件打开

    C. 打开 PowerPoint 有多种方法　　　　　　D. 关闭 PowerPoint 时一定要重命名

7. PowerPoint 2010 是（　　）公司的产品。

    A. IBM　　　　　　　B. Microsoft　　　　　C. 金山　　　　　　　D. 联想

8. PowerPoint 中（　　）用于查看幻灯片的播放效果。

    A. 大纲视图　　　　　B. 备注页视图　　　　C. 幻灯片浏览视图　　D. 幻灯片放映视图

9. 在 PowerPoint 中，下列关于在幻灯片的占位符中插入文本的叙述正确的有（　　）。

    A. 插入的文本一般不加限制　　　　　　　　B. 插入的文本文件有很多条件

    C. 标题文本插入在状态栏进行　　　　　　　D. 标题文本插入在备注视图进行

10. 在 PowerPoint 中，用自选图形在幻灯片中添加文本时，当选定一个自选图形时，怎样使它贴到幻灯片中
（　　）。

    A. 用鼠标右键双击选中的图形

    B. 选择所需的自选图形，在幻灯片上拖拉一个方框即可

    C. 选中图形按【Ctrl+C】组合键复制，再按【Ctrl+V】组合键粘贴

    D. 选择图片旁下拉菜单中的剪贴画

11. 在 PowerPoint 中，下列有关选择幻灯片中文本的叙述错误的是（　　）。

    A. 单击文本区，会显示文本控制点

    B. 选择文本时，按住鼠标不放并拖动鼠标

    C. 文本选择成功后，所选幻灯片中的文本变成反白

    D. 文本不能重复选定

12. 在 PowerPoint 中，下列有关移动和复制文本的叙述中不正确的是（　　）。

    A. 复制文本前必须先选定　　　　　　　　　B. 文本的剪切和复制没有区别

    C. 复制文本的快捷键是【Ctrl+C】　　　　　D. 文本能在多张幻灯片间移动

13. 在 PowerPoint 中，假设创建的表格为 6 行 4 列，则在"插入表格"对话框中的列数和行数分别应填写
（　　）。

    A. 6 和 4　　　　　　B. 都为 6　　　　　　C. 4 和 6　　　　　　D. 都为 4

14. 在 PowerPoint 中，有关插入图片的叙述正确的有（　　）。

    A. 插入的图片格式必须是 PowerPoint 所支持的图片格式

    B. 图片插入后将无法修改

    C. 插入的图片来源不能是网络映射驱动器

    D. 以上说法都不正确

15. 隐藏背景颜色是在（　　）中完成。

    A. "设计"选项卡"主题"组　　　　　　　　B. "插入"选项卡"图像"组

    C. "设计"选项卡"背景"组　　　　　　　　D. "审阅"选项卡"主题"组

二、操作题

制作"市场部销售总结"演示文稿，按照以下要求完成演示文稿的制作：

（1）新建演示文稿"销售总结.pptx"，插入 6 张幻灯片，并为所有幻灯片应用"都市"主题。

（2）在第 1 张幻灯片中，设置幻灯片背景格式、插入艺术字标题，插入声音文件 music.mp3。

（3）在第 2 张幻灯片中，输入相应的文本、建立超链接、插入剪贴画。

（4）为所有幻灯片插入编号，第 1 张标题幻灯片不显示编号。

（5）利用幻灯片母版，统一修改标题占位符的文本字体。

（6）在第 3 张幻灯片中，输入标题文字，插入表格、应用一种表格样式、输入内容。

（7）在第 4 张幻灯片中，利用第 3 张幻灯片表格数据制作图表并应用一种形状样式。

（8）在第 5 张幻灯片中输入文本、插入剪贴画。

（9）在第 6 张幻灯片中输入文本，插入 SmartArt 图形。

（10）为幻灯片设置合适的动画效果、切换效果、动作按钮等。

（11）应用排练计时，创建 2~5 张幻灯片的自定义放映，设置放映方式为"观众自行浏览"。

效果如图 5-75 所示。

图 5-75　市场部销售总结演示文稿

单元 6 计算机网络应用

【学习目标】

随着计算机网络技术的快速发展，人类社会已经进入了信息时代。计算机网络是信息化社会的重要支撑技术，计算机网络的应用，特别是因特网的应用，已经延伸到各行各业，给人们的生活、工作方式带来了巨大的变革。

通过本单元的学习，读者将掌握以下知识和技能：

- 局域网的组建
- 主机 IP 地址的配置与查看
- 共享文件夹的设置与访问
- 浏览器 IE 的使用
- Outlook 电子邮件的收发
- 大数据及云应用的了解

6.1 任务 1 局域网的组建

任务描述

宿舍里有 3 台计算机 PC1、PC2、PC3，为了实现资源共享，需要将 3 台计算机组建成一个局域网。把 PC1 上的文件夹 music 设置为共享，保证 Everyone 的访问权限为读取，PC2 和 PC3 访问 PC1 上的共享文件夹 music。

任务分析

本任务要将 3 台计算机组建一个局域网，可以采用星状拓扑结构，因为其有比较好的网络稳定性，并易于网络的扩充。硬件连接好后，给各台 PC 设置同一网段的 IP 地址，网络号为 192.168.0.0，并通过 Ping 命令测试网络的连通性。在 PC1 上设置文件夹共享，然后 PC2、PC3 通过网络访问共享文件夹。

任务分解

本任务可以分解为以下 3 个子任务：

子任务 1：连接局域网硬件
子任务 2：安装和配置 TCP/IP 模块
子任务 3：设置并访问共享文件夹

任务实施

6.1.1 连接局域网硬件

（1）准备好直通双绞线若干和一台交换机。

（2）3台PC通过直通双绞线接入交换机，组成如图6-1所示的星状拓扑结构局域网。

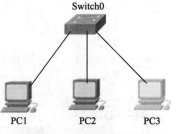

图6-1　连接局域网硬件

6.1.2　安装和配置TCP/IP模块

步骤1：配置IP地址

（1）在PC1上执行"开始"→"控制面板"→"网络和Internet"→"网络和共享中心"，打开"网络和共享中心"窗口，如图6-2所示。

（2）在"网络和共享中心"窗口左侧单击"更改适配器配置"超链接，将显示所有的网络连接，如图6-3所示。

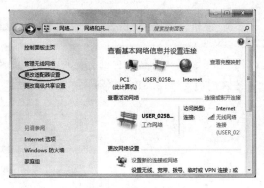

图6-2　网络和共享中心

图6-3　网络连接窗口

（3）右击"本地连接"图标，在弹出的快捷菜单中选择"属性"命令，弹出"本地连接 属性"对话框，如图6-4所示。

（4）如果"Internet协议版本4（TCP/IPv4）"已经显示在"此连接使用下列项目"列表框中，说明本机的TCP/IP模块已经安装，否则，单击"安装"按钮安装TCP/IP模块。

（5）选中"Internet协议版本4（TCP/IPv4）"选项，单击"属性"按钮，打开"Internet协议版本4（TCP/IPv4）属性"对话框，如图6-5所示。

（6）选中"使用下面的IP地址"单选按钮，如图6-6所示，在"IP地址"文本框中填入192.168.0.100，在"子网掩码"文本框中填入255.255.255.0，单击"确定"按钮，返回"本地连接 属性"对话框。

图6-4　本地连接属性对话框

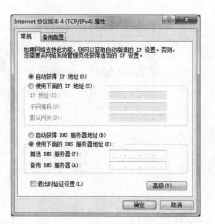

图6-5　Internet协议版本4属性对话框　　图6-6　配置IP地址和子网掩码

（7）单击"本地连接 属性"对话框中的"关闭"按钮，完成TCP/IP模块的安装和配置。

（8）用相同的方法配置PC2的IP地址为192.168.0.101，子网掩码为255.255.255.0，配置PC3的IP地址为192.168.0.102，子网掩码为255.255.255.0。

步骤 2：查看 IP 地址

（1）单击计算机 PC2 的"开始"按钮，在"搜索程序和文件"文本框中输入"cmd"，如图 6-7 所示，按【Enter】键。

（2）在命令提示符下输入命令"ipconfig /all"，查看配置的 IP 地址等信息。

步骤 3：测试连通性

在光标后输入命令"ping 192.168.0.100"，按【Enter】键，如图 6-8 所示，表示测试成功，PC1 与 PC2 是连通的。用同样的方法测试 3 台计算机彼此间的连通性，保证组建的网络是连通的。

图 6-7 输入 cmd　　　　　　　　　图 6-8 ping 命令测试网络的连通性

6.1.3 设置并访问共享文件夹

资源共享包括软件、硬件和数据资源的共享，是计算机网络最有吸引力的功能。资源共享指的是网上用户都能部分或全部地享受这些资源，使网络中的资源互通有无，分工协作，从而大大提高了系统资源的利用率。

步骤 1：检查工作组设置

（1）右击 PC1 桌面上的"计算机"图标，在弹出的快捷菜单中选择"属性"命令，打开"系统"窗口，如图 6-9 所示。

（2）检查计算机名称与所属工作组设置。如果 PC1 已经属于 WORKGROUP 工作组，就不需要再修改，否则单击"更改设置"超链接进行修改。

（3）用同样的方法检查 PC2 和 PC3 的工作组设置，保证都属于 WORKGROUP 工作组。

步骤 2：设置文件夹共享

（1）在 PC1 上执行"控制面板"→"网络和 Internet"→"网络和共享中心"，打开"网络和共享中心"窗口，如图 6-10 所示，在左侧单击"更改高级共享设置"超链接。

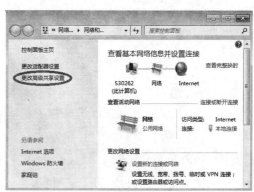

图 6-9 系统窗口　　　　　　　　　图 6-10 "网络和共享中心"窗口

（2）打开"高级共享设置"对话框，展开"家庭或工作"区域，如图 6-11 所示，选中"启用网络发现""启用文件和打印机共享""关闭密码保护共享"单选按钮。

（3）在 PC1 上右击要共享的文件夹"music"，在弹出的快捷菜单中选择"属性"命令，打开属性对话框，如图 6-12 所示。

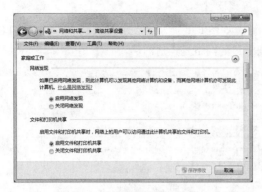

图 6-11 "高级共享设置"窗口

图 6-12 文件夹属性对话框

（4）选择"共享"选项卡，在"网络文件和文件夹共享"区域单击"共享"按钮，如图 6-13 所示。

（5）弹出图 6-14 所示的"文件共享"界面，选择要与其共享的用户"Everyone"，单击"添加"按钮。

图 6-13 共享标签卡

图 6-14 选择要与其共享的用户

（6）如图 6-15 所示，为共享用户"Everyone"设置访问权限为"读取"，再单击"共享"按钮。

（7）如图 6-16 所示，提示文件夹已经共享，单击"完成"按钮返回"music 属性"对话框，单击"应用"按钮完成文件夹的共享配置。

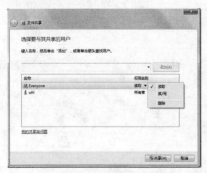

图 6-15 设置访问权限

图 6-16 完成文件共享设置

步骤 3：访问共享文件夹

（1）在 PC2 上执行"控制面板"→"网络和 Internet"→"查看网络计算机和设备"，打开图 6-17 所示的"网络"窗口。

（2）双击计算机"PC1"后，可看到共享的文件夹"music"，如图 6-18 所示。

图 6-17 查看网络计算机和设备

图 6-18 访问共享资源

 技巧与提示

在 PC2 上单击"开始"按钮，在"搜索程序和文件"文本框中输入\\192.168.0.100，也可以访问到共享计算机 PC1。

任务拓展

任务：组建办公室局域网

任务描述：办公室有 5 台计算机，1 台打印机。为了工作方便，这 5 台计算机需要组建成一个局域网络，以实现员工之间的通信。同时为了节省资源，需要实现打印机共享。

知识链接

1. 计算机网络的定义

计算机网络是指若干台地理位置不同，且具有独立功能的计算机，通过通信设备和传输线路相互连接起来，按照一定的通信规则进行通信，以实现信息传输和网络资源共享的一种计算机系统。

2. 计算机网络的组成

计算机网络包括硬件系统和软件系统，硬件系统主要包括计算机、传输介质和通信设备等几类。软件系统主要包括网络操作系统、网络协议软件和相应的应用软件。

（1）计算机是网络的主体，按照担负功能的不同可以把网络中的计算机分为服务器和客户机两大类。

（2）传输介质又称网络通信线路，可分为两类：有线传输介质（如双绞线、同轴电缆、光缆等）和无线传输介质（如无线电波、微波、红外线、激光等）。

（3）网络通信设备主要完成信号的转换和传输，常见的通信设备有：网卡、调制解调器、集线器、交换机、路由器等。

（4）网络操作系统负责管理网络软硬件，为网络用户提供资源共享、通信、网络安全及其他网络服务。典型的操作系统有 Windows NT、UNIX、Linux、NetWare。

（5）网络协议软件为计算机之间的通信提供统一的标准和约定。计算机之间要交换信息、实现通信，彼此就需要有某些约定和规则，这个规则就是网络协议。比如 TCP/IP、IPX/SPX 等。

（6）网络应用软件是为网络用户提供服务的，是网络用户在网络上解决实际问题的软件，如实现 Web 浏览的浏览器 IE，实现电子邮件收发的软件 Outlook、实现聊天的软件 QQ 等。

3．计算机网络按覆盖地理范围分类

局域网（Local Area Network，LAN）通常覆盖一个地域，向位于同一个组织结构（如一个企业、园区或地区）内的人们提供服务和应用程序。

广域网（Wide Area Network，WAN）连接分布于不同地理位置的 LAN。Internet（因特网）是最典型的广域网。

4．局域网的拓扑结构

网络中通信线路和站点（计算机或设备）相互连接的几何形式称为网络的拓扑结构。常见的局域网拓扑结构有星状、总线型、环状拓扑结构。

星状拓扑结构的局域网系统中存在着中心结点，如交换机，每个结点通过点到点的链路与中心结点进行连接，任何两个结点之间的通信都要通过中心结点转换。图 6-19 所示为星状局域网的计算机连接示意图。

总线型拓扑结构网络中的所有计算机共用一条通信总线，每台计算机发出的信号都会通过总线广播到其他计算机上。图 6-20 所示为总线型局域网的计算机连接示意图。

环状拓扑结构的特点是每个结点都与两个相邻的结点相连，结点之间采用点到点的链路，网络中的所有结点构成一个闭合的环，环中的数据沿着一个方向绕环逐站传输。图 6-21 所示为环状局域网的计算机连接示意图。

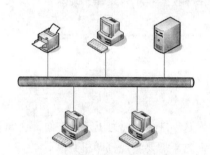
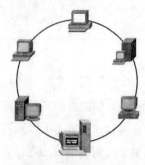

图 6-19　星状局域网计算机连接示意图　　图 6-20　总线型局域网计算机连接示意图　　图 6-21　环状局域网计算机连接示意图

5．TCP/IP 体系结构

TCP/IP（Transmission Control Protocol/Internet Protocol，传输控制协议/网际协议）是目前十分流行的一种网络协议，它可以提供任意互连的网络间的通信，几乎所有的网络操作系统都支持 TCP/IP 协议，它是目前广泛使用的 Internet 的基础。TCP/IP 体系结构将网络划分为应用层、传输层、网际层和网络接入层。

计算机网络协议指实现计算机网络中不同计算机系统之间的通信必须遵守的通信规则。TCP/IP 各层、各层功能及各层常见协议如图 6-22 所示。

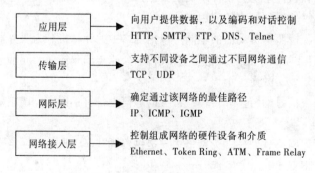

图 6-22　TCP/TP 体系结构

6．IP 地址

网络上可以利用 IP 地址来标识每一台主机到网络中的一个连接。IP 地址由网络号和主机号两部分组成。IPv4 标准使用 32 位二进制数表示，为了简化地址管理，使用点分十进制的 IP 地址表示法。IPv6 标准使用 128 位的二

进制数表示，为了简化地址管理，使用十六进制的 IP 地址表示法。表 6-1 是一个 IP 地址分别以二进制和点分十进制表示的 IPv4 例子。

表 6-1　二进制和点分十进制示例

二进制	点分十进制
11001010 01011101 01111000 00101100	202.93.120.44

IPv4 协议将 IP 地址分成 A、B、C、D 和 E 五类。其中，D 类地址多用于多目的地址的组播发送，E 类地址则保留为试验地址。

A 类地址：用于大型网络，第一个字节代表网络号，且第一位固定为 0，后三个字节代表主机号。允许有 126 个 A 类网络，每个 A 类网络最多可有 16 777 214 台主机。A 类地址的表示范围为：1.0.0.1～126.255.255.254，默认子网掩码为 255.0.0.0。

B 类地址：用于中等规模的网络，前两个字节代表网络号，且前两位固定为 10，后两个字节代表主机号。允许有 16 384 个 B 类网络，每个 B 类网络最多可容纳 65 534 台主机。B 类地址的表示范围为：128.0.0.1～191.255.255.254，默认子网掩码为 255.255.0.0。

C 类地址：用于规模较小的局域网，前 3 个字节代表网络号，前三位固定为 110，最后一个字节代表主机号。允许有 2 097 152 个 C 类网络，每个 C 类网络最多可容纳 254 台主机。C 类地址的表示范围为：192.0.0.1～223.255.255.254，默认子网掩码为 255.255.255.0。

各类 IP 地址的特性如图 6-23 所示。

类别	第一字节范围	网络地址长度	最大的主机数目	适用的网络规模
A	1～126	1B	16 777 214	大型网络
B	128～191	2B	65 534	中型网络
C	192～223	3B	254	小型网络

图 6-23　各类 IP 地址特性

6.2　任务 2　IE 的应用

任务描述

学生小敏经常需要借助 IE 浏览器访问 Web 站点，要求在操作 IE 时要做到既熟练又快捷。为了对"大数据"有所了解，小敏需要搜索有关"大数据"的内容，并将有用的网页进行保存和打印。由于小敏喜欢网上购物、听歌、学习，久而久之收集了不少自己喜欢的站点地址，为了操作方便，需要建立相应收藏夹，把网址归类存放。此外，为了安全起见，每次关闭浏览器之前，需要删除历史记录。

任务分析

本任务要求操作者熟悉 Internet Explorer 窗口，熟练掌握网页的浏览技巧，会搜索、保存并打印资料，会将经常访问的页面保存在收藏夹中，会查看并删除历史记录。

任务分解

本任务可以分解为以下 4 个子任务。

子任务 1：利用 IE 访问 Web 站点

子任务 2：搜索、保存并打印信息

子任务 3：使用收藏夹

子任务 4：操作历史记录

任务实施

6.2.1 利用 IE 访问 Web 站点

现在要利用 IE 访问新浪首页，并通过超链接访问"新闻中心首页_新浪网"。之后新建选项卡同时打开百度站点。

步骤 1　启动 IE

单击 Windows 的"开始"按钮，选择"所有程序"→"Internet Explorer"命令启动 IE 并打开其窗口。

步骤 2　调整 IE 界面

如果浏览器版本为 IE 11，因为其界面很简单，为了操作方便，可以先调整浏览器的界面，让菜单栏、命令栏等都显示在界面上。

（1）按【Alt】键，上方会出现菜单栏，选择"查看"→"工具栏"命令，选中"菜单栏""收藏夹栏""命令栏""状态栏""锁定工具栏"复选标记，如图 6-24 所示。

（2）右击右上方的选项卡，在弹出的快捷菜单中选择"在单独一行上显示选项卡"命令，如图 6-25 所示。

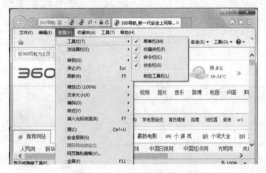

图 6-24　调整界面 1

图 6-25　调整界面 2

（3）调整好的 IE 界面如图 6-26 所示。

图 6-26　调整好的界面

步骤 3　访问 Web 站点

在 IE 主窗口的地址栏中输入要访问的 Web 站点地址 http://www.sina.com.cn，按【Enter】键，打开相应的网页，如图 6-27 所示。

步骤 4　使用超链接

在页面上，把鼠标指针指向某一文字或者某一图片，如果鼠标指针变成手形，表明此处是一个超链接。单击超链接，浏览器将显示出该超链接指向的网页。

在"新浪首页"单击"新闻"超链接，即可跳转到"新闻中心首页_新浪网"，如图 6-28 所示。

图 6-27 新浪首页

图 6-28 跳转到"新闻"链接页

步骤 5 使用"刷新"按钮

长时间地在网上浏览，较早浏览的网页可能已经被更新，特别是一些提供实时信息的网页。这时为了得到最新的信息，可通过单击"刷新"按钮 C 实现网页的更新。

步骤 6 新建选项卡

选择"文件"→"新建选项卡"命令，在新选项卡地址栏中输入 Web 站点地址 http://www.baidu.com，按【Enter】键，实现在一个浏览器窗口中打开多个网站。

技巧与提示

选项卡浏览可让您在一个浏览器窗口中打开多个网站。按【Ctrl+T】组合键可打开新的空白选项卡。

6.2.2 搜索、保存并打印信息

搜索引擎（Search Engine）是指根据一定的策略、运用特定的计算机程序搜集互联网上的信息，在对信息进行组织和处理后，为用户提供检索服务，将用户检索的相关信息展示给用户的系统。百度是功能强大的搜索引擎。

现在要搜索有关"大数据"的网页信息，并将有用的网页进行保存和打印。

步骤 1 搜索信息

（1）在 IE 地址栏中输入百度网址：www.baidu.com，按【Enter】键进入百度首页，如图 6-29 所示。

（2）输入要查找信息的关键字"大数据"，单击"百度一下"按钮打开所有与"大数据"相关的网页搜索结果列表。

（3）在搜索结果列表中选择一个搜索结果，单击此超链接，即可打开查找信息的结果网页，如图 6-30 所示。

图 6-29 打开百度搜索引擎

图 6-30 搜索结果

技巧与提示

通过百度除了搜索网页外，还可以搜索音乐、视频、地图、图片、文库等资料。

步骤 2　保存信息

（1）选择"文件"→"另存为"命令，弹出"保存网页"对话框，如图 6-31 所示。

（2）选择保存文件的路径并输入文件名，保存类型选择"文本文件（*.txt）"，如图 6-32 所示，单击"保存"按钮，当前网页保存到本地磁盘。

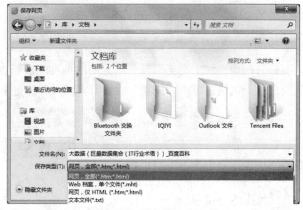

图 6-31　"保存网页"对话框　　　　　　　　　　图 6-32　保存为文本文件

步骤 3　打印网页

（1）选择"文件"→"页面设置"命令，弹出"页面设置"对话框，设置"纸张选项""页边距""页眉和页脚"等参数，如图 6-33 所示，单击"确定"按钮。

（2）选择"文件"→"打印"命令，弹出"打印"对话框，设置各项参数，如图 6-34 所示，单击"确定"按钮，将当前网页打印出来。

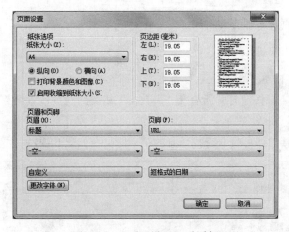

图 6-33　"页面设置"对话框　　　　　　　　　　图 6-34　"打印"对话框

6.2.3　使用收藏夹

使用一段时间 Internet 后，用户就会收集不少自己喜欢的站点地址。要记住并通过"地址"栏输入这些网址非常不容易。IE 收藏夹可以帮助用户有效地管理网站地址，以后访问的时候就可以直接选择这些地址，而不必每次都手工输入。

现在要将"京东"首页收藏在"购物"收藏夹中。

步骤 1　添加收藏

（1）打开浏览器 IE，在地址栏中输入 www.jd.com，按【Enter】键，确认访问网页。

（2）选择"收藏夹"→"添加到收藏夹"命令，或者按【Ctrl+D】组合键，弹出"添加收藏"对话框。在"名称"文本框中输入"京东"，如图 6-35 所示。

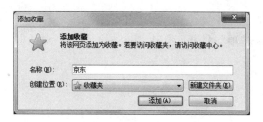

图 6-35　添加收藏对话框

（3）单击"添加"按钮，IE 默认将所收集的页面地址存放在根收藏夹中。

步骤 2　整理收藏夹

（1）选择"收藏夹"→"整理收藏夹"命令，弹出"整理收藏夹"对话框，如图 6-36 所示，在"整理收藏夹"对话框中，显示了文件夹列表和收藏链接。

（2）单击"新建文件夹"按钮，输入名称"购物"，然后按【Enter】键，完成新文件夹"购物"的建立。

（3）选择"京东"超链接，单击"移动"按钮，然后选择要将其移动到的"购物"文件夹。

（4）完成收藏夹的整理之后，单击"关闭"按钮。

步骤 3　利用收藏夹访问网页

收藏夹中收藏的页面可以直接访问。选择"收藏夹"→"购物"→"京东"，如图 6-37 所示，即可打开京东网站首页。

图 6-36　"整理收藏夹"对话框

图 6-37　收藏夹的使用

6.2.4　操作历史记录

在浏览网页时，IE 会存储用户访问的有关网站信息，以及这些网站经常要求您提供的信息。通常，将这些信息存储在计算机上是有用的，它可以提高网页浏览速度，并且不必多次重复输入相同的信息。但是，如果使用公用计算机，不想在该计算机上留下任何个人信息，就要删除这些信息。

现在通过历史记录，查看当天访问过的页面"新闻中心首页_新浪网"。为了安全，在关闭浏览器前删除历史记录。

步骤1　查看历史记录

（1）单击"查看收藏夹、源和历史记录"按钮☆，在打开的窗口中选择"历史记录"选项卡，如图 6-38 所示。

（2）单击"今天"→"news.sina"→"新闻中心首页-新浪网"，如图 6-39 所示，可重新打开相应的网页。

步骤2　删除历史记录

（1）选择"工具"→"Internet 选项"命令，弹出"Internet 选项"对话框，选择"常规"选项卡，如图 6-40 所示。

图 6-38　历史记录选项卡

图 6-39　查看历史记录

图 6-40　Internet 选项窗口

（2）在"浏览历史记录"区域，单击"删除"按钮，弹出"删除浏览历史记录"对话框，如图 6-41 所示，选中要删除内容的相应复选框，单击"删除"按钮即可。

（3）在"浏览历史记录"区域，单击"设置"按钮，弹出"网站数据设置"对话框，如图 6-42 所示。

（4）在"Internet 临时文件"选项卡中单击"查看文件"按钮，打开图 6-43 所示窗口，按【Ctrl+A】组合键全选，按【Delete】键删除，在弹出的确认对话框中单击"是"按钮，即可全部删除网页临时记录。

图 6-41　删除浏览历史记录

图 6-42　"网站数据设置"对话框

图 6-43　网页临时记录

（5）在"网站数据设置"对话框中选择"历史记录"选项卡，设置在历史记录中保存网页的天数，如图 6-44 所示。

（6）在"Internet 选项"对话框的"浏览历史记录"区域选中"退出时删除浏览历史记录"复选框，如图 6-45 所示，此时关闭 IE 浏览器时就会自动删除历史浏览记录。

图 6-44　设置保存网页的天数

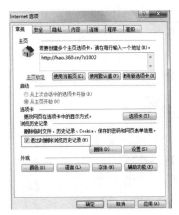

图 6-45　退出时删除浏览历史记录

任务拓展

任务：熟练使用 IE 浏览器

任务描述：打开 IE 浏览器，访问 Web 站点 www.gdaib.edu.cn，收入"学习"收藏夹，通过超链接访问"计算机系"页面，退出浏览器时删除历史记录。

知识链接

1．客户机/服务器交互模型

在分布式计算中，一个应用程序被动地等待，另一个应用程序通过请求启动通信的模式称为客户机/服务器交互模型，即 C/S 模型（Client/Server）。请求信息的设备称为客户机，而响应请求的设备称为服务器。

2．WWW 系统

WWW（World Wide Web）服务又称 Web 服务，采用客户机/服务器交互模式。HTTP 是 WWW 服务使用的应用层协议，用于实现 WWW 客户机与 WWW 服务器之间的通信；HTML 是 WWW 服务的信息组织形式，用于定义在 WWW 服务器中存储的信息格式。信息资源以页面（又称网页或 Web 页面）的形式存储在服务器（通常称为 Web 站点）中。这些页面采用超文本方式对信息进行组织，通过链接将一页信息接到另一页信息。统一资源定位符 URL 是互联网上标准资源的地址。基本 URL 包含模式（又称协议）、服务器名称（或 IP 地址）、路径和文件名，如 http://www.gdaib.edu.cn/jsjx/。客户端常见的浏览器软件有：IE 浏览器、火狐浏览器、搜狗浏览器、QQ 浏览器、360 安全浏览器、傲游浏览器、百度浏览器等。

3．网页保存的几种类型

网页的保存类型有几种，在"保存类型"下拉列表框中，如果选择"网页，全部"选项，将保存显示该网页所需的全部文件，包括图形、框架和样式表；如果选择"Web 档案，单个文件"选项，将显示该网页所需的全部信息保存到一个文件中；如果选择"网页，仅 HTML"选项，将保存网页信息，但不保存图形、声音或其他文件；如果选择"文本文件"选项，只保存当前网页的文本。

6.3　任务 3　Outlook 的应用

任务描述

张老师最近要指导学生参加广东省大学生高职高专组计算机网络应用竞赛。他通过发送电子邮件把竞赛通知告知班长，让他组织学生报名。同时，张老师需要接收竞赛举办方电子邮件获得最新的竞赛资料，并回复相应邮件，且把接收的邮件转发给参加竞赛的学生。与张老师邮件联系的人比较多，有同事、同学和学生等，他的收件箱里堆满了信，需要建立不同的文件夹，以便分类管理。张老师使用的收发电子邮件的软件是 Outlook。

任务分析

Outlook 是一种应用较广泛的电子邮件应用程序，用户要使用 Outlook 收发电子邮件必须首先建立自己的邮件账号，然后可以进行电子邮件的相关操作。

任务分解

本任务可以分解为以下 3 个子任务。

子任务 1：新建用户账户

子任务 2：收发电子邮件

子任务 3：管理邮件文件夹

任务实施

6.3.1 新建用户账户

现在添加电子邮件账户 weijiaowu@163.com。

（1）单击 Windows 任务栏的"开始"按钮，选择"所有程序"→"Microsoft Office"→"Microsoft Outlook 2010"命令，运行 Outlook 程序，打开图 6-46 所示界面。

（2）选择"文件"→"添加账户"命令，弹出"添加新账户"对话框，如图 6-47 所示，在"选择服务"界面中选中"电子邮件账户"单选按钮，单击"下一步"按钮。

图 6-46 启动 Outlook

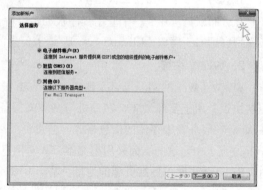

图 6-47 选择服务界面

（3）在"自动账户设置"界面中，在"您的姓名""电子邮件地址""密码""重新键入密码"文本框中输入相应内容，如图 6-48 所示，单击"下一步"按钮。

（4）系统经过几分钟配置后，将显示图 6-49 所示的界面，单击"完成"按钮，完成新账户 weijiaowu@163.com 的添加。

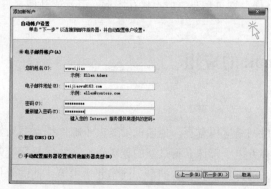

图 6-48 自动账户设置界面

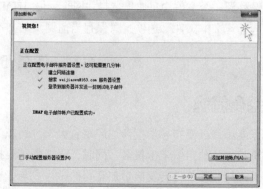

图 6-49 完成新账户的添加

6.3.2　收发电子邮件

步骤1：新建电子邮件

Outlook 提供了一个很好用的文本编辑器，可以用来创建和编辑邮件正文内容。还可以通过插入附件方式传送可执行文件、多媒体信息等二进制文件。

现在张老师要给班长 wqr@163.com 发送一封邮件，让他按照附件要求通知学生报名参加竞赛。

（1）进入邮箱，如图 6-50 所示。

（2）单击"开始"→"新建电子邮件"按钮，打开图 6-51 所示的新邮件窗口。

图 6-50　进入邮箱

图 6-51　新建电子邮件窗口

（3）在"收件人"文本框中输入收件人的邮件地址 wqr@163.com；在"主题"文本框中输入邮件的主题"竞赛通知"；在邮件正文区域内输入邮件正文"请按照竞赛通知组织学生报名！"。

技巧与提示

当需要将邮件发送给多个人时，可在"收件人"文本框中同时填入他们的地址，地址中间用逗号或分号隔开。

（4）单击"邮件"→"添加"→"附加文件"按钮，弹出"插入文件"对话框，选择要插入的竞赛通知"关于举办广东大学生（高职高专组）技能大赛计算机网络综合应用大赛的通知.doc"，如图 6-52 所示，单击"插入"按钮。

（5）编辑好的邮件如图 6-53 所示，单击"发送"按钮，完成邮件的发送。

图 6-52　"插入文件"对话框

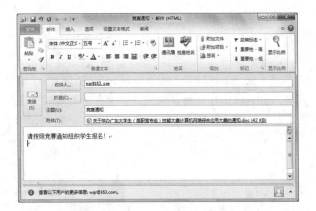

图 6-53　一封新邮件

步骤2：接收电子邮件

对于 POP3 邮件服务器，Outlook 将接收到的新邮件自动存放在"收件箱"中。

（1）单击"发送/接收"→"发送/接收所有文件夹"按钮；Outlook 显示接收邮件的进度，等邮件接收完成后，单击"收件箱"按钮，在 Outlook 窗口中部的邮件列表窗口中将显示已接收邮件列表，并按接收时间排列，如图 6-54 所示。

 技巧与提示

> 正常字体显示的是已阅读的邮件，粗体显示的是尚未读阅的邮件。

（2）单击要阅读的邮件，在邮件列表窗口右侧的预览窗口中显示邮件的内容和标题，如图 6-55 所示。

图 6-54　收件箱窗口

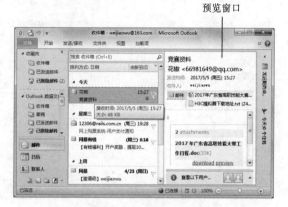

图 6-55　预览窗口

（3）双击要阅读的邮件，打开单独邮件窗口，如图 6-56 所示，在单独的窗口中阅读邮件。

（4）对于带有附件的邮件，会在邮件列表中带有别针标志，在预览窗口中会显示附件标题，如图 6-57 所示。

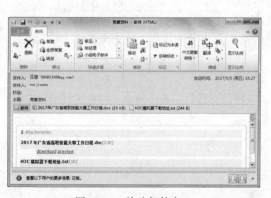

图 6-56　单独邮件窗口

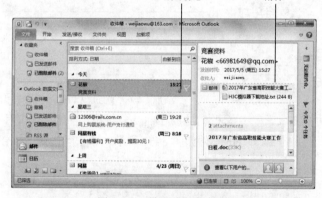

图 6-57　带有附件的邮件

（5）在预览窗口右击附件标题，在弹出的快捷菜单中选择"打开"命令（见图 6-58）可以直接打开附件查看内容，也可以选择"另存为"或"保存所有附件"命令把附件保存到磁盘中。

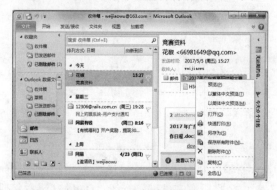

图 6-58　附件快捷菜单

步骤 3：回复与转发电子邮件

Outlook 提供了很方便的回复方式。回复邮件时"收件人"和"主题"都会自动填好，主题是在所收信件的主题前面加上"答复："，信纸上会引用原信的内容。Outlook 还给我们提供了一个转发信件的功能。我们可以把收到的一封信转发给其他人，转发信件的主题是在所收信件的主题前面加上"转发："。

现在张老师要回复举办方"花椒"发来的邮件，并将该邮件转发给参加竞赛的学生 abc@163.com、aef@sina.com.cn 与 66655544433@qq.com。

（1）选定"花椒"的来信，单击"开始"→"答复"按钮，打开答复信件的窗口，如图 6-59 所示，写好正文"收到，谢谢！"，单击"发送"按钮，完成回复"花椒"的来信。

（2）选定"花椒"的来信，单击"转发"按钮，打开转发信件窗口，输入收件人的邮件地址 abc@163.com、aef@sina.com.cn、66655544433@qq.com，如图 6-60 所示，单击"发送"按钮，完成将"花椒"的来信同时转发给参加竞赛的三个学生。

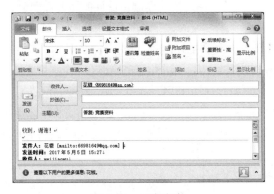

图 6-59　回复邮件

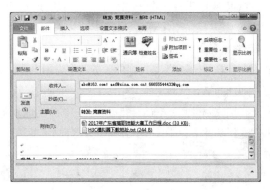

图 6-60　转发邮件

6.3.3　管理邮件文件夹

如果收到的邮件越来越多，收件箱里堆满了信，管理起来很麻烦。可以建立不同的"文件夹"，也就是目录，把来自四面八方的信件分门别类地放在各个文件夹中。

现在张老师要创建"同事""同学""学生"文件夹，将邮件分类存放。

（1）单击"文件夹"→"新建文件夹"按钮，弹出"新建文件夹"对话框，在"名称"文本框中输入"同事"，选择新建文件夹的位置为"weijiaowu@163.com"，单击"确定"按钮；用相同的方法，创建"同学""学生"文件夹，操作结果如图 6-61 所示。

（2）单击"收件箱"按钮，在右侧邮件列表中右击"花椒"的来信，在弹出的快捷菜单中选择"移动"→"其他文件夹"命令，如图 6-62 所示。

图 6-61　"新建文件夹"对话框

图 6-62　移动邮件

（3）在弹出的"移动项目"对话框中，选择"同事"文件夹，如图 6-63 所示，单击"确定"按钮，"花椒"的来信转移到了"同事"文件夹中。

图 6-63 "移动项目"对话框

任务拓展

任务：发送一封 E-mail

任务描述：同学聚会之后，你发现同学的照片还在你的相机里面，你整理相片之后，需要利用 Outlook 将相片以附件形式发送给同学。

知识链接

电子邮件

电子邮件（Electronic Mail，E-mail）是一种通过计算机互联网与其他用户进行联络的快速、简便、高效、廉价的现代化通信手段。电子邮件软件能够实现复杂、多样的服务，包括：一对多的发信，信件的转发和回复，在信件中包含声音、图像等多媒体信息等。

邮件服务器是 Internet 邮件服务系统的核心。发送电子邮件的服务器称为 SMTP 服务器，接收电子邮件的服务器称为 POP3 服务器。电子邮箱是在邮件服务器中为用户开辟的一个存储用户邮件的空间。每个电子邮箱都有一个邮箱地址，电子邮件地址的格式是固定的，并且在全球范围内是唯一的。其格式为：用户名@主机名，其中"@"符号表示"at"。用户发送和接收邮件需要借助于装载在客户机中的电子邮件应用程序来完成。电子邮件应用程序一方面负责将用户要发送的邮件送到邮件服务器，另一方面负责检查用户邮箱，读取邮件。Outlook 是 Microsoft 微软自带的一种电子邮件客户端。

6.4 任务 4 认识大数据

任务描述

交通拥堵是全世界城市管理的一个难题。许多城市纷纷将目光转向智能交通，期望通过实时获得关于道路和车辆的各种信息，分析道路交通情况，发布交通诱导信息，优化交通流量，提高道路通行能力，有效缓解交通拥堵问题。

任务分析

智能交通将先进的信息技术、数据通信传输技术、电子传感技术、控制技术以及计算机技术等有效集成并运用于整个地面交通管理。智能交通融合了物联网、大数据和云计算技术。

本任务主要了解大数据的基本概念、发展历程、基本处理流程，大数据与云计算、物联网的关系，大数据的应用。

任务分解

本任务可以分解为以下 4 个子任务。

任务 1：了解大数据的概念和发展

任务 2：了解大数据基本处理流程

任务 3：了解大数据与云计算、物联网的关系

任务 4：了解大数据的应用

任务实施

6.4.1 了解大数据的概念和发展

步骤 1：了解大数据的概念

"大数据"已经成为互联网信息技术行业的流行词汇，关于"什么是大数据"这个问题，大家比较认可关于大

数据的 "4V" 说法。大数据的 4 个 "V"，或者说是大数据的 4 个特点，包含 4 个层面：数据量大（Volume）、数据类型繁多（Variety）、价值密度低（Value）及速度快、时效高（Velocity）。

1）数据量大

如今存储数据的数量正在急速增长，"数据爆炸" 成为大数据时代的鲜明特征。有关数据量的变化已从太字节（TB）级别转向拍字节（PB）级别，并且不可避免地转向泽字节（ZB）级别。

2）数据类型繁多

随着传感器、智能设备以及社交协作技术的激增，数据变得更加复杂，不仅包含传统的关系型数据，还包括来自网页、互联网日志文件、音频、视频、图片、文档、电子邮件、地理位置信息、主动和被动的传感器数据等原始、半结构化和非结构化数据。

3）速度快，时效高

在 Web 2.0 应用领域，在 1 min 内，新浪可以产生 2 万条微博，人人网可以发生 30 万次访问，淘宝可以卖出 6 万件商品，百度可以产生 90 万次搜索查询。大数据时代的很多应用都需要基于快速生成的数据给出实时分析结果。

4）价值密度低

价值密度的高低与数据总量的大小成反比。以视频为例，一部 1 h 的视频，在连续不断的监控中，有用数据可能仅有几秒。

步骤 2：了解大数据的发展历程

大数据的发展历程总体上可以划分为 3 个重要阶段：萌芽期、成熟期和大规模应用期（见表 6-2）

表 6-2　大数据发展的 3 个阶段

阶　　段	时　　间	内　　容
萌芽期	20 世纪 90 年代至 21 世纪初	随着数据挖掘理论和数据库技术的逐步成熟，一批商业智能工具和知识管理技术开始被应用，如数据仓库、专家系统、知识管理系统等
成熟期	21 世纪前 10 年	Web 2.0 应用迅猛发展，非结构化数据大量产生，形成了并行计算与分布式系统两大核心技术，谷歌的 GFS 和 MapReduce 等大数据技术受到追捧，Hadoop 平台开始大行其道
大规模应用期	2010 年以后	大数据应用渗透各行各业，数据驱动决策，信息社会智能化程度大幅提高

6.4.2　了解大数据基本处理流程

大数据的基本处理流程，主要包括数据采集、预处理、存储及管理、分析和结果呈现与应用等环节。对于智能交通来说，具体流程大致如下。

步骤 1：大数据采集

由遍布城市各个角落的智能交通基础设施（包括摄像头、感应线圈、射频信号接收器等）负责实时采集关于道路和车辆的各种信息。这些信息构成了智能交通大数据。

步骤 2：大数据预处理

采集到的智能交通大数据通常无法直接用于后续的数据分析，因为对于来源众多、类型多样的数据而言，数据缺失和语义模糊等问题是不可避免的，因而要通过数据预处理的过程，把数据变成一个可用的状态。

步骤 3：大数据存储及管理

智能交通大数据经过预处理以后，要用存储器把数据存储起来，建立相应的数据库，并进行管理和调用。

步骤 4：大数据分析

利用事先构建的模型对交通大数据进行实时分析和计算，实现对海量数据的处理和分析。从大量的、不完全的数据中，提取隐含在其中的有用的交通信息。

步骤 5：大数据结果呈现与应用

以打算乘坐公交车的乘客为例，只要在智能手机上安装了"掌上公交"等软件，就可以通过手机随时随地查询各条交通线路以及公交车当前到达位置。如果自己赶时间却发现等待的公交车还需要很长时间才能到达，就可以改为乘坐出租车。

6.4.3　了解大数据与云计算、物联网的关系

步骤 1：了解云计算与智能交通

对于智能交通，由于城市交通信息量巨大，一个覆盖全部城市交通的信息系统需同时处理、存储、传输几百万甚至上千万条基本交通元的数据信息，当前一般信息系统软硬件的处理速度和管理效能都难以满足此项需求，考虑建设成本的因素，发展实时交通信息系统对所有交通管理部门都是一项巨大的挑战。通过云计算方法等新兴技术，将所有的信息采集单位变为信息发送、处理、传输集成单元，运用云计算技术把昂贵的中心计算机改变为分布式的计算系统，城市交通将进入"云交通"时代。

步骤 2：了解物联网与智能公交

在智能公交应用中，每辆公交车都安装了 GPS 定位系统和 3G/4G 网络传输模块，在车辆行驶过程中，GPS 定位系统会实时采集公交车当前到达位置的信息，并通过车上的 3G/4G 网络传输模块发送给车辆附近的移动通信基站，经由电信运营商的 3G/4G 移动通信网络传送到智能公交指挥调度中心的数据处理平台，平台再把公交车位置数据发送给智能手机用户，用户的"掌上公交"软件就会显示出公交车的当前位置信息。这样实现了"物与物的相连"和"物与人的连接"。

步骤 3：了解大数据与云计算、物联网的关系

云计算、大数据和物联网代表了 IT 领域最新的技术发展趋势。从上述智能交通中我们可以看到三者既有区别又有联系。三者的联系与区别如图 6-64 所示。

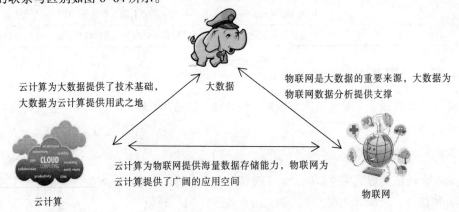

图 6-64　大数据、云计算和物联网三者之间的关系

6.4.4　了解大数据的应用

大数据无处不在，社会各行各业都已经融入了大数据的印迹，表 6-3 列举了大数据在各个领域的应用情况。

表 6-3　大数据在各个领域的应用

领　域	大数据的应用
电信行业	实现客户离网分析，及时掌握客户离网倾向，出台客户挽留措施
互联网行业	可以分析客户行为，进行商品推荐和有针对性广告投放
餐饮行业	实现餐饮 O2O 模式

续表

领　　域	大数据的应用
物流行业	优化物流网络，提高物流效率，降低物流成本
城市管理	实现智能交通、环保监测、城市规划和智能安防
生物医学	实现流行病预测、智慧医疗、健康管理、生物信息学
安全领域	政府利用大数据技术可以构建强大的国家安全保障体系，企业利用大数据可以抵御网络攻击，警察借助大数据可以预防犯罪
个人生活	利用与每个人相关联的"个人大数据"，分析个人生活行为习惯，为其提供更加周到的个性化服务
体育和娱乐	可以训练球队，预测比赛结果；决定投拍哪种题材的影视作品
金融行业	进行高频交易、市场情绪分析、信贷风险分析

任务拓展

任务：了解大数据的应用

任务描述：在信息社会中，每个人的一言一行都会留下以数据形式存在的轨迹，这些分散在各个角落的数据，记录了我们的通话、聊天、邮件、购物、出行、住宿以及生理指标等各种信息，构成了与每个人相关联的"个人大数据"。畅想我们在大数据时代可能的未来生活图景。

知识链接

1．云计算的定义

云计算是基于互联网的相关服务的增加、使用和交付模式，通常涉及通过互联网来提供动态易扩展且经常是虚拟化的资源。

美国国家标准与技术研究院（NIST）定义：云计算是一种按使用量付费的模式，这种模式提供可用的、便捷的、按需的网络访问，进入可配置的计算资源共享池（资源包括网络、服务器、存储、应用软件、服务），这些资源能够被快速提供，只需投入很少的管理工作，或与服务供应商进行很少的交互。

2．云计算的服务模式

云计算包括 3 种典型的服务模式，即 IaaS、PaaS、SaaS。

IaaS 将基础设施作为服务出租，向客户出售服务器、存储和网络设备、带宽等基础设施资源。

PaaS 把平台作为服务出租，包括应用设计、应用开发、应用测试、应用托管等。

SaaS 把软件作为服务出租，向用户提供各种应用。

3．云计算的类型

云计算包括公有云、私有云和混合云 3 种类型。

公有云面向所有用户提供服务，只要是注册付费的用户都可以使用，如 Amazon AWS。

私有云只为特定用户提供服务，如大型企业出于安全考虑自建的云环境，只为企业内部提供服务。

混合云综合了公有云和私有云的特点。

4．云计算的关键技术

虚拟化技术：为了优化硬件资源的分配，IaaS 层引入了虚拟化技术。借助于 Hyper-V、VMware、KVM、Virtualbox、Xen 等虚拟化工具，可以提供可靠性高、可定制性强、规模可扩展的 IaaS 层服务。

分布式存储：可以把数据存储到成百上千台服务器上面，并在硬件出错的情况下尽量保证数据的完整性。GFS（Google File System）是谷歌公司推出的一款分布式文件系统，可以满足大型、分布式、对大量数据进行访问的应用的需求。分布式计算：谷歌公司提出了分布式并行编程模型 MapReduce，把一个大数据集切分成多个小的数据集，分到不同的机器上进行并行计算，极大地提高了数据处理速度，可以有效地满足许多应用对海量数据的批量处理需求。

5. 物联网的概念

物联网是物物相连的互联网，它利用局域网或互联网等通信技术把传感器、控制器、机器、人员和物等通过新的方式连在一起，形成人与物、物与物相连，实现信息化和远程管理控制。

小　　结

本单元使学生在了解计算机网络基本理论、基本知识的同时，掌握局域网的组建、主机 IP 地址的配置与查看、共享文件夹的设置与访问、浏览器的使用、Outlook 电子邮件的收发等网络实际操作技能。同时对当前流行技术大数据及云计算应用进行了介绍。

习　　题

一、选择题

1. 下列说法错误的是（　　）。
   A. 服务器通常需要强大的硬件资源和高级网络操作系统的支持
   B. 客户通常需要强大的硬件资源和高级网络操作系统的支持
   C. 客户需要主动与服务器联系才能使用服务器提供的服务
   D. 服务器需要经常保持在运行状态

2. 某用户的 QQ 号码是 10123456789，那么该用户的 QQ 电子邮件地址为（　　）。
   A. qq.com@10123456789
   B. 10123456789%qq.com
   C. qq.com%10123456789
   D. 10123456789@qq.com

3. 当前局域网采用的拓扑结构多数是（　　）拓扑。
   A. 星状
   B. 总线型
   C. 环状
   D. 网状

4. 下列 URL 的表达方式正确的是（　　）。
   A. http://www.gdaib.edu.cn/news/jiaoliuhezuo/
   B. http://www.gdaib.edu.cn/news/jiaoliuhezuo/
   C. http:\\www.gdaib.edu.cn/news/jiaoliuhezuo/
   D. http:www.gdaib.edu.cn/news/jiaoliuhezuo/

5. IP 地址为 195.48.91.10，属于（　　）类地址。
   A. A
   B. B
   C. C
   D. D 或 E

6. 下列关于 Internet 的描述错误的是（　　）。
   A. 是一个局域网
   B. 是一个信息资源网
   C. 是一个互联网
   D. 运行 TCP/IP 协议

7. 在 WWW 服务系统中，编制的 Web 页面应符合（　　）规范。
   A. HTML
   B. RFC822
   C. MIME
   D. HTTP

二、操作题

1. 设置主机 IP 地址为 10.13.100.1，子网掩码为 255.0.0.0，网关为 10.13.100.254，如图 6-65 所示。

2. IE 浏览器收藏夹的使用：在收藏夹中创建"常用"文件夹，打开网页 http://news.sina.com.cn/，将其添加到"常用"文件夹中，如图 6-66 所示。

3. 搜索引擎的使用：使用百度搜索宠物狗的图片，并将它保存到文件夹 picture 中。

4. Outlook 新建邮件：建立自己的用户账号，给你的好友发送一封邮件，主题为"图片"，正文内容为"希望喜欢！"，并以附件的形式发送自己喜欢的宠物狗的图片，如图 6-67 所示。

图 6-65　第 1 题样图

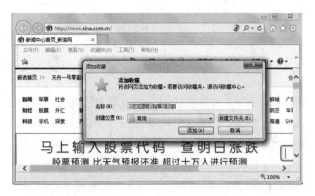

图 6-66　第 2 题样图

图 6-67　第 3 题样图

参 考 文 献

[1] 罗南林，崔强. 计算机应用基础教程[M]. 北京：中国铁道出版社，2015.

[2] 刘志成，刘涛. 大学计算机基础[M]. 北京：人民邮电出版社，2016.

[3] 罗南林，李梅. 计算机应用基础项目式教程[M]. 北京：中国铁道出版社，2012.

[4] 朱敏. 计算机应用实务[M]. 北京：电子工业出版社，2012.

[5] 郭刚. Office 2010 应用大全[M]. 北京：机械工业出版社，2010.

[6] 张青. 大学生计算机基础教程[M]. 西安：西安交通大学出版社，2014.

[7] 教育部考试中心. 全国计算机等级考试一级 MS Office 教程[M]. 天津：南开大学出版社，2010.